图书在版编目(CIP)数据

非洲渔业资源及其开发战略研究 / 张振克,任则沛
编著.—南京:南京大学出版社,2014.11
(非洲资源开发与中非能源合作安全研究丛书/黄
贤金,甄峰主编)
ISBN 978-7-305-13859-1

Ⅰ.①非…　Ⅱ.①张…　②任…　Ⅲ.①水产资源-资
源开发-研究-非洲　Ⅳ.①S924

中国版本图书馆 CIP 数据核字(2014)第 196981 号

出版发行　南京大学出版社
社　　址　南京市汉口路 22 号　　邮　编　210093
网　　址　http://www.NjupCo.com
出 版 人　金鑫荣
丛 书 名　非洲资源开发与中非能源合作研究丛书
主　　编　黄贤金　甄　峰
书　　名　非洲渔业资源及其开发战略研究
编　　著　张振克　任则沛
责任编辑　吴　华　　　编辑热线　025-83596997
照　　排　南京紫藤制版印务中心
印　　刷　扬中市印刷有限公司
开　　本　718×1000　1/16　印张 18　字数 365 千
版　　次　2014 年 11 月第 1 版　2014 年 11 月第 1 次印刷
ISBN　978-7-305-13859-1
定　　价　55.00 元

网　　址:http://www.njupco.com
官方微博:http://weibo.com/njupco
官方微信:njupress
销售咨询热线:(025)83594756

总　序

国家主席习近平曾说过："中非是命运共同体。"但对于中国人而言,非洲,既远又近。远,是她的距离、她的神秘;近,是中非关系的密切、中非交流的日盛。可是,往往似乎越来越了解非洲,却实际上也越来越不了解非洲。我们更多地看到的是对非洲的介绍,但却缺乏对非洲更多的深入了解,更多的研究探究。

非洲,富饶而又多难。富饶,非洲拥有丰富的矿产资源以及其他自然资源;多难,非洲长期难以摆脱"资源诅咒",即便是在 95% 的土地被殖民的 19 世纪末至 20 世纪,由于矿产开发与当地经济发展的"两张皮",其资源开发也未能带来非洲的繁荣。

进入 21 世纪,非洲的发展引人注目,2000 年英国《经济学家》(*The Economist*)周刊声称非洲是"绝望大陆",在 2011 年,它认为非洲是"希望之州"。而中国对非洲经济增长贡献率达 20% 以上。可见,非洲的经济改革以及其不断融入全球化经济体系,尤其是中非新型战略合作伙伴关系的深入发展给非洲带来了更多的希望和不断的繁荣。

无论非洲是"远"还是"近",是"停滞"还是"发展",南京大学非洲研究团队 50 年来一直重视对非洲问题的研究。

50 年前的 1964 年 4 月,为了响应毛泽东主席于 1961 年 4 月 27 日提出的"我们对于非洲的情况,就我来说,不算清楚,应该搞个非洲研究所,研究非洲的历史、地理、社会经济情况"的要求,原国务院外事办公室批准成立南京大学非洲经济地理研究室(1993 年 12 月改建为南京大学非洲研究所)。这为南京大学组织多学科、多领域专家开展非洲研究搭建了重要平台。

50 年来,南京大学非洲研究,从 20 世纪六七十年代的非洲地理资料建设、文献翻译以及资料挖掘研究,发展到八九十年代的非洲经济社会发展战略、非洲农业地理、非洲石油地理等全面、深入的非洲研究,进入 21 世纪对于非洲经济发展、非洲农业、非洲土地制度、非洲能源利用、非洲粮食安全等问题的合作与开放研究,使得南京大学对非洲问题的认知也不断拓展、深入和发展。尤其是与外交部、农业部、国家开发银行等合作,使得南京大学非洲研究团队对中非合作议题有了更为深刻的认知。

如何通过更加积极的中非资源合作，使得非洲不断摆脱"资源诅咒"？非洲土地、渔业、水资源如何得到持续利用？如何通过更加积极的土地制度改革，促进非洲粮食安全？非洲港口资源如何更加有效地服务于城市发展与区域贸易？长期以来，南京大学非洲研究所十分重视非洲资源开发及中非能源合作的研究，并组织了地理科学、海洋科学、城市规划、政治学、管理学等多领域的专家开展合作研究，所完成的《非洲资源开发与中非能源合作安全研究丛书》正是这一研究成果的结晶。

国家主席习近平曾说过："中非情比黄金贵。"本丛书研究的立足点在于希望对非洲资源的开发利用突破"殖民者的路径依赖"，突破"资源诅咒"的陷阱，服务于更加积极的中非合作，真正为推进非洲的发展提供参考，让非洲更多地得益、更快地繁荣；本丛书研究成果也突破了对非洲矿产资源的单一关注，侧重于对非洲矿产、土地、渔业、水资源、港口、城市等自然资源、人文资源与经济社会发展问题的综合研究，为有利于非洲区域自然资源一体化和可持续利用管理的决策提供参考。

黄贤金

2014 年 4 月

前　言

　　非洲是一块神奇而古老的大陆,历史悠久,文化灿烂。非洲四面环海,毗邻印度洋、大西洋和地中海,海岸线长达 32000 千米;大陆地域辽阔,面积达 3020 万平方千米,非洲东部高原大陆裂谷贯穿南北,内陆断陷,湖泊众多,非洲河流众多,有世界第一大河尼罗河,还有刚果河、尼日尔河、赞比西河等;非洲气候适宜,赤道从非洲中部贯穿,非洲近岸海域是大西洋东部、印度洋西部冷暖洋流交汇之处。非洲优越的自然地理条件造就了丰富的内陆渔业资源和海洋渔业资源,非洲成为世界渔业资源开发与合作最活跃,在学术界也是渔业资源开发最具争议的地区。

　　本书共包含六章,第一章总结性地介绍了孕育非洲渔业资源的自然地理环境;第二章对非洲渔业资源的重要地位进行了分析;第三章和第四章分别系统介绍了非洲海洋渔业资源和非洲内陆渔业资源;第五章对非洲渔业资源开发历史、现状和管理问题进行了讨论;第六章就非洲渔业资源开发进程中的国际合作和中非渔业合作问题做了探讨。

　　本书结构严谨、内容丰富、图文并茂,是国内第一部系统介绍非洲渔业资源的专著,可为非洲渔业资源研究和管理相关的管理部门、中非渔业合作企业、相关研究机构和大学的相关研究人员、学生提供参考。

摘　　要

　　非洲四面环海,渔业资源丰富,潜力巨大。海洋和内陆渔业在食品安全、提供就业和增加财政收入等方面发挥了重要作用。渔业及其相关活动,如鱼类加工、捕捞协议、捕鱼执照费等,是国内生产总值的重要来源。保持渔业的长期繁荣和可持续发展不仅具有重要的政治和社会意义,也极具经济和生态价值。

　　第一章主要从非洲的海岸海洋及其内陆河流和湖泊三方面介绍孕育非洲渔业资源的地理环境,并分区域总结了非洲各地的水资源概况。非洲海岸线全长32000千米,较平直,缺少海湾和半岛。几内亚湾是最大海湾,索马里半岛是最大的半岛,马达加斯加岛是非洲最大、世界第四大岛,除此之外,非洲其余岛屿面积均不大。非洲大陆虽干旱、半干旱地区面积甚广,河川径流量并不非常丰富,但其年径流量仍有41840亿立方米之多,仅次于亚洲与南、北美洲。水资源空间与时间分布不均,尤其是地表径流的分布很不平衡。在北非撒哈拉沙漠等干旱及半干旱地区,径流较为匮乏稀少,而一些大河流域常因雨水集中而时有泛滥。

　　第二章从世界渔业资源开发进程中审视全球和非洲的渔业资源开发现状与问题,并对如何合理开发非洲渔业资源进行探讨。根据联合国世界粮农组织(FAO)2012年公布的《世界渔业和水产养殖状况》报告,全球渔业总产量从1950年以来呈直线上升态势,由1950年的不足2千万吨,上升到2010年的接近1.5亿吨。非洲渔业资源丰富,潜力巨大,非洲毗邻的海洋渔业区捕捞量总计达到1100万吨(包含其他国家在非洲毗邻海域的捕捞量),内陆渔业和养殖渔业产量大约380万吨。近四十年来,非洲的渔业有了很大的发展,20世纪60年代非洲渔业总产量只有约264万吨,20世纪70年代超过400万吨,2011年达到1500万吨。主要的渔业国有摩洛哥、尼日利亚、南非、埃及等。然而,在非洲的很多地方,渔业和水产养殖业发展没有引起足够的关注,水产品消费量仍维持在低水平,渔业资源开发活动中存在诸多问题。

　　第三章主要研究非洲毗邻海域海洋渔业资源开发状况。非洲四面环海,海洋渔业资源丰富,渔业环境复杂多样。本章分别阐述了非洲西部、西南部、东部和北部渔业区的海洋渔业发展状况,并简要介绍了各海区主要海洋渔业生产国的渔业发展概况。非洲海洋渔业分为传统渔业和工业化捕捞业两部分,其中大部分国家的海洋渔获量主要由传统渔业提供,工业化海洋捕捞由非洲以外的国家主导,而且非洲国家海洋渔业的加工设备、冷藏设备和销售渠道都不完善。

第四章简要介绍了非洲内陆渔业发展的自然条件及整体发展概况,并整理了2012年世界粮农组织(FAO)对非洲各国内陆渔业的捕捞数据(1950～2007)。数据显示,非洲各国的统计数据整体质量高低不一,许多国家内陆渔业基础设施建设缺乏政府支持,数据收集和报告不正常,数据可信度低。

第五章简要介绍了非洲悠久的渔业历史,对非洲现代渔业资源开发中存在的若干问题进行了分析。近年来,非洲非法捕捞问题愈演愈烈,根据2005年英国海洋资源评估组保守估算,由于非法和无节制捕捞,非洲每年鱼类捕捞价值超过10亿美元。西非地区40%以上的捕捞属于非法捕捞。最近20年非洲国家和国际组织在渔业管理和相关科学研究方面取得了巨大进展,为非洲渔业资源的可持续发展奠定了基础。

第六章主要探讨非洲渔业资源开发中的国际合作,并重点分析了中国与非洲国家在渔业领域的合作开发情况以及合作中的一些问题,指出目前中国同一些非洲国家开展渔业合作的情况良好,中非关系的良好发展态势对中非渔业合作领域的投资起到了促进作用。本章还就中非未来渔业合作的发展提出一些建议和构想。

Abstract

Africa is surrounded by ocean and rich in fishery resources. Ocean and inland fisheries play important roles in food safety, providing employment and increasing revenues. Fisheries and its related activities such as fish processing, fishing agreements and license fee are an important source of gross domestic product (GDP). Maintaining the fishery's long-term prosperity and sustainable development not only has important political and social significances, but also possess economic and ecological values. In the first chapter, the geographical environment of fishery resources in Africa was analyzed from three aspects: the coast, the inland rivers and lakes, and summarizes the general situation of the water resources in sub-regions in Africa. The total length of African coastline is 32000 km, and it is lack of gulf and peninsula. Gulf of Guinea is the largest gulf and Somalia peninsula is the biggest peninsula, Madagascar is Africa's largest and the world's fourth largest island. All river runoffs of the continent are not very rich because of the large arid and semiarid regions, but continent's annual runoff still has more than 4.184 trillion cubic meters, ranking after Asia and North-South America. Spacial and temporal distributions of water resources, especially the surface runoff distribution is very uneven. Runoffs in the Sahara desert in North Africa and other arid and semi-arid regions are relatively scarce; and some of the river basin is often flooding because of the rain concentration in the rain season.

In the second chapter the anthors analyzed the fishery resource development and problems in the world and Africa from the processes of world fisheries resources exploitation and discussed how to exploit fishery resources in Africa rationally. According to the report of "State of the World's Fisheries and Aquaculture" (Food and Agriculture Organization published in 2012, the global fishery production has sharply increased from less than 20 million tons in 1950 to 150 million tons in 2010. African fisheries resources are rich and with huge potential. In the year of 2011, the capture fishery production was about 11 million tons in African's surrounding seas (the capture including other countries fishing in African waters), and the inland capture and aquaculture fishery production was almost 3.8 million tons. In the past half century the total fishery production increased quickly from 2.6 million tons in the 1960s to more than 4 million tons in the 1970s, and in the year of 2011 the total fishery production was close to 15 million tons. The main fishing nations are Morocco, Nigeria, South Africa, Egypt. However, in many parts of Africa, fisheries and aquaculture development need more attention and efforts. Sea food and inland fishes consumption remained at low levels. There are many problems of the fishery resources development activities in Africa. The third chapter contained the marine fishery resources development situation in African sea waters. Africa is surrounded by oceans and and has abundant marine fishery resources and the fishery environment is more diversified. This chapter respectively demonstrated the marine fisheries in the west, the southwest, east and north Africa marine fishery areas. Marine fisheries in Africa was divided into two parts: traditional fishery and industrial fishery. Industrial fishery was controlled by the foreign countries and most of the countries' marine catches are provided by the traditional fisheries. The processing equipment, refrigeration equipment and sea food market condition of marine fisheries in Africa are not perfect.

The natural conditions and the overall development status of the inland fisheries were briefly introduced in the fourth chapter and discussed the catch data of inland fisheries in Africa (1950—2007) collected by the Food and Agriculture Organization (FAO). The quality of the statistical data in different African countries varied sharply. The inland fisheries infrastructure in many countries was lack of government support, data collection and reporting are blocked, data reliability was low.

The fifth chapter included a brief introduction of the the long fishery history in Africa and the analysis of the problems in modern fishery resources development in Africa. In recent years, illegal fishing problem is gaining momentum, according to a conservative estimate by British marine resources assessment team in 2005, the amount of fishing in Africa is more than $1 billion per year, due to illegal and unrestrained fishing. More than 40% of the fishing in West Africa is illegal . In recent 20 years, African countries and international organizations have made huge progress in fisheries management and relevant scientific research, laying a good foundation for the sustainable development of fishery in Africa.

The last chapter contained the discussion of the international cooperation in fishery resource exploitation in Africa, and analysis of the cooperative development status between China and African countries in the field of fishery and some problems in the cooperation, pointing out that the cooperative development is now in good condition, and the developing trend of Sino-African relationship would accelerate the fishery cooperation investment. This chapter also contained some suggestions and ideas in regard to African fishery cooperation with China in the future.

目　录

CONTENTS

第一章

孕育非洲渔业资源的地理环境

> **本章导读**:非洲四面环海,可以说是一个被水包围着的大陆。虽然非洲大陆干旱、半干旱地区面积甚广,但其年径流量仍有 41840 亿立方米之多,仅次于亚洲与南、北美洲。非洲的水资源总体来说还较丰富,本章主要从非洲的海岸海洋及其内陆河流和湖泊三方面介绍了孕育非洲渔业资源的地理环境。

第一节　非洲地理概况

非洲(Africa)是一块神秘又古老的大陆,其名称的来源有很多传说,一种传说是,古时有位名字叫 Africus 的酋长,于公元前 2000 年侵入北非,在那里建立了一座名叫 Afrikyah 的城市,后来人们便把这大片地方叫做阿非利加。另一种传说是,"阿非利加"是居住在北非的一位女神的名字,这位女神是位守护神,人们便以女神的名字"阿非利加"作为非洲大陆的名称。还有一种说法是 africa 一词来源于拉丁文的 aprica,意思是"阳光灼热"的地方,与地中海北岸希腊、罗马相比,北非地区的阳光更加灼热。此外,afri 是北非和迦太基人常见的名字,通常认为这和腓尼基语 afar "尘土"有关。还有一种说法是,古时罗马帝国与伽太基国之间进行了三次"布匿战争",公元前 146 年伽太基国灭亡了,罗马帝国在那里建立了帝国的占领地"阿非利加",人们逐渐将这片大陆称为非洲[①]。

非洲是仅次于亚洲的第二大洲(图 1-1),面积 3020 万平方千米,约占世界陆地总面积的 20.2%,比欧洲大两倍,位于东半球的西南部,地跨赤道南北。非洲四面环海(图 1-2),非洲东部与澳洲之间、非洲南部与南极大陆之间以印度洋相隔,非洲西部则以大西洋和南、北美洲分隔,非洲北部与欧洲隔地中海和直布罗陀海峡相望,东

---

① 李树藩主编:《各国国家地理(非洲卷)》,长春:长春出版社,2007 年,第 1 页。

图 1-1　非洲各国政区图

（资料来源：http://www.africaguide.com/afmap.htm）

北以苏伊士运河和红海与亚洲相邻。非洲的海岸线平直，缺少半岛、岛屿和海湾[①]。非洲大陆现有 54 个国家和 3 个发达国家领地，非洲习惯上被分为北非、西非、中非、东非和南非（图 1-3）。

非洲——"阿非利加"的原意是"阳光灼热之洲"。赤道横贯非洲大陆中部，阳光慷慨地洒在这块轮廓鲜明的高原大陆上，大部分地区位于南北回归线之间，气候干热，占全洲 95% 的地区年平均气温在 20℃以上，被称为"热带大陆"。

同时，非洲广大地区终年处于副热带高压的控制下，又受来自亚洲大陆干燥的东北风的影响，形成了面积广大的干旱区。全洲 1/3 的地区年降水量在 200 毫米以下，形成了约占全洲面积 1/3 的沙漠，为沙漠面积最大的一个洲。撒哈拉沙漠是世界上最大的沙漠，位于非洲大陆北部，面积 960 万平方千米，多由石漠、砾漠和沙

---

① 任豪之编著：《世界地理全知道》，北京：当代世界出版社，2008 年。

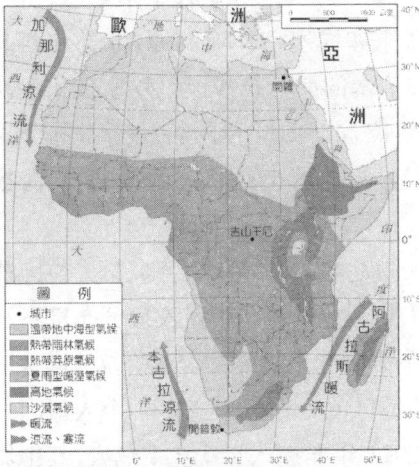

图1-2　四面环海的非洲

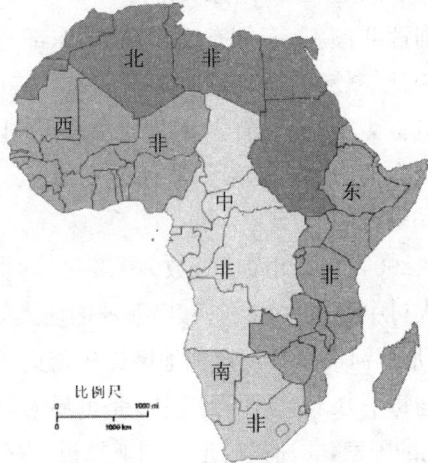

图1-3　非洲地理分区

漠组成,沙漠分布最广,炎热干旱,植物贫乏,人烟稀少。此外,还有非洲南部的内陆沙漠卡拉哈迪和非洲西南部大西洋沿岸的纳米布沙漠。高温、少雨、干燥是非洲气候的主要特点,赤道横贯非洲大陆中部,使整个非洲大陆形成典型的南北对称的气候区。南北热带区的气温全年多半时间都很高,但是山地的高度和沿岸带的海洋潮流影响都可使高温有所缓解。全洲分为8个气候区(图1-4),它们是:热沙漠区、半干旱区、热带干湿季区、赤道区(热带潮湿区)、地中海区、副热带湿润海洋区、暖温带高原区和山区。以赤道为中心,热带雨林、热带稀树草原和热带沙漠气候依次排列两侧。

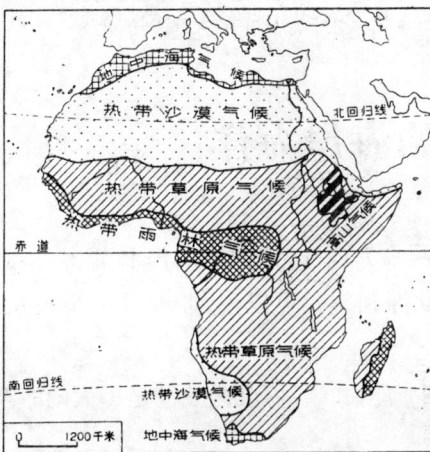

图1-4　非洲气候

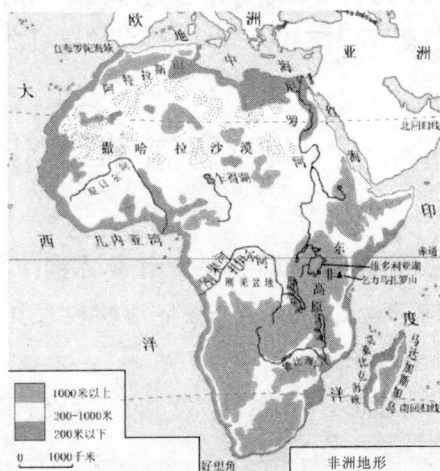

图1-5　非洲地形

3

非洲是一个"高原大陆"(图1-5),地形以高原为主,地势比较平坦,大致由东南向西北倾斜,南部有南非高原,东部有东非高原和埃塞俄比亚高原,北部和西北则为地势较高、世界最大的、面积达960万平方千米的撒哈拉沙漠。埃塞俄比亚高原被称为"非洲屋脊",海拔在1000米以上。德拉肯斯山脉和阿特拉斯山脉分别横亘在大陆的东南沿海和西北沿海。东部的乞力马扎罗山是非洲的最高峰,海拔5895米。

2004年非洲人口总数为7.8亿,约占世界人口总数的13%,居各洲第二位。非洲人口中黑人占98%,移民非洲的白人等外来人口只占2%。非洲人口分布极不平衡,尼罗河沿岸及三角洲地区比较密集,平均每平方千米1000多人,撒哈拉沙漠地区平均每平方千米还不到1人,是世界人口最少的地区之一;世界上有11个人口超过1亿的国家,非洲只有尼日利亚超过1亿人[1]。2011年非洲人口10.44亿人,其中城市人口39.5%,农村人口60.5%;人口密度34.7人/平方千米,0~14岁人口占40%。超过5000万人口的大国有:埃塞俄比亚(8500万人)、刚果民主共和国(6800万人)、埃及(8300万人)、南非(5100万人)、尼日利亚(16200万人)[2]。

非洲是一块富饶的大陆,拥有丰富的资源,其他任何一个洲都无法与之相比。阿特拉斯地区地下埋藏着世界最大的磷酸盐矿;北非的一系列巨大的石油沉积盆地是新发现的世界大油区之一;西非几内亚红色的土壤下集聚了世界一半的铝土资源;著名的中非铜矿带被誉为"地质学上的奇迹",长500多千米,储量近9000万吨,还伴生许多贵金属;还有南非的金矿和金刚石,多年来一直独占鳌头。非洲又是热带经济作物和热带农业的故乡。茂密的热带雨林中生长着无数名贵的经济林木与珍禽异兽,热带经济作物遍布在广阔的大地上。许多国家因此被赋予了特殊的称号,如"花生之国"、"棉花之国"、"可可之国"、"香料之国"、"剑麻之国"等[3]。

第二节　非洲的海岸海洋

非洲位于东半球的西南部,东濒印度洋,西临大西洋,东北以红海和苏伊士运河与亚洲为邻,北隔直布罗陀海峡和地中海与欧洲相望。可以说,非洲是一个被水包围着的热带大陆。

非洲海岸线全长32000千米,较平直,缺少海湾和半岛,几内亚湾是最大的海湾,

---

① 李树藩主编:《各国国家地理(非洲卷)》,长春:长春出版社,2007年。
② FAO Statistical Yearbook 2013:World Food and Agriculture,Rome,2013.
③ 任豪之编著:《世界地理全知道》,北京:当代世界出版社,2008年。

索马里半岛是最大的半岛,马达加斯加岛是非洲最大、世界第四大岛。除此之外,非洲其余岛屿面积均不大①,东部有塞舌尔群岛(Seychelles)、索科特拉岛(Socotra)和一些其他岛屿;东南部有科摩罗(Comoros)、毛里求斯(Mauritius)、留尼旺和一些其他岛屿;西南部有亚森欣(Ascension)、圣赫勒拿岛和特里斯坦-达库尼亚群岛(Tristan da Cunha);西部有维德角(Cape Verde)、比热戈斯群岛(Bijagos Islands)、比奥科(Bioko)和圣多美与普林西比岛(Sao Tome and Principe);西北部则有亚速群岛(Azores)、马德拉群岛(Madeira)和加那利群岛(Canary)。

非洲东部索马里半岛沿岸流动的是索马里暖流(图1-6),赤道以南是莫桑比克暖流,越过马达加斯加称为厄加勒斯暖流,该暖流在南非与本格拉寒流交汇,本格拉寒流向北流到几内亚湾称为几内亚湾暖流,非洲西北部为加纳利寒流。

非洲海岸线长达3万余千米,海域面积辽阔,尤其是大西洋沿海水域有本格拉寒流和加纳利寒流流经,因而富含各种水族赖以生存的营养盐类,浮游生物多,鱼类资源非常丰富,尤以海洋鱼类众多而闻名遐迩。非洲西北部盛产沙丁鱼、金枪鱼等,南部盛

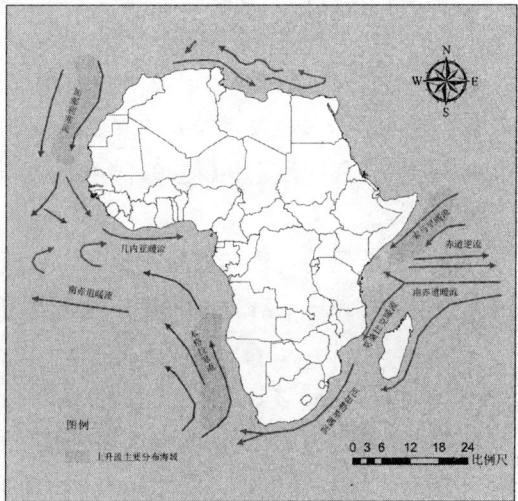

图1-6 非洲洋流

产鲐、鲸、沙丁鱼等,均为世界著名渔场。自古以来,捕鱼就是沿海、沿河湖水域的居民们主要生产活动之一,像西非的伊菲尤塔人、芳蒂人、摩尔人、埃维人、伊杰布人和伊拉叶人等都是素以捕鱼著称的民族,伊菲尤塔人和芳蒂人更是出色的渔民;东非基奥加湖和班韦乌卢湖周围沼泽地区的居民,不少以捕鱼为业,以鱼为生②。非洲鱼类、贝类资源较为丰富的国家有安哥拉、几内亚、厄立特里亚、加纳、几内亚、马达加斯加、马里、毛里塔尼亚、摩洛哥、莫桑比克、纳米比亚、塞拉利昂、塞舌尔、乌干达、马拉维等。非洲海域无污染,鱼品质量上乘,有较大的国际市场。

一、东大西洋沿岸

该区域南部包括安哥拉、纳米比亚、南非沿岸,主要受控于本格拉上升流,上升

---

① 王成家主编:《各国概况·非洲》,北京:世界知识出版社,2002年。

② 曾尊固:《非洲农业地理》,北京:商务印书馆,1984年。

流带来丰富的营养盐,使得该区鱼类资源丰富,安哥拉、纳米比亚沿海是重要的捕鱼区,捕获的鱼类主要有鲱鱼、北鳕鱼、毛鳞鱼、长尾鳕鱼、比目鱼、金枪鱼、鲑鱼、马古鲽鱼、海鲈鱼等,这些鱼主要分布在大陆架和岛屿附近陆架区。开阔水域特别是热带海域尚有帆鱼和飞鱼。本格拉上升流的北边界在热带地区与安哥拉暖流相遇,大部分的安哥拉大陆架受控于向南流动的低产的安哥拉洋流。本格拉生态系统被纳米比亚和南非交界处北部 300 千米处的一股强上升流分隔为北部本格拉系统和南部本格拉系统。最近三十年间,海洋事件的频发影响了鱼类资源的平稳发展。这些事件中,其中一个是偶尔穿过纳米比亚底层的低氧水,该低氧水影响了鳕鱼类的分布。另外一个主要事件是十年发生一次的"Benguela Niño"(本格拉尼诺)——极端的海水变暖事件,安哥拉和纳米比亚沿岸出现连续、极高温度的海水。这些海水异常增暖事件导致强降水现象而大大地改变了鱼类的分布和数量,1995 年的异常增暖事件影响了向南迁移的沙丁鱼群,2011 年破坏了很多鱼群(尤其是小型的海洋鱼类)的生活环境。

该区域北侧受控于加那利寒流和赤道流。1950～2009 年沿海国家和远洋捕捞国家的报道称该区域有超过 250 种的鱼类,渔业资源丰富,沿海居民多以捕鱼为生。

二、西印度洋

非洲东部是印度洋,从北向南分别是红海、索马里半岛、莫桑比克海峡、马达加斯加岛。冬季,索马里半岛沿海为向西南流的索马里季风洋流,越过赤道,往东南与南赤道暖流部分海水相遇,形成自西向东流的赤道逆流。夏季,南赤道暖流向西流到科摩罗群岛附近分为两股,一股北上,称为索马里寒流,一股南流,分为两部分,一部分称莫桑比克暖流,另一部分沿马达加斯加南下,称马达加斯加暖流,这两股暖流在马达加斯加岛西南汇合后,沿着非洲东海岸向南流,直至厄加勒斯角附近,称厄加勒斯暖流,到 40°S 附近,汇入南印度洋的西风漂流,流向澳大利亚西南海域。该区域具有不同的海洋学特征和渔业资源特征。伊朗沿海、阿曼海湾的巴基斯坦、阿拉伯海沿岸的印度海岸存在季节性涌升流,使得该区渔业产量较高,涌升流延伸到西印度洋、波斯湾和红海,形成该区域与西印度洋其他区域不同的海洋环境,该区域的目标鱼类与珊瑚礁和浅热带海洋有关。该区鱼类主要有金枪鱼、飞鱼及海龟等,其他如金钱斑鲈鱼、蓝带少校鱼、长鼻子蝴蝶鱼、甘唇鱼、皇帝天使鱼、蝎子鱼、魔鬼火鱼、炮弹鱼、海鳗、电海鳐、蚣鱼、白尖礁鲨、巨型猫鲨、黄色王鱼、小丑鱼、海葵、章鱼、乌贼、螃蟹、贝类等也很丰富。

非洲东北部和阿拉伯半岛之间的狭长海域是红海,红海由埃及苏伊士向东南延伸到曼德海峡,曼德海峡连接亚丁湾,然后通往阿拉伯海。红海受到东西两侧热带沙漠的夹持,常年空气闷热,尘埃弥漫,明朗的日子较少,降水量少,蒸发量高,两岸无常年河流注入,盐度很高,仅次于死海。海水多呈蓝绿色,局部地区因红色海藻生长茂盛而呈红棕色,红海一称即源于此。红海两岸陡峭壁立,岸滨多珊瑚礁,海水下面生长着稀有的海洋生物。红海表层洋流由周围海域向红海流动,底层洋流由红海向周围海域流动。

三、北边地中海

非洲北部国家埃及、利比亚、突尼斯、阿尔及利亚、摩洛哥毗邻地中海,地中海被欧、亚、非三个大陆包围,造成了海水环流的严重障碍,海洋生物赖以生存的氧气和养料的混合被严重阻隔,海水中海洋生物必需的磷酸盐、硝酸盐比较贫乏,同时,因为地中海周边气候冬暖多雨、夏热干燥,海水温度较高,蒸发作用旺盛,海水盐度高达39‰左右,所以地中海鱼类资源不是很丰富,仅有小规模的捕鱼业。最重要的鱼类有:无须鳕、鲆鲽、鳎、大菱鲆、沙丁鱼、鳀鱼、蓝鳍金枪鱼、狐鲣和鲭鱼,亦出产贝类、珊瑚、海绵和海藻。但是,海生动植物的过量捕捞仍很严重。

第三节 非洲的河流和湖泊

一、非洲的河流

河流与湖泊为鱼类和其他淡水生物提供栖息地,非洲大陆拥有较为丰富的水资源(表1-1),虽干旱、半干旱地区面积甚广,与其他各大洲相比,它的河川径流量并不非常丰富,但其年径流量仍有41840亿立方米之多,占世界年径流量总量的10.3%,次于亚洲与南、北美洲,在世界各大洲中占第4位[1]。非洲的水资源总体来说还较丰富,但其空间与时间分布不均,尤其是地表径流的分布很不平衡。在北非撒哈拉沙漠等干旱及半干旱地区,径流较为匮乏稀少;而一些大河流域也常因雨水集中而时有泛滥[1]。非洲水系中外流区域占全洲面积68.2%,内流区域占31.8%,河流终年不冻,流入大西洋的多为大河,流入印度洋的多为小河[2]。非洲河流多呈东南向西北的流向,通常是经高原盆地的中上游河段可以通航,到海岸平原时,因坡度陡降而形成一连串的急湍与瀑布,水力资源丰富,但不利于航行。

流入大西洋的主要河流有尼罗河、刚果河、尼日尔河、塞内加尔河、沃尔特河等;流入印度洋的主要河流有赞比西河、林波波河、朱巴河等。

---

[1] 文云朝主编:《非洲农业资源开发利用》,北京:中国财政经济出版社,2009年。
[2] 王成家主编:《各国概况·非洲》,北京:世界知识出版社,2002年。

表 1-1 非洲主要河流

序号	河流名	所属水系	河长（千米）	流域面积（万平方千米）	河口流量（立方米/秒）
1	尼罗河	大西洋	6670	287	2300
2	刚果河	大西洋	4640	370	39000
3	尼日尔河(几内亚湾)	大西洋	4160	210	6340
4	赞比西河	印度洋	2660	135	16000
5	谢贝利河	大西洋	2000	30	320
6	奥兰治河(非洲东南部)	大西洋	1860	102	490
7	朱巴河(东非)	印度洋	1600	19.6	546
8	林波波河	印度洋	1600	44	170
9	奥卡万戈河	内流流域	1600	80	250
10	塞内加尔河	大西洋	1430	44.1	760
11	沙里河	内流流域	1400	65	1222
12	沃尔特河	大西洋	1400	38.8	140
13	鲁菲吉河	印度洋	1400	17.7	800
14	冈比亚河	大西洋	1120	7.7	/
15	宽扎河	大西洋	960	15.6	840
16	库内内河	大西洋	945	10	200
17	萨纳加河	大西洋	918	13.5	2156
18	科莫埃河	大西洋	900	7.4	430
19	尼永河	大西洋	860	2.6	125
20	奥果韦河	大西洋	850	20.5	4746
21	奎卢河	大西洋	810	5.6	940
22	鲁伍马河	印度洋	800	15	/
23	邦达马河	大西洋	800	6	327
24	塔纳河	印度洋	710	3.2	135
25	谢利夫河	大西洋	700	3.5	929
26	萨桑德拉河	大西洋	650	7.5	425
27	乌姆赖比阿河	大西洋	600	3	105
28	热巴河	大西洋	560	/	/

序号	河流名	所属水系	河长（千米）	流域面积（万平方千米）	河口流量（立方米/秒）
29	穆卢耶河	大西洋	520	7.1	50
30	卡瓦利河	大西洋	510	3	/
31	莫诺河	大西洋	500	2.5	96
32	塞布河	大西洋	450	2.7	137
33	贝齐布卡河	印度洋	440	3.2	/
34	罗克尔河	大西洋	440	/	/
35	莫阿河	大西洋	425	/	/
36	孔库雷河	大西洋	365	1.6	/
37	迈杰尔达河	大西洋	360	2.3	/

资料来源：文云朝主编.非洲农业资源开发利用[M].北京：中国财政经济出版社,2009.

（一）非洲东北部

主要入海河流有瓦迪贝卡布河、瓦迪塔密特河、尼罗河、瓦迪阿瑞斯河、瓦迪戈韦伯河、瓦迪阿拉巴河、瓦迪瓦蒂河、瓦迪蒂布河、瓦迪巴拉卡河(图1-7)。

尼罗河(Nile)位于非洲东北部,为非洲最长的河流,是世界上流经国家最多的国际河流之一,也是世界上流程最长的著名大河之一。尼罗河发源于非洲中部布隆迪高原,自南向北,流经布隆迪、卢旺达、坦桑尼亚、乌干达、南苏丹、苏丹和埃及等国,所经过的地方均是沙漠,最后注入地中海。尼罗河是由卡盖拉河(阿持巴拉河)、白尼罗河、青尼罗河三条河流汇流而成。流域是非洲人口最密集、经济最发达的地区之一,下游的谷

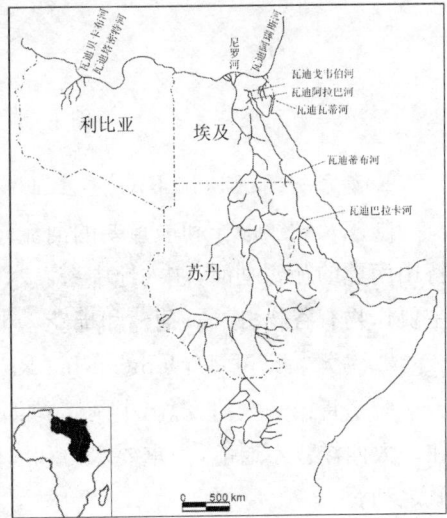

图1-7　非洲东北部河流

地和三角洲是古埃及的发祥地。最重要的商品鱼类有罗非鱼、鲇鱼、尼罗河鲈鱼[①]。

（二）非洲西北部

主要入海河流有：萨吉亚阿姆拉河、德拉河、马萨河、苏斯河、坦西夫特河、伊姆

---

① 文云朝主编：《非洲农业资源开发利用》,北京：中国财政经济出版社,2009年,第9页。

利勒河、马拉喀什河、布赖格赖格河、塞布河、洛克斯河、马哈儿河、尼科尔河、穆卢耶河、塔富纳河、谢利夫河、乌姆赖比阿河、马扎非恩河、衣哈瑞河、衣瑟儿河、西巴欧河、搜曼河、阿格壤河、凯比尔河、西波斯河、迈杰尔达河、来连河(图1-8)。

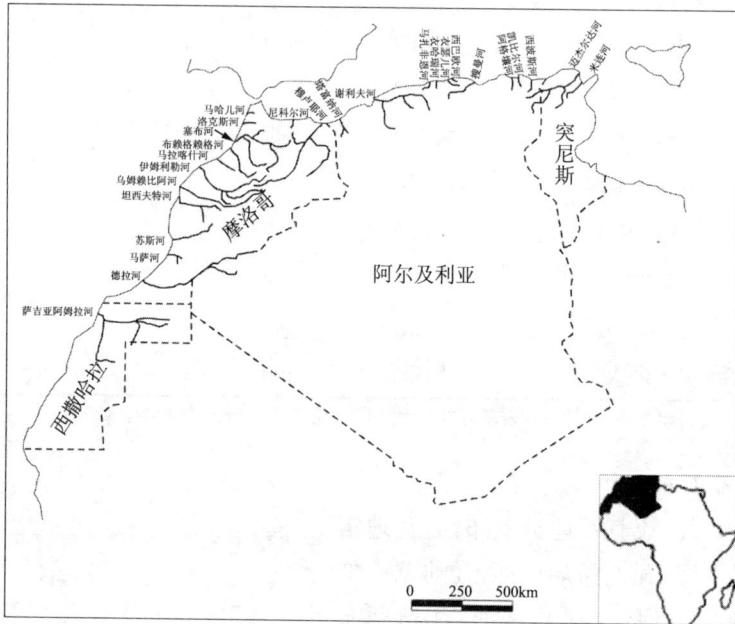

图1-8 非洲西北部河流

1. 谢利夫河(Chelif River)

阿尔及利亚最长和最重要的河流,上源为源出阿姆山的图维勒河和源出提亚雷特山南麓的瓦塞勒河,注入地中海。水位变化大,不易通航。下游流域靠灌溉耕作,主要作物有谷物、柑橘、葡萄和棉花。干支流上建有多处水利工程,有3座大坝。

2. 乌姆赖比阿河(Oumer-Rbia River)

摩洛哥第一大河,源出中阿特拉斯山西坡,先西南流,后转西北,在杰迪代附近注入大西洋。不通航,为重要水力和灌溉资源。干支流上建有多座水坝,有防洪、灌溉之利。

3. 穆卢耶河(Moulouya River)

摩洛哥东北部河流,源出中阿特拉斯山与大阿特拉斯山之间山地,受融雪水与冬春降水补给,注入地中海,干支流上建有多处水坝,有防洪、灌溉之利。

4. 塞布河(Sebou River)

摩洛哥北部河流,源出中阿特拉斯山北坡,流向西北,在盖尼特拉附近注入大西洋。有沃尔哈河、拜赫特河等支流。上游流经山地,干支流上筑有多处水坝,有灌溉发电之利。下游河道两岸平原宽阔,谷地为橄榄、稻米、小麦、甜菜和葡萄的主要产区。

5. 迈杰尔达河(Medjerda River)

北非的一条河流,为突尼斯最长河流,也是重要的水源,源出阿尔及利亚东北部的迈杰尔达山,向东北流入地中海的突尼斯湾。

(三)非洲西部

主要入海河流有:塞内加尔河、塞恩河、冈比亚河、卡萨曼斯河、卡谢乌河、格巴河、科鲁布河、柯共河、法塔拉河、孔科尔河、大斯科河、小斯科河、瑟利河、乔恩河、斯瓦河、莫阿河、马洛河、洛发河、保罗河、约翰河、瑟斯河、卡瓦利河(图1-9)。

1. 塞内加尔河(Senegal River)

发源于几内亚富塔贾隆高原,是西非一条较大的河流。塞内加尔河上游河段称巴芬河,在马里的巴富拉贝接纳右岸支流巴科依河后始称塞内加尔河,向西流淌,形成一个大弯曲,围绕塞内加尔的富塔和费尔洛的干旱平原,流经几内亚、马里、塞内加尔以及毛里塔尼亚等国家,最终在圣路易注入大西洋。河中渔产丰富,该河渔业捕捞过度,但是尖吻鲈还是普遍有的[①]。

图1-9 非洲西部河流

2. 冈比亚河(Gambia River)

西非较大的河流,发源于几内亚富塔贾隆高原,在凯杜古附近流入塞内加尔境内,之后向西北方向曲折前进约 320 千米到达冈比亚边境,最后蜿蜒向西在班珠尔附近注入大西洋。水深谷宽,水流湍急,是非洲最佳水道之一,也是西非唯一可以通航海船的河流,发挥着重要的运输功能,是冈比亚境内运输旅客、货物和邮件的主要工具。冈比亚河和西部大西洋渔业资源丰富,河中有许多鱼类,近海渔场拥有大量的沙丁鱼、邦加鱼、金枪鱼,已在联合国资助下,建起 7 个渔业捕捞和加工及出口基地。

3. 卡瓦利河(Cavally River)

又称"卡瓦拉河",西非河流。发源于几内亚高原南麓,中下游为科特迪瓦和利

---

① 文云朝主编:《非洲农业资源开发利用》,北京:中国财政经济出版社,2009 年。

比里亚界河,在哈珀以东注入大西洋。富水力,河口以上 80 千米可通航。

4. 莫阿河(Moa River)

是西非的河流,河道全长 425 千米,流域面积 17900 平方千米,自几内亚富塔贾隆的发源地向西南方流,成为几内亚、利比里亚和塞拉里昂接壤的边界,最终注入大西洋。

（四）几内亚湾

主要入海河流有:佩德罗河、萨桑德拉河、布勃河、邦达马河、昂内比河、密河、科姆河、毕阿河、塔诺河、安卡布拉河、普阿河、阿延苏河、沃尔特河、莫诺河、欧梅河、奥贡河、奥斯河、尼日尔河、科若斯河、穆沟河、武里河、萨纳加河、尼永河、洛昆杰河、罗比河、恩特姆河、姆比尼河、科莫河、奥果韦河、尼扬加河、奎卢河、科莫埃河(图 1－10)。

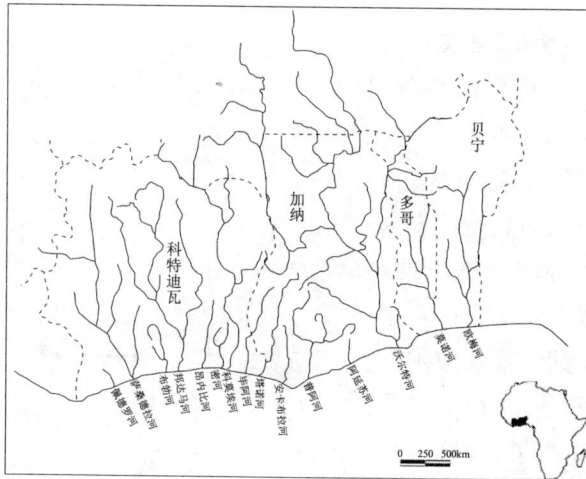

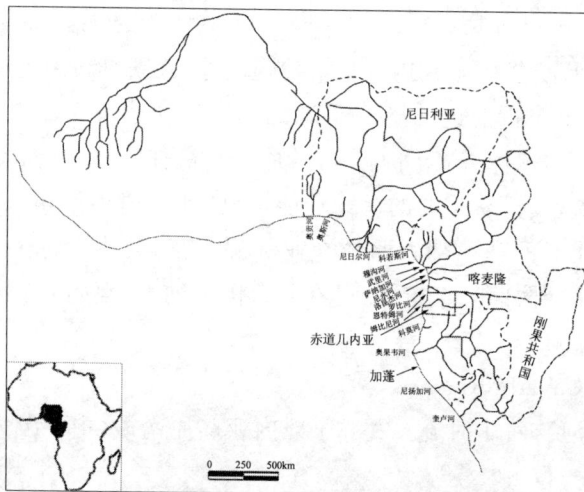

图 1－10 几内亚湾河流

1. 尼日尔河(Niger River)

非洲第三大河,是西部非洲最大的河流,发源于几内亚境内的富塔贾隆(Fouta Diallon)高原靠近塞拉利昂边境地区的重山之中,源头海拔 900 米,距大西洋岸仅 250 千米,干流流经几内亚、马里、科特迪瓦、尼日尔、布基纳法索、贝宁和尼日利亚等国,注入几内亚湾。支流伸展到科特迪瓦、布基纳法索、乍得、喀麦隆等国。尼日尔河及其支流中有多种鱼类,主要食用鱼有鲇鱼、鲤鱼和尖吻鲈鱼。在漫长的河流体系里,捕鱼是重要的活动,但是由于在三角洲地带发现和开采了石油,从而严重扰乱了这里的捕鱼活动,石油污染杀死了绝大多数鱼,危害到这个地区伊乔人(Ijo)的经济生活。

2. 沃尔特河(Volta Lake)

又译"伏塔河",是西非第二大河,流经布基纳法索、科特迪瓦和加纳等三个国家,贯穿加纳,是加纳的主要饮用水资源,在加纳国东南部的阿达镇汇入了几内亚湾。支流伸展至多哥、贝宁、马里等国,流域呈漏斗形,北部的源头地区宽达 800 多千米,而在贝宁湾附近仅宽约 40 千米。沃尔特河汇合三条支流,分别为红沃尔特河、黑沃尔特河和白沃尔特河。除此,主要支流有奥提河、阿夫拉姆河等,下游建有阿科松博大坝,形成巨大的沃尔特水库,有防洪、发电、灌溉、航运、渔业之利,是非洲最佳淡水渔场之一,现年捕鱼 4 万多吨,相当于加纳海洋捕捞量的 1/4,同时,湖水清澈,浩瀚无际,景色秀丽,吸引着大批游客。

3. 科莫埃河(Komoe River, Komoe 亦作 Comoe)

发源于西部非洲布基纳法索境内博博迪乌拉索以西 40 千米附近,河流向南流,先后接纳辛洛科(Sinloko)河和莱拉巴(Leraba)河后向东流,形成布基纳法索与科特迪瓦的一段边界,在费尔凯附近进入科特迪瓦后转向南流,先后接纳巴韦(Bare)河、伊林戈(Illingo)河、孔戈(Kongo)河、金凯内(Kinkene)河、迪奥雷(Diore)河、巴(Ba)河以及曼赞(Manzan)河等支流后,在博努阿(大巴萨姆)附近注入几内亚湾。流域内雨量丰富,因高温蒸发强烈,以致地面汇入河流的水量只占 20%。该河多急流、险滩,水能资源丰富,仅下游段可以通航。河流上游经过热带稀树草原区,中游河段是热带雨林区,两岸辟有游览地科莫埃国家公园。下游为著名的木材、水果生产基地,河水也被用来灌溉农作物。

4. 萨纳加河(Sanaga River)

萨纳加河位于喀麦隆中部,是喀麦隆主要河流,发源于北方省阿达马瓦(Adamaoua)县境内的山区,由源出阿达马瓦高原东南部的杰雷姆(Djerem)河与洛姆(Lom)河汇合而成,萨纳加河干流朝西南流,横穿中部高原,先后经过楠加埃博科、莫纳泰勒以及埃代阿等城市到达宽阔的河口三角洲,在杜阿拉以南注入几内亚湾,注入大西洋。萨纳加河水系复杂,支流众多,主要支流有杰雷姆河、恩多(Endo)河、托特(Tot)河、永(yong)河、林科姆(Linkom)河、恩杰凯(Engjecai)河以及姆巴姆(Mbam)河等。萨纳加河流域干支流流经高原、山地，蕴藏着丰富的水能资源。

5. 尼永河(Nyong River)

喀麦隆西南部的河流。发源于阿邦姆邦(Abong Mbang)以东40千米处，全长640千米，与萨纳加(Sanaga)河下游大致平行，西流至小巴汤加(Petit Batanga)注入几内亚湾。

6. 奥果韦河(Ogooue River，亦作 Ogowe)

加蓬共和国境内最大的河流，发源于刚果共和国境内的夏于山(Massif du Chaillu)东坡，先向西北流，在锡马附近进入加蓬，继续向西北流，至博韦以后朝正西方向流，到达恩乔莱以后转向西南，在让蒂尔港附近注入大西洋。

7. 邦达马河(Bandama River)

又译"班达马河"，科特迪瓦最大的河流，源出几内亚高原东部，自北向南流，纵贯国境，也是科特迪瓦最长和最重要的河流，由白邦达马河与红邦达马河汇合而成，汇流处建有全国最大的科苏(Kossou)水库及水力发电站，在大拉乌附近注入几内亚湾。

8. 萨桑德拉河 (Sassandra River)

西非河流，位于科特迪瓦西部，科特迪瓦主要河流之一。发源于几内亚高原东部，上游称坚巴河。从北向南流，流经塔伊国家公园以东，最终在大西洋萨桑德拉注入几内亚湾。

9. 莫诺河(Mono River)

莫诺河发源于索科德的东北部，在贝宁维达(Ouidah)附近的一个曲流注入贝宁湾。近河口段可通航，为沿河黏土台地种植的玉蜀黍、木薯、甘薯、稻谷和棉花提供灌溉的水源。

(五)非洲中部

主要入海河流有：奇卢安果河、刚果河、布瑞吉河、洛格河、耽德河、本戈河、宽扎河、隆加河、库沃河、堪本戈河、巴洛波河、咖土贝拉河、卡波雷洛河、库巴尔河、库诺卡河、库内纳河(图1-11)。

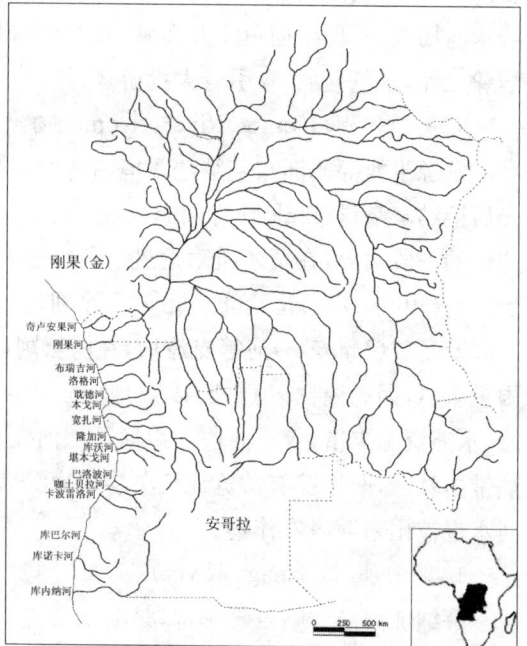

图 1-11　非洲中部河流

1. 刚果河(Congo River)

位于中西非,又称扎伊尔河,意思是"大河",流域面积和流量均居非洲首位,世界第二位。其长度仅次于尼罗河,为非洲第二长河,而流量却比尼罗河大16倍。干流流贯刚果盆地,呈一大弧形,两次穿过赤道,注入大西洋。其中60%在刚果民主共和国境内,其余面积分布在刚果共和国、喀麦隆、中非、卢旺达、布隆迪、坦桑尼亚、赞比亚和安哥拉等国。刚果河支流密布、河网稠密,沿途接纳的主要支流,右岸有卢库加(Lukuga)河、卢阿马(Luama)河、埃利拉(Elila)河、乌林迪(Ulindi)河、洛瓦(Lowa)河、阿鲁维米(Aruwimi)河、伊廷比里(Himbiri)河、蒙加拉(Mongala)河、乌班吉(Oubangi)河、桑加(Sangha)河等;左岸有洛马米(Lomami)河、卢隆加(Lulonga)河、鲁基(Ruki)河、开赛(Kasai)河、因基西(Lnkisi)河等。其常年流量大而稳定,是世界各大河中流量变化最小的河流之一①。刚果河流域有许多大湖泊,如坦噶尼喀湖、基伍湖、班韦乌卢湖、姆韦鲁湖、利奥波德二世湖(马伊恩东贝湖)、通巴湖等。刚果河有许多种鱼生活其中,仅马莱博湖中就有230多种。河边的沼泽中生活有肺鱼。多树木沼泽地的水呈红茶色,这里的黑鲇就呈现这种颜色。几乎所有河边的居民都从事捕鱼业。

2. 宽扎河(Cuanza River,亦作 Kwanza)

安哥拉中北部河流,是安哥拉具有重要经济价值的河流。在安哥拉人眼里,宽扎河(Kwanza River)就是母亲河,他们对宽扎河的感情就像中国人对母亲河——黄河一样。自1977年,安哥拉国家货币统称宽扎,就是以这条河流来命名的。宽扎河发源于海拔1500米的比耶(Bie)高原希腾博东南大约80千米的地方,离蒙布埃镇不到10千米,向北转西北流,在罗安达南56千米的巴拉-社宽扎注入大西洋。宽扎河水系庞大,支流众多,水量丰富,主要支流有库凯马(Cuquema)河、奎瓦(Cuiva)河、库宁加(Cunhinga)河、库塔托(Cutato)河、卢安多(Luando)河、奎热(Cuije)河、甘戈(Gango)河以及卢卡拉(Lucala)河等。

(六)非洲东南部

主要入海河流有:霍阿如斯比河、霍阿尼布干河、乌尼亚布干河、胡阿布河、尤咖布河、奥马鲁鲁河、斯瓦科普河、奥兰治河、霍尔盖特河、布菲斯河、斯瓦特林基斯河、斯波哥河、格伦河、象河、韦罗格河、格鲁特伯格河、迪普河、布里德河、柯蒂斯河、可鲁布河、克罗姆河、冈图斯河、松达格河、格瑞特斐西河、科斯卡马河、格瑞特科河、巴斯内河、乌姆济姆武布河、乌塔穆娜河、乌兹库鲁河、乌姆科马斯河、乌格尼河、乌沃蒂河、图各拉河、马蒂各鲁河、乌汗图兹河、乌伏罗兹河、马普托河、乌毕鲁兹河、因科马蒂河、林波波河、赫乌河、格林加斯河、布兹河、本古河、赞比西河、卢阿拉河、里孔

---

① 文云朝主编:《非洲农业资源开发利用》,北京:中国财政经济出版社,2009年。

戈河、马莱拉河、莫洛库河、利格哈河、梅来里河、莫拉普河、梅库布日河、罗尼奥河、蒙特普兹河、梅萨洛河、鲁伍马河(图 1 - 12)。

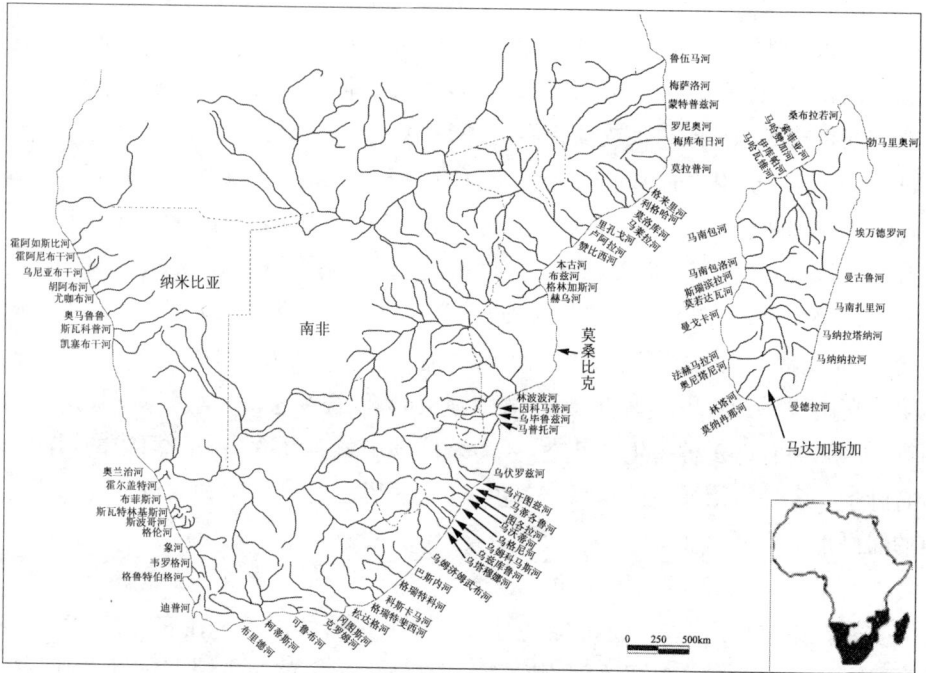

图 1 - 12 非洲东南部河流

1. 赞比西河(Zambezi River)

又名利巴河,意为"巨大的河流",南部非洲的最大河流,也是非洲大陆流入印度洋的第一大河。发源于赞比西西北部和安哥拉中东部的高地,干流流经安哥拉、赞比亚、博茨瓦纳、纳米比亚、津巴布韦、赞比亚和莫桑比克等国,最终注入莫桑比克海峡,径流量仅次于刚果河,居非洲第二位。河水补给充足,流量随降水季节变化较大,有明显的洪枯期。赞比西河大部分河段流经海拔 500～1500 米的南非高原,穿越一系列峡谷,形成诸多瀑布和急流,蕴藏着极为可观的水能资源[①],有非洲最大的水力发电工程——卡里巴(Kariba)水坝和卡布拉巴萨(Cabora Bassa)水坝,整个流域为非洲经济较发达地区。虎鱼是少有的同时生长在维多利亚瀑布上下游的品种之一。狗鱼是河上游的主要鱼类,多线鱼和单鳍鱼也颇多。瀑布上下游现在还有一种欧鳊鱼。赞比亚河中多鳄,但是它们一般总是躲开急流的水域。

2. 奥兰治河(Orange River)

又称橘河,是南非最大的河流,发源于莱索托高原上德拉肯斯山脉中的马洛蒂

---

① 文云朝主编:《非洲农业资源开发利用》,北京:中国财政经济出版社,2009 年。

山,向西流经南非中部和南非与纳米比亚的边界后,于亚历山大贝注入大西洋,是非洲第五大河,主要支流有卡勒登河、法尔河、萨克河等。奥兰治河是钓鱼人的天堂,可钓鱼类很多,体型较大的鱼类有非洲凤凰、非洲王子、六间、女王燕尾、阿里、马面、蓝天使、黄金雀、珍珠雀、黄天堂鸟、红肚凤尾、蓝肚凤凰、红宝石、蓝剑沙、蝴蝶面等,体型超长的鱼类有鲷、滚浪、哨兵、棒槌、鲶鱼、罗汉鱼、鲑鱼、棕塘鲤鱼、石鲤、胭脂鱼等。

3. 林波波河(Limpopo River)

林波波河也称鳄鱼河,是非洲东南部较大的一条河流,发源于约翰内斯堡附近的高地,上游源头段称克罗科迪尔(鳄鱼)河,分两支向北及西北流,左支流于鲁伊博克拉尔附近接纳马里科河后,始称林波波河,水位有季节性变化。主要支流左岸有马里科河、诺特瓦内河、沙谢河、乌姆津瓜尼河、布比河、姆韦内济河、尚加内河等,右岸有潘戈拉河、帕拉拉河、莫加拉奎纳河、桑德尔、象河(又名奥利瓦茨河)等,在赛赛西南流入印度洋①。林波波河的支流上修建了多座以城市供水为目的的水库:哈博罗内工程、尼瓦内工程、沙谢工程、圭哈水坝。林波波河盛产吴郭鱼。

4. 库内内河(Kunene River)

库内内河是安哥拉中南部的一条大河,发源于万博市东北大约32千米处比耶高原南部山地,最后在库内内河口城附近注入大西洋。主要支流有:库索(Cusso)河、卡伊(Cai)河、奇坦达(Chitanda)河、卡隆加(Calonga)河、卡库卢瓦尔(Caculuvar)河、奥卡塔纳(Ckatana)河以及奥沙纳埃塔卡(Oshana Etaka)河等。

5. 鲁伍马河(Ruvuma River)

非洲东部常年性河流,发源于坦桑尼亚东南部的马塔戈罗山脉,源流先向西流,然后转向南,至米托莫尼以东15千米处折向东流,最后,在德尔加杜角北面约32千米处注入印度洋。大部分河段流经花岗岩、片麻岩组成的高原,具山地河流特征,仅在下游河道展宽,水势较平稳,可通行小船。流域内生物资源丰富,当地居民主要是依靠农牧业为生。

(七)马达加斯加岛

主要河流有:桑布拉若河、索菲亚河、马哈赞加河、伊库帕河、马哈瓦维河、马南包河、马南包洛河、斯瑞滨拉河、莫若达瓦河、曼戈卡河、勃马里奥河、埃万德罗河、曼古鲁河、马南扎里河、马纳拉塔纳河、马纳纳拉河、曼德拉河、法赫马拉河、奥尼塔尼河、林塔河、莫纳冉那河。

(八)东非地区

主要入海河流有:德哈儿河、胡杜河、瓦迪努加尔河、谢贝利河、塔纳河、加拉纳河、潘加尼河、瓦米河、鲁伏河、鲁菲吉河、马坦杜河、姆本库鲁河、朱巴河(图1-13)。

1. 谢贝利河(Shebeli River)

亦作 Shibeli,非洲东部河流,谢贝利在索马里语中意思是"豹",亦称"豹河"。源出埃塞俄比亚南部的埃塞俄比亚高原、古兰巴山,在贝莱德文(Belet-wene)北面入索马里境,折向南流到距印度洋约 32 千米的拜莱德(Balad),至摩加迪沙附近折向西南,与海岸线相距 20~25 千米平行南流,最后消失在杰利布一带的沼泽中,特大洪水年份河水可与朱巴河汇流,注入印度洋。索马里的中谢贝利州和下谢贝利州均是以此河命名,居住在谢贝利河和朱巴河中下游的哈维亚人和萨布人以农业为生。

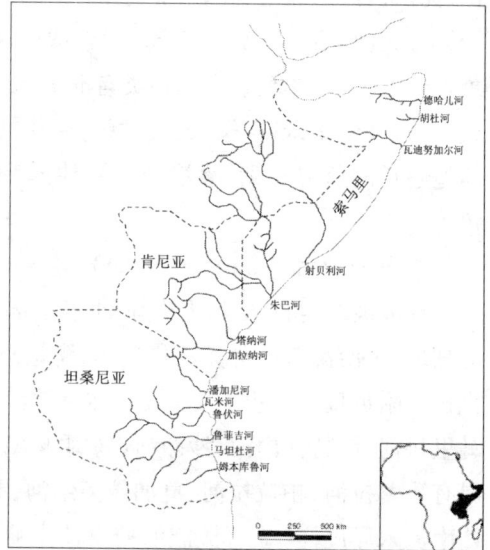

图 1-13 东非地区河流

2. 朱巴河(Jubba River)

又译作久巴河(Juba River),发源于埃塞俄比亚南部松卡鲁山的南麓,由达瓦(Dawa)河与格纳莱(Genale)河汇流而成,两河于索马里边境汇流后始称朱巴河。自瓦拉德向南入索马里境,河道蜿蜒于东经 42°~43°,至琼博注入印度洋,是非洲东北部注入印度洋的一条较长的河流。

3. 塔纳河(Tana River)

位于肯尼亚的东部,是肯尼亚最长的河流,发源于肯尼亚山和阿伯德尔(Aberdare)山脉东坡,流向西部的涅里,在基皮尼 Ungwana 湾注入印度洋。塔纳河是挪威北部与芬兰北部之间的界河,向东北流入巴伦支海的塔纳峡湾,以产鲑鱼著称。

4. 鲁菲吉河(Rufiji River)

东非较大的河流,发源于坦桑尼亚南部高地,全河在坦桑尼亚境内,是坦桑尼亚最大的河流。上游发源于基彭盖雷山脉的基隆贝罗河与大鲁阿哈河两支河流,两河汇合之后在海岸平原上蜿蜒向前,最后在马菲亚岛对岸注入印度洋,河口的三角洲拥有全球最大的红树林。主要支流为大鲁阿哈(Ruaha)河、基隆贝罗(Kilombero)河、卢韦古(Luwegu)河,流量的季节变化较明显,最小流量与最大流量之比为1:800左右。鲁菲吉河是东非水能资源较为丰富的河流,河流综合开发前景较大。在大鲁阿哈河上已建有基达图(Kidatu)、姆特腊(Mtera)两座大坝。大鲁阿哈河有 38 种鱼类,附近的居民以捕鱼和畜牧为生。

二、非洲的湖泊

非洲尤其是东非高原拥有世界著名的天然湖泊和人工湖,湖泊数量较多,面积大小悬殊,深浅各异。较大的湖泊多为断层湖,集中分布在东非裂谷带内,一般湖形狭长,湖底深陷,湖岸多陡崖峭壁,如坦噶尼喀湖和马拉维湖,坦噶尼喀湖是世界第二深湖、非洲第二大湖,马拉维湖为非洲第三大湖;面积较小的有图尔卡纳湖和蒙博托湖等。一些湖泊是由火山活动造就的,如基午湖。奥卡万戈沼泽地区也有一些较浅的涝原湖泊,南非的卡拉哈迪沙漠和潘兰思地区则有沉降盆地。另外,非洲还有一些来自冰河的高海拔湖泊,位于埃塞俄比亚高原上的塔纳湖海拔 1830 米,是非洲最高的湖;内陆盆地和高原洼地还分布着一些凹陷湖,它们是由于地表升降或挠曲作用先形成洼地而后积水形成的湖泊,这类湖泊多为圆形,一般深度不大,面积最大的凹陷湖是维多利亚湖,为非洲最大、世界第二大的淡水湖泊。撒哈拉沙漠南缘的乍得湖是一个典型的海迹湖,因地处干旱地区,蒸发强烈,湖面面积随季节而有较大变化[①]。世界上最大的一些水坝,如沃尔特水库、卡里巴水库和卡布拉巴萨水库都坐落于非洲,沃尔特水库是世界面积最大的水库,著名的阿斯旺大坝在埃及、苏丹形成纳赛尔水库,南非和津巴布韦境内的河流水坝最多,这两个国家在世界大型水坝拥有国排行榜上分别排名第 11 和第 20 位。

非洲的湖泊对数百万人口赖以生存的渔业来说至关重要,并对粮食安全做出了很大的贡献。从整个非洲大陆来说,非洲的内陆鱼类捕捞量仅次于亚洲,其主要内陆渔业国包括乌干达、坦桑尼亚、埃及、肯尼亚和刚果民主共和国[②]。

(一) 北非

1. 纳赛尔水库(Lake Nasser)

位于埃及南部和苏丹北部,是 20 世纪 70 年代在尼罗河上建成阿斯旺大坝后形成的巨大人工湖,是世界上最大的人工湖,富灌溉、发电、防洪、航运、渔业之利,也是游览胜地。水库发展了库区的渔业,但是由于尼罗河泥沙形成的地中海著名的沙丁鱼渔场却消失了。

2. 突尼斯湖(Lake of Tunis)

突尼斯东北部海滨潟湖,由一条沙坝与地中海突尼斯湾相隔。在啥勒格瓦迪处,沙坝有缺口,是首都突尼斯的通海门户,有深水航道与铁路堤道通往此处,湖东北有迦太基遗址。

3. 伊其克乌尔湖(Ichkeul Lake)

位于突尼斯北部,靠近地中海,湖泊与周围湿地是候鸟迁徙的重要中转站,每年

---

① 中国数字科技馆,科普专栏,非洲湖泊。
② 联合国环境规划署,2008。

都有大量的鸭子、鹅、鹳和火烈鸟等众多鸟类在此觅食筑巢。1980 年被联合国教科文组织列为世界遗产,同年设立了伊其克乌尔国家公园。湖中繁密的眼子菜蕴藏着大量的动物种群,有沙蚕属动物、钩虾、髓螺、蛤、蟹;主要鱼类有鲻鱼、海鲈、鲃、芬塔西鲱;浅水区常见鱼类有条纹秘鳉;沼泽和湖中可以发现爬行类的湖蛙和水龟。

4. 大苦湖(Great Bilter Lake)

位于埃及的苏伊士地峡区,连接东地中海和红海,著名的苏伊士运河穿湖而过。大苦湖有宽 9 千米、长 17 千米的自然水道,足以使各种船只畅行,可以作为船只暂时休息的港湾。由于气候干旱,盐沼地难以积聚更多的水形成湖泊。湖泊周围都是白色和棕色沙质沉积物。旁边的小镇 Fayid 是开罗居民的旅游度假地,尤其是在夏季。

5. 诺湖(Lake No)

苏丹中南部的一个湖泊,位于苏德沼泽以北杰贝勒河和加扎勒河的汇流点,乌干达艾伯特湖下游 1156 千米处。地势低洼,积水成湖,属古湖盆残迹,是杰贝勒河和白尼罗河在严格意义上的分界。面积随季节变化,雨季达 100 平方千米以上。终年可通航,但多水草,妨碍航行。

(二)东非

1. 维多利亚湖(Victoria Lake)

1860 年至 1863 年英国探险家约翰·汉宁·斯皮克和格兰特到此处调查尼罗河的源头时,以英国女王维多利亚的名字命名该湖泊。湖区位于东非高原上肯尼亚、乌干达和坦桑尼亚交界处,略成四边形,为非洲最大的湖泊、世界第二大淡水湖,是白尼罗河的水源。湖盆是由于地面凹陷而形成的,湖域呈不规则的四边形,除西岸外,湖岸线曲折多弯,常年有卡盖拉河、马拉河等众多河流注入其中,湖水的唯一出口是北岸的维多利亚尼罗河,在那里形成里本瀑布[①]。维多利亚湖有 200 多种鱼类,吴郭鱼属(Tilapia)最具经济价值。自 20 世纪 50 年代起,尼罗河鲈鱼(Latesniloticus)被引入湖中,本意是想增加湖区渔业的产出,但是这种鲈鱼给当地的生态系统造成了灾难性的影响——数百种当地特有物种自此灭绝,仅 10 多年时间,鲶鱼、肺鱼、弓鳍鱼和慈鲷等已经难以寻觅踪迹,造成了一场难以平复的生态浩劫。原产于美洲热带的水葫芦被引进至维多利亚湖后,这些水生植物聚集而生,影响了交通、捕鱼、水力发电和生活饮水。相关部门正在采取控制和管理措施,并于 2006 年11 月在联合国粮农组织的帮助下制定了地区渔业管理行动计划,以防止过度捕捞造成鱼类资源枯竭。2007 年《东非人报》报道,维多利亚湖目前已经成为非洲最大的淡水鱼产区[②]。

---

① 文云朝主编:《非洲农业资源开发利用》,北京:中国财政经济出版社,2009 年。
② 《维多利亚湖成为非洲最大淡水鱼产区》,新华网,2007 年 1 月 9 日,第 21 至 22 页。

2. 马加迪湖(Lake Magadi)

肯尼亚最南端的内陆湖泊之一,由断层陷落形成,属于肯尼亚的裂谷区,面积依雨季或旱季变化。湖水含有大量的碳酸钙,湖底沉积厚约4米的天然碱,旱季时湖边会有沉淀的盐层,是肯尼亚天然碱和食盐的主要产区,也是受欢迎的观光区,在湖边目前建有大型的天然碱炼工厂,生产的碱是肯尼亚矿产品出口的最大宗。湖泊中几乎没什么生物,但其湖水却成为水鸟的最爱,在此湖边常可看到大群的红鹤。因细菌的大量繁殖,肯尼亚的马加迪湖在暴雨中呈现出羞涩的红色,湖水接近于凝固状态,风吹水不动,只见暗红色的湖水在赤道骄阳下熠熠闪光。

3. 柏哥利亚湖(Lake Bogoria)

位于非洲东边的肯尼亚,在巴林戈湖的北方、大裂谷边缘,是碳酸钙湖而不是淡水湖,流淌着碱性水。此湖知名的是在湖岸有相当多温泉和间歇泉,大多数都达沸点而且蒸汽相当多,可以轻易地将蛋在短时间内煮熟。柏哥利亚湖就像它周边的湖一样,也是许多非洲红鹤的家,每年一到四月都吸引数万只红鹤聚集于此,湖面常如铺展开来的粉红色地毯般美丽动人。此外,柏哥利亚湖中有相当多的蓝绿藻和矽藻,在阳光的照射下,每天不同时候,湖面会显出不同的颜色,如黄色、粉红色和紫红色等。湖边缘的淡水吸引了多种的鸟类和野生动物栖息,如瞪羚、斑马、狒狒以及大旋角羚(Greater Kudu)等。

4. 塔纳湖(Lake Tana)

青尼罗河的发源地,也是埃塞俄比亚最大的湖泊,位于国家西北部海拔1840米的高地(北纬12°0′,东经37°15′)。塔纳湖的水从Reb River和Gumara River注入,湖泊面积随季节和雨量而变,一般为3000至3500平方千米。在塔纳湖流出蓝尼罗河的地方建成水堰后,湖泊水位受到控制,也能调节水流进入提斯·阿贝(TisAbay)瀑布和水力发电厂。塔纳湖是一个丰富多彩的世界,从火山上流下来的水源富含着各种矿物质,为鱼儿的生存带来了充足的养分。湖中生长着鲶鱼、红鱼、白鱼等优质食用鱼,使塔纳湖渔业资源十分丰富,为当地带来了不小的财富。湖中还有一种鱼,当地人称呼它为"库拉舍",是当地特有的鱼种。

5. 坦噶尼喀湖(Lake Tanganyika)

东非大裂谷带上的大淡水湖,湖水稍咸,为非洲第二大湖泊、世界第六大湖,位于刚果民主共和国、坦桑尼亚(东非)、布隆迪(东非)、赞比亚等国交界处,为断层陷落湖,湖岸大部分是陡坡。淡水蓄水量仅次于俄罗斯贝加尔湖,拥有第二大库容量,水深仅次于俄罗斯贝加尔湖,为世界第二深湖。湖形狭长,是世界上最狭长的淡水湖。有马拉加拉西河、鲁齐齐河等注入,湖水西流入刚果河①。湖水唯一出口卢库加

---

① 文云朝主编:《非洲农业资源开发利用》,北京:中国财政经济出版社,2009年。

(Lukuga)河,已呈明显淤塞状态。由于它提供了非洲热带动物、水生生物干净的水源,湖周边和湖中的生物种类都相当丰富,生物学家甚至认为世界上80%的鱼类都曾在这个湖中被发现,湖中仅鱼类就有300多种,不但为湖边的100多万居民提供了相当多的蛋白质来源,而且出口到世界各国。整个湖约有45000个渔场和800个小港口,20世纪50年代就已经发展了商业化的捕鱼业,1995年估计渔获量约有18万吨。然而这并非最兴旺的时期,过去渔获量最大的时期是20世纪80年代,后来因为远洋渔业的进口,坦噶尼喀湖周边的渔获量就渐渐减少了。

6. 巴林戈湖(Lake Baringo)

又译巴林哥湖,是位于非洲东部的一个以赏鸟活动闻名于世的大淡水湖,是东非肯尼亚中西部湖泊,也是东非大裂谷区最北边的一个淡水湖,有两条河流流入(El Molo河和Ol Arabel河),但没有明显的河流流出,湖水渗入湖的北端的熔岩中。巴林戈湖因提供新鲜的淡水,湖中产罗非鱼(Tilapia),过去人迹罕至时,有很多鸟类栖息在湖边,数量超过470多种,包括非洲红鹤,目前观光客都慕名而来,因观光的原因,鸟类数量稍微受到了影响。

7. 爱德华湖(Edward Lake,法语作 Lac Édouard)

原名阿明湖,位于刚果民主共和国和乌干达边境,其北岸距离赤道仅数千米,是非洲大湖地区最小的湖泊,由断层陷落而成。爱德华湖由英国探险家亨利·莫顿·斯坦利命名,以表达对英国国王爱德华七世的敬意。爱德华湖的南北两岸都是低地平原,东西两岸多峭壁。湖中盛产鱼类。

8. 阿萨勒湖(Lake Assal)

非洲咸水湖,位于吉布提中部,四周火山环绕,湖面低于海平面153米,是非洲大陆的最低点。

9. 奈瓦沙湖(Lake Naivasha)

肯尼亚的湖泊,淡水湖之一,奈瓦沙的名称表示"恶水",那是因为湖很容易在暴风雨时暴涨。虽然湖泊无外流出水口,但湖水是淡水,湖中有丰富的淡水鱼类,主要有几种罗非鱼属(Tilapia)的鱼和黑鲈鱼,湖边有将近400多种的鸟类栖息,包括有非洲红鹤,当地有商业捕鱼业和垂钓活动。

10. 蒙博托湖(Lake Mobutu)

非洲内陆淡水湖,位于非洲中部乌干达和刚果民主共和国边界,为东非裂谷中最北端的湖泊,也是非洲第七大湖。旧名艾伯特湖(Albert Lake),1972年改今名。由断层陷落而成,湖东西岸均为悬崖深峡。因为蒸发率奇高,所以水都含有盐味,且含丰富的磷酸盐。富鱼类、河马、鳄鱼和水鸟,湖滨多象、野牛、羚羊等野生动物,沿湖有少数居民以捕鱼为生。

11. 图尔卡纳湖（Lake Turkana）

旧称"鲁道夫湖"，1975年改为现名，因为湖中的蓝藻（小体螺旋藻）生长使湖水呈蓝绿色，昵称"碧玉海"（Jade Sea）。位于东非大裂谷东岔内、肯尼亚北部，与埃塞俄比亚边境相连，是东非裂谷带内的一处断裂构造湖、肯尼亚最大的内陆湖、东非第四大湖泊、世界上最大的咸水湖之一。湖区呈条带状，唯一的长年支流是流自衣索比亚的奥莫（Omo）河，湖无出口。图尔卡纳湖被认为是一个鱼类资源极其丰富的渔场，盛产尖吻鲈、虎鱼、多鳍鱼和罗非鱼（Tilapia）。

12. 楚拜亥湖（Lake Chew Bahir）

埃塞俄比亚南部的湖泊，位于奥罗米亚州和南方各州的边界。楚拜亥湖的流域与图尔卡纳湖的流域分隔，在湖水足够时湖面伸展至肯尼亚北部，长度64千米，宽度24千米，湖水从北面由韦托河和其支流萨甘河注入。

13. 海格湖（Lake Hayq 或 Lake Haik）

埃塞俄比亚的淡水湖，位于阿姆哈拉州南沃洛地区德西以北，小镇海格位于海格湖以西。

14. 阿贝湖（Lake Abbe）

阿法尔平原东部断层湖，是埃塞俄比亚与吉布提之间的边境咸水湖。湖面海拔234米，长宽各约25千米，为阿瓦什河下游，雨季有少量河水入注。

15. 吉佩湖（Lake Jipe）

位于坦桑尼亚和肯尼亚接壤的边界，湖水经潘加尼河流出，湖边沼泽可伸延至离湖岸2千米处。卢米河发源于乞力马扎罗山，最终汇入吉佩湖。

16. 基奥加湖（Kyoga Lake，亦作 Kioga Lake）

乌干达中部湖泊，湖区原为一片低洼沼泽地带，尼罗河自维多利亚湖北流到这里，形成一片湖区水域。在纳马萨加利（Namasagali）和马辛迪（Masindi）港之间可通航吃水度浅的船只，构成高原悬湖景观，尼罗河自湖区西岸继续向前流淌，可以进入艾尔伯特湖。湖区还有另一条水道卡富河，也是向西流入艾尔伯特湖。岸线曲折，沼泽广布，湖中生长着纸莎草、芦苇，是主要的鱼类繁殖和栖息地。

17. 巴巴蒂湖（Babati）

坦桑尼亚的一潭湖，因湖泊周边栖息河马而闻名。2009年以来，干旱导致水体污染加剧，河马等动物向外迁徙，当地以提供旅游服务为生者对此表示关切。

（三）西非

1. 沃尔特湖（Volta Lake）

阿科松博坝位于加纳东部地区沃尔特（Volta）河上，是一项多目标开发沃尔特河水资源的工程，用于发电、防洪、灌溉，对航运、渔业等也有帮助，是世界面积第一大人工湖，非洲最佳淡水渔场之一，现年捕鱼4万多吨，相当于加纳海洋捕捞量的1/4。

2. 科苏湖 (Lac de Kossou)

科特迪瓦境内最大的湖泊,位于该国中部邦达马河的河道上,在科特迪瓦中部,是 1973 年因兴建科苏水坝而形成的人工湖,可调节邦达马河的水位,也供水力发电。

3. 埃布里耶潟湖 (Ebrie Lagoon)

在科特迪瓦南部几内亚湾北岸,通过弗里迪运河与几内亚湾相通,是阿比让港区所在地,周围地区所产木材、锰矿石可经阿比让港输出。

4. 拉各斯潟湖 (Lagos Lagoon)

尼日利亚的潟湖,尼日利亚第二大城市拉各斯位于湖岸西南端,距离大西洋约 2~5 千米。

5. 代博湖 (Lake Debo)

位于马里中部尼日尔河流域,面积 160 平方千米,分别距离莫普提和廷巴克图约 80 千米和 240 千米,尼日尔河由西南向北穿过代博湖,受湿地公约保护。

6. 法吉宾湖 (Faguibine Lake)

位于廷巴克图以西,尼日尔河以北,在马西纳(Macina)洼地中,海拔约 400 米,长约 113 千米,面积 620 平方千米,水浅,最大深度 14 米,洪水泛滥时与尼日尔河支流连接,富产淡水鱼。

7. 马南塔利湖 (Manantali)

马里的大型人工湖,位于巴芬河的河道上,是 1989 年兴建马南塔利水坝时形成,2001 年开始用作水力发电,水坝调节塞内加尔河水位,让船只航行,湖水还用作灌溉。

8. 博苏姆维湖 (Lake Bosumtwi)

陨石撞击坑积聚雨水而成,是加纳唯一的天然湖泊,位于库马西东南约 30 千米,是当地人热门的游泳和钓鱼地点。湖体呈圆锥形,被称为世界上最圆的天然湖泊,属世上罕见。

(四) 中非

1. 乍得湖 (Chad Lake)

非洲第四大湖,也是世界著名内陆湖泊,位于乍得盆地中央,在乍得、尼日尔、尼日利亚、喀麦隆等国交界处,由大陆局部凹陷而成。湖域面积随季节变化,旱季时水位比雨季缩小一半以上,注入乍得湖的河流有沙里河、科马杜古约贝河、恩加达河、姆布利河等[①]。乍得湖水质优良、水浅、温度高,是一个天然渔场,为非洲重要的淡水鱼产区之一。尽管它和其他水系隔绝,但是,所产的鱼种几乎和周围的水域完全一致。湖区出产大量的泥鳅鱼、尼罗河鲈鱼、鲶鱼、河豚、虎形鱼等。湖区周围居住着

---

① 文云朝主编:《非洲农业资源开发利用》,北京:中国财政经济出版社,2009 年。

5000 多户人家,几乎家家都是靠捕鱼为生。乍得湖是世界上盛产螺旋藻的三大天然湖泊之一。

2. 基伍湖(Lake Kivu)

中部非洲最高的湖泊,也是非洲的大湖之一,位于刚果民主共和国与卢旺达的边界上,处于东非大裂谷中,艾伯丁裂谷的西部,由断层陷落而成,湖岸多岩岸,较崎岖,北岸是尼腊贡戈火山。北部岸线较平直,南部多湖湾。湖中有许多岛屿,最大的岛屿为伊吉维岛,多鱼类和水鸟,湖面上繁殖着大量浮游生物,这为湖中的鱼类提供了充足的食料。

3. 菲特里湖 (Lake Fitri)

乍得中部的淡水湖,位于恩贾梅纳以东 300 千米,湖泊面积约 500 平方千米,在雨季时的面积增加至平时的 3 倍,有来自季节性雨水的河流汇入,如巴塔河(Batha River),是湿地公约保护的重要湿地。与乍得湖一样,菲特里湖的面积不断减少,曾经在 20 世纪初及 1984 年至 1985 年的严重旱灾时干涸。

4. 约阿湖(Lake Yoa)

位于乍得东北面提贝斯提高原以北,湖水来自地下水。

5. 莱雷湖(Railay Lake)

位于乍得西南部西凯比河区,距离与喀麦隆接壤的边境 6 千米。

6. 菲昂加湖(Fianga)

位于乍得西南部与喀麦隆接壤的边境,与洛贡河以水道相连,湖中有约 10 个岛屿。

7. 泰莱湖(Lac Télé)

位于刚果共和国东北部和加蓬共和国接壤处的淡水湖,湖水流出至刚果河。逶迤的刚果河从东北向西南浩浩荡荡流去,河岸两旁都是莽莽苍苍的原始森林,遮天蔽日,密不通风,终年云雾缭绕,就像是碧波万顷的绿色海洋。

8. 马伊恩东贝湖(法语:Lac Mai-Ndombe)

刚果民主共和国西部班顿杜省的大型淡水湖,湖水经菲米河流入开赛河和刚果河。1972 年以前称利奥波德二世湖(Lake Leopold Ⅱ)。湖岸曲折,形状不规则,沿岸地区沼泽化,热带森林生长茂密。湖上可行船,东岸的伊农戈(Inongo)为主要湖港。

9. 通巴湖(Lake Tumba)

刚果民主共和国西北部的浅水湖泊,经伊雷布(Irebu)水道在乌班吉(Ubangi)河口对岸汇入刚果河。湖岸低平曲折,可通汽轮,沿岸地区沼泽化,热带植物生长茂密。水质优良,湖内有 114 种鱼类。

10. 乌朋巴湖（法语：Lac Upemba）

刚果民主共和国最高的湖泊，在乌彭巴国家公园。

11. 卢菲拉湖（Lufira）

刚果民主共和国东南部的人工湖，在 1926 年由于兴建水坝而形成。卢菲拉湖有多种鱼类，附近大片沼泽吸引不少野生雀鸟，成为生物圈保护区，并被国际鸟盟评定为重点鸟区。

（五）南部非洲

1. 卡里巴湖（Kariba Lake）

位于赞比亚和津巴布韦之间，由水坝在卡里巴峡谷拦截尚比西河而形成。岸线深凹，湖中多岛屿。湖区有 4 个码头，1 个居民区。它同时也是旅游中心，湖区风光秀美，湖内小岛有许多旅游设施，游客可在此钓鱼、划船和休息。卡里巴湖还是津巴布韦水产业的重要基地，年产鱼 1.5 万吨。湖中养着 60 多种鱼，其中最有名的是"虎鱼"、"卡里巴鱼"和"绵鱼"，这些都是游人必品的美味佳肴。另外，湖中盛产的"卡宾达鱼"在当地鱼类加工厂制成鱼罐头或晒成鱼干后，部分出口。值得一提的是，津巴布韦渔业研究工作者在卡里巴湖中试养大海虾获得成功，使津巴布韦结束了进口海虾的历史，在非洲，用淡水养海虾，这还是首次。卡里巴湖为津巴布韦的经济发展做出了贡献，人们把它称为"摇钱树"和"希望之湖"。

2. 马拉维湖（Lake Malawi）

亦称尼亚萨湖（Lake Nyasa），是东非大裂谷最南面的大淡水湖，属非洲第三大淡水湖，世界第四深湖，在莫桑比克、坦桑尼亚和马拉维（Malawi）交界处，为非洲第二深湖。有 14 条常年河注入湖中，最大的是鲁胡胡（Ruhuhu）河，向南流经希雷河同赞比西河相连，湖水的唯一出口是希雷（Shire）河。马拉维湖以鱼类丰富而闻名于世，被生物学家们称之为世界上研究脊椎动物的最好场所，是难得的天然实验室，湖中约有 200 种鱼类，其中 80% 左右是当地特有品种。在马拉维湖众多的鱼类中，既具有经济价值和研究价值，又具欣赏价值的首推丽鱼。湖的南端有商业性渔业。

3. 班韦乌卢湖（Lake Bangweulu）

在赞比亚东北部，为带有大片沼泽的浅湖，属刚果河水系，湖名意为"大水"，湖中有 3 个有人居住的岛屿，沼泽中多低岛和沙洲，渗出的湖水最后形成卢阿普拉（Luapula）河。湖鱼经烘干后向西运往产铜区。班韦乌卢湖是赞比亚最大的渔业生产基地之一，商业渔民形成的定居点呈现出较高的人口密度分布，可以捕获到的鱼类主要有丽鱼科鱼（鲤科鱼、虎鱼、黄腹鱼）和鲶鱼。每年这个湖中可产大约 5.7 万吨的鱼。尽管鱼的储量没有什么风险，但是每年的捕获量在下降，受欢迎的鱼类数量也在逐渐减少。渔业在经济上并没有发展得很好，并且管理和市场设施的不足总体上对本行业的持续性和收益性造成了威胁。许多渔民完全只用他们的捕获物交换基本的生活用品。

4. 恩加米湖（Ngami Lake）

位于博茨瓦纳北部浅水洼地,内陆湖,在奥卡万戈沼泽地(Okavango Swamp)西南角。沼泽和湖泊水源来自奥卡万戈河,经奥卡万戈三角洲季节性地注入,但河水流经沼地时大部分被蒸发,严重干旱时湖水全部干涸。湖里有很多鸟类和四须淡水鱼,这种鱼即使湖水干涸,也能在泥里生存几个月。该湖没有天然出口,水满时,库涅雷(Kunyere)和恩加贝(Nghabe)河谷被淹没,湖水被引入博泰蒂(Boteti)河。

5. 阿马兰巴湖(Lago Amaramba)

莫桑比克的浅水湖泊,接近邻国马拉维,位于丘塔湖以北,是当地居民的饮用水和灌溉水来源,湖水经卢任达河注入鲁伏马河,由于每年湖水在雨季泛滥,湖区土地相当肥沃。

6. 马隆贝湖(Lake Malombe)

马拉维南部的湖泊,原为马拉维湖的一部分,因水面下降而分出,现有希雷(Shire)河从马拉维湖流出注入该湖,并从南端流出。水产丰富,渔业发达,但是,近年在马隆贝湖捕鱼的渔民急剧增加,导致某些鱼类数目下降。

7. 西巴亚湖(Lake Sibhayi)

南非的湖泊,位于夸祖鲁-纳塔尔省,是该国最大的天然淡水湖,已知野生鸟类有279种。

8. 丘塔湖(Chiuta)

马拉维和莫桑比克接壤边界的浅水内流湖,位于奇尔瓦湖以北,两者被一个沙脊分隔。湖泊面积随季节和降雨量而改变,约25~130平方千米。

9. 阿劳特拉湖(法语:Lac Alaotra)

马达加斯加最大的湖泊,位于图阿马西纳省,在中央高原的北部,有几条小溪注入,湖水经马宁古里河东流注入印度洋。该湖是一个重要的野生动物栖息地,生活着数种极其稀有的物种,渔业资源丰富,同时也是渔业基地。2003年2月2日,国际湿地公约宣布阿劳特拉湖为世界重要湿地。阿劳特拉湖的生态问题十分严重,非洲大陆来的物种入侵、人类过度开垦等都威胁着当地的生态。2010年,阿劳特拉鹛鹛灭绝,其他多种物种也濒临灭绝。

10. 齐马南佩楚察湖(Lake Tsimanampetsotsa)

马达加斯加的咸水湖,位于图利亚拉省,属于齐马南佩楚察国家公园的一部分,受湿地公约保护。

11. 伊胡特里湖(Lake Ihotry)

位于马达加斯加西南部,咸水湖,距离印度洋约37千米,受半干旱气候影响,湖泊面积随季节变化。

12. 金库尼湖(Lac Kinkony)

位于马达加斯加西北部马哈赞加省,是岛上第二大湖泊,湿地为鸟类提供了重要的栖息地。

13. 卡布拉巴萨水库(Lake Cahora Bassa)

在莫桑比克西北部太特省内,是1974年赞比西河上大坝建成后形成的,是非洲赞比西河流域大型综合性水利工程,是非洲第四大人工湖,有发电、灌溉、航运之利。

第二章

世界渔业现状与非洲渔业地位

本章导读：全球渔业捕捞和水产养殖为社会发展与人民生活做出了至关重要的贡献，具有重要的社会经济作用。非洲渔业资源丰富，潜力巨大，但迄今并未完全得到合理开发，渔业资源开发活动中存在诸多问题，本章将从世界渔业资源开发进程中审视全球和非洲的渔业资源开发现状，并阐述了合理开发非洲渔业资源的重要性。

第一节　世界渔业现状

全球渔业捕捞和水产养殖为社会发展与人民生活做出了至关重要的贡献，从 20 世纪 70 年代以来，世界水产品供应量的增速超过人口增速，水产品已经成为世界众多人口摄取营养和动物性蛋白的重要来源之一；地处偏远，居住在海岸、湖滨和河岸的居民，其日常营养与蛋白质供应离不开可持续性的渔业资源开发和利用；渔业还为发展中国家居住在沿海、湖泊（水库）和河流附近的人们提供了直接和间接的生计和经济收入，具有重要的社会经济作用。

鱼及水产品是世界范围内最重要的贸易商品之一，根据联合国粮农组织（简称 FAO）2012 年公布的《世界渔业和水产养殖状况》报告，全球渔业总产量从 1950 年以来呈直线上升态势，由 1950 年的不足 2 千万吨，上升到 2010 年的接近 1.5 亿吨（如图 2-1）。渔业总产量的提高，满足了 1950 年之后世界人口快速增长对渔产品的需求。其中全球渔业捕获量在 1970 年之后增长放缓，20 世纪 80 年代后期进入一个波动变化期，全球渔业捕获量快速增长态势不复存在。

发展中国家在全球出口量中占较大份额，在捕捞渔业产量保持稳定的同时，水产养殖产量持续增长。水产养殖未来仍将是增长最快的动物性食物生产部门之一，

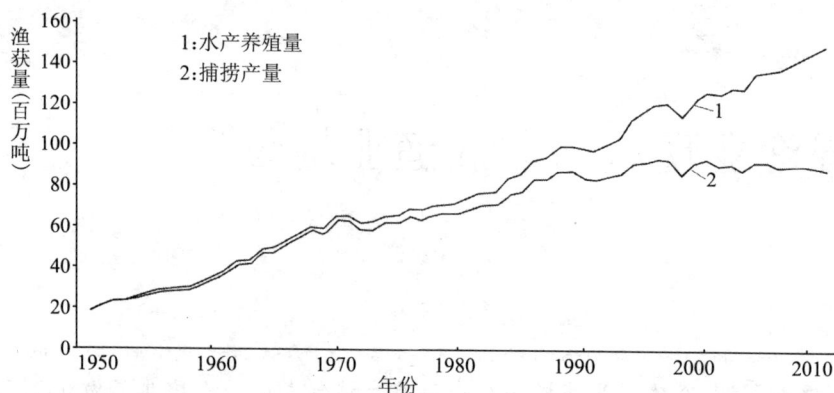

图 2-1 1950～2010 年全球捕捞和水产养殖产量

而在下一个十年,捕捞渔业和水产养殖业的总产量将超过牛肉、猪肉或禽肉产量①。

　　根据联合国粮农组织捕捞渔业数据库对内陆和海洋渔业(1950～2011 年)最新发布的数据(表 2-1)显示,2011 年全球总捕捞产量是有史以来第三位,仅次于 1996 年(9380 万吨)和 2000 年(9350 万吨),全球捕获量达 9040 万吨。这一结果主要是由于秘鲁鳀鱼被大量捕获,2008～2011 年鳀鱼海洋捕获量连续增长。之前初步估计的 2011 年全球总捕捞量被降低是因为 2011 年 3 月海啸过后日本的总捕捞量预测将减少约 1/3,不过幸运的是,与 2010 年相比日本捕获量实际减少只有 7％左右。

表 2-1　2006～2011 年世界渔业和水产养殖产量构成及利用情况（单位:百万吨）

产　　量	2006	2007	2008	2009	2010	2011
捕　　捞						
内　陆	9.8	10.0	10.2	10.4	11.2	11.5
海　洋	80.2	80.4	79.5	79.2	77.4	78.9
捕捞合计	90.0	90.4	89.7	89.6	88.6	90.4
水产养殖						
内　陆	31.3	33.4	36.0	38.1	41.7	44.3
海　洋	16.0	16.6	16.9	17.6	18.1	19.3
水产养殖合计	47.3	50.0	52.9	55.7	59.8	63.6
世界渔业合计	137.3	140.4	142.6	145.3	148.4	154.0

----

① FAO 统计。

利用量	2006	2007	2008	2009	2010	2011
食　　用	114.5	117.3	119.7	123.6	128.3	130.8
非食用	23.0	23.0	22.9	21.8	20.2	23.2
人均食用鱼供应量(千克)	17.4	17.6	17.8	18.1	18.6	18.7

注:不含水生生物,合计数可能不全,2011 年的数据是临时预计数。

像往常一样,由于新的数据可从国家来源和区域渔业组织获得,历史时期和最近的渔获量已作修订。早前,在大西洋中东部的一些沿海国家(如毛里塔尼亚、几内亚比绍等),其专属经济区捕捞量未被远洋渔业国家报道过,近几年内在区域上增加了 34 个,捕捞量增加约 30 万吨。内陆水域捕捞量在 2011 年略有下降(表 2-2),2010 年曾达到历史最高值,印度报道在 2010 年其内陆水域捕捞量异常高(表2-3)。将非洲国家作为一个整体,其内陆捕捞量增加了 10 万吨(表 2-4)。

表 2-2　2010 年和 2011 年世界渔业捕捞量　　　　(单位:百万吨)

	2010	2011	变　率
内陆捕捞量	11.2	11.1	-1.6%
海洋捕捞量	77.7	82.4	6.1%
秘鲁鳀鱼的海洋捕捞量	4.2	8.3	97.8%
海洋捕捞量(不包括秘鲁鳀鱼)	73.5	74.1	0.8%
合计	89.0	93.5	5.1%

表 2-3　世界前 25 名捕捞渔业国或地区　　　　(单位:吨)

国家或地区	2010	2011	变　率
中国	15417011	15772054	2.3%
秘鲁	4261091	8248482	93.6%
印度尼西亚	5380196	5707684	6.1%
美国	4425961	5153452	16.4%
印度	4689316	4301534	-8.3%
俄罗斯	4069624	4254864	4.6%
日本	4069135	3761176	-7.6%
缅甸	3063210	3332979	8.8%
智利	2679742	3063449	14.3%

续　表

国家或地区	2010	2011	变　率
越南	2414400	2502500	3.6%
菲律宾	2611762	2363221	−9.5%
挪威	2680187	2281429	−14.9%
泰国	1810620	1862151	2.8%
韩国	1733310	1746998	0.8%
孟加拉国	1726586	1600918	−7.3%
墨西哥	1528945	1566365	2.4%
马来西亚	1433426	1378799	−3.8%
冰岛	1060641	1138462	7.3%
西班牙	971511	993457	2.3%
摩洛哥	1136240	958907	−15.6%
中国台湾	851384	903831	6.2%
加拿大	936090	861388	−8.0%
巴西	785369	803267	2.3%
阿根廷	811749	792505	−2.4%
丹麦	828016	716312	−13.5%
前25名生产国或地区总产量	71375522	76066184	6.6%
其他生产国或地区总产量	17594602	17428156	−0.9%
世界总产量	88970124	93494340	5.1%
前25名生产国或地区总产量所占份额(%)	80.2%	81.4%	

表 2 - 4　世界渔业区捕捞量　　　　　　　　　（单位:吨）

渔业区名称	代码	2010	2011	变　率
非洲-内陆水域	01	2603272	2703654	3.9%
北美洲-内陆水域	02	179393	172972	−3.6%
南美洲-内陆水域	03	383848	383190	−0.2%
亚洲-内陆水域	04	7671520	7404762	−3.5%
欧洲-内陆水域	05	384850	373975	−2.8%
大洋洲-内陆水域	06	16934	17832	5.3%

渔业区名称	代码	2010	2011	变　率
北冰洋	18	589	1	−99.8%
大西洋,西北部	21	2059676	1988840	−3.4%
大西洋,东北部	27	8723036	8021109	−8.0%
大西洋,中西部	31	1269670	1497487	17.9%
大西洋,中东部	34	4382639	4217159	−3.8%
地中海和黑海	37	1434706	1440982	0.4%
大西洋,西南部	41	1762721	1759192	−0.2%
大西洋,东南部	47	1316203	1248457	−5.1%
大西洋,南极地区	48	215216	183208	−14.9%
印度洋,西部	51	4258232	4211875	−1.1%
印度洋,东部	57	6858748	7211694	5.1%
印度洋,南极地区	58	11074	10509	−5.1%
太平洋,西北部	61	20956956	21436922	2.2%
太平洋,东北部	67	2436831	2949676	21.0%
太平洋,中西部	71	11769167	11521332	−2.1%
太平洋,中东部	77	1925421	1912996	−0.6%
太平洋,西南部	81	575528	570233	−0.9%
太平洋,东南部	87	7761507	12253691	57.9%
太平洋,南极地区	88	3387	2952	−23.5%
世界总计		88970124	93494340	5.1%

　　物种数据库中的总数量达到 1938 种。在 64 个新物种中,有 26 个来自内陆水域。表 2-5 显示了世界捕捞量中前 25 个种类捕获量的变化情况。数据库与物种分类的大大扩充主要是由于在坦噶尼喀湖项目的支持下,布隆迪建立了新的数据收集系统。

表 2-5　世界捕捞产量中前 25 个种类　　　　　　　(单位:吨)

拉丁名称	联合国粮农组织英文名	2010	2011	变　率
秘鲁鳀鱼	秘鲁鳀鱼	4205979	8319597	97.8%
狭鳕	阿拉斯加鳕鱼	2829570	3206513	13.3%
鲣鱼	鲣鱼	2609920	2608578	−0.1%

续 表

拉丁名称	联合国粮农组织英文名	2010	2011	变率
鲱鱼	大西洋鲱鱼	2203687	1778488	-19.3%
日本鲭鱼	日本鲭鱼	1633113	1714896	5.0%
日本鳀鱼	日本鳀鱼	1199195	1321662	10.2%
带鱼	带鱼	1341685	1258628	-6.2%
圆鲹	圆鲹	1207061	1231816	2.1%
黄鳍金枪鱼	黄鳍金枪鱼	1220812	1223907	0.3%
大西洋鳕鱼	大西洋鳕鱼	951934	1049666	10.3%
欧洲沙丁鱼	欧洲沙丁鱼	1245956	1036708	-16.8%
沙丁鱼	沙丁鱼	1034776	965431	-6.7%
大西洋鲭鱼	大西洋鲭鱼	887444	944748	6.5%
鱿鱼	鱿鱼	815978	906310	11.1%
鲱鱼	阿洛柯鲱鱼	750750	887272	18.2%
石首鱼	石首鱼	770868	860812	11.7%
毛鳞鱼	毛鳞鱼	506897	851472	68.0%
远东拟沙丁鱼	加州沙丁鱼	696585	639235	-8.2%
竹荚鱼	智利竹荚鱼	686407	634173	-7.6%
大鳞油鲱	油鲱	438640	623369	42.1%
鲤鱼	鲤鱼	747899	622260	-16.8%
硬骨鱼类	海洋鱼类	10456562	10423369	-0.3%
硬骨鱼类	淡水鱼类	5923353	6055890	2.2%
游行亚目	游行亚目	755721	892834	18.1%
软体动物类	海洋软体动物	767021	738729	-3.7%
前25个种类总产量		45887813	50796363	10.7%
其他种类总产量		43082311	42697977	-0.9%
世界总产量		88970124	93494340	5.1%
前25个种类占总量份额(%)		51.6%	54.3%	

2013年3月,联合国粮农组织渔业和水产养殖部公布了2011年度全球水产养殖产量统计。根据最新发布的数据,世界水产养殖食用鱼的产量从2010年的5900万吨增长到2011年的6270万吨,增长了6.2%(表2-6)。水生藻类养殖产量在

2011 年为 2100 万吨(表 2-7),价值 55 亿美元。

表 2-6 世界各大洲食用鱼类水产养殖的产量 (单位:百万吨)

	2001	2002	2003	2004	2005	2006	2007	2008	2009	2010	2011	2011 年份额
非洲	0.4	0.5	0.5	0.6	0.6	0.8	0.8	0.9	1.0	1.3	1.4	2.2%
美洲	1.7	1.8	1.9	2.1	2.2	2.4	2.4	2.5	2.5	2.6	2.9	4.7%
亚洲	30.3	32.4	34.2	36.9	39.2	41.8	44.2	47.0	49.5	52.4	55.5	88.5%
欧洲	2.1	2.0	2.2	2.2	2.1	2.2	2.4	2.3	2.5	2.5	2.7	4.3%
大洋洲	0.1	0.1	0.1	0.1	0.2	0.2	0.2	0.2	0.2	0.2	0.2	0.3%
合计	34.6	36.8	38.9	41.9	44.3	47.3	49.9	52.9	55.7	59.0	62.7	
年增长率	6.8%	6.3%	5.8%	7.7%	5.7%	6.8%	5.6%	6.0%	5.2%	5.9%	6.2%	

注:食用鱼类指可供人类消费的鱼类、甲壳类、贝类、两栖类、爬行类(不包括鳄鱼)和其他水生动物(如海参、海胆等)。

表 2-7 世界各大洲水生藻类水产养殖的产量 (单位:百万吨)

	2001	2002	2003	2004	2005	2006	2007	2008	2009	2010	2011
非洲	0.08	0.12	0.11	0.08	0.08	0.09	0.10	0.12	0.11	0.14	0.14
美洲	0.07	0.07	0.04	0.02	0.02	0.04	0.03	0.03	0.09	0.01	0.02
亚洲	9.55	10.40	11.25	12.56	13.41	13.95	14.87	15.73	17.14	18.84	20.80
欧洲	0.00	0.00	0.00	0.00	0.00	0.00	0.00	0.00	0.00	0.00	0.00
大洋洲	0.01	0.01	0.00	0.01	0.01	0.01	0.00	0.00	0.01	0.01	0.01
合计	9.7	10.6	11.4	12.7	13.5	14.1	15.0	15.9	17.4	19.0	21.0
同比增长率	4.4%	9.1%	7.6%	11.1%	6.7%	4.2%	6.4%	5.9%	9.3%	9.5%	10.4%

养殖食用鱼的估计价值为 1300 亿美元。近十年水产养殖在世界渔业中所占的比例呈上升趋势,从 2001 年的 27.6% 增加到 2011 年的 40.1%(表 2-8)。

表 2-8　水产养殖对世界渔业总产量的贡献(不包括水生植物的贡献)

	2001	2002	2003	2004	2005	2006	2007	2008	2009	2010	2011
水产养殖 (百万吨)	34.6	36.8	38.9	41.9	44.3	47.3	49.9	52.9	55.7	59.0	62.7
占总量 份额(%)	27.6%	28.8%	30.6%	31.1%	32.4%	34.4%	35.5%	37.0%	38.2%	39.9%	40.1%
捕捞量 (百万吨)	90.7	91.0	88.3	92.7	92.5	90.2	90.7	90.1	90.0	89.0	93.5
占总量 份额(%)	72.4%	71.2%	69.4%	68.9%	67.6%	65.6%	64.5%	63.0%	61.8%	60.1%	59.9%
渔业 总产量	125.4	127.8	127.2	134.6	136.8	137.5	140.7	143.0	145.7	148.0	156.2

注:渔业总产量包括用于人类消费和非食用用途(如制作鱼粉和鱼油等)的产量。

食用鱼产量 1970~2011 年一直呈上升趋势,2011 年,泰国和日本遭受特大自然灾害,造成了巨大的损失。泰国的水产养殖产量比 2010 年下降了 28 万吨(22%),日本下降了 16 万吨(23%)。其他一些全球主要生产国(如缅甸、美国和马来西亚等)和地区主要生产国(如乌干达)的水产养殖产量由于各方面的原因在 2011 年也经历了负增长,但大多数水产养殖国和地区的产量在 2011 年是正增长的。在 2011 年,排名前 20 位的水产养殖生产国的产量占世界养殖食用鱼类总产量的 95%。挪威、智利和巴西的顶级生产商之间的排名位置的改变是值得注意的(表 2-9)。

表 2-9　2010 和 2011 年世界前 20 名食用鱼类水产养殖生产国或地区　　(单位:吨)

2010 年前 20 名	产量	2011 年前 20 名	产量
1　中国	36734215	1　中国	38621269
2　印度	3785779	2　印度	4753465
3　越南	2671800	3　越南	2845600
4　印度尼西亚	2304828	4　印度尼西亚	2718421
5　孟加拉国	1308515	5　孟加拉国	1523759
6　泰国	1286122	6　挪威	1138797
7　挪威	1008010	7　泰国	1008049
8　埃及	919585	8　埃及	986820
9　缅甸	850697	9　智利	954845
10　菲律宾	744695	10　缅甸	816820

2010 年前 20 名	产量	2011 年前 20 名	产量
11　日本	718284	11　菲律宾	767287
12　智利	701062	12　巴西	629309
13　美国	496699	13　日本	556761
14　巴西	479399	14　韩国	507052
15　韩国	475561	15　美国	396841
16　马来西亚	373151	16　中国台湾	314363
17　中国台湾	310338	17　厄瓜多尔	308900
18　厄瓜多尔	271919	18　马来西亚	287076
19　西班牙	252351	19　西班牙	271961
20　法国	224400	20　伊朗	247262
前 20 名生产国或地区总产量	55917410	前 20 名生产国或地区总产量	59474657
其他生产国或地区总产量	3104775	其他生产国或地区总产量	3225644
世界总产量	59022185	世界总产量	62700300

注:食用鱼类指可供人类消费的鱼类、甲壳类、贝类、两栖类、爬行类(不包括鳄鱼)和其他水生动物(如海参、海胆等)等。

世界水产养殖主要类群包括鱼类、贝类和甲壳类动物。2010 年养殖鱼类种类在最新发布的数据中进一步从 541 种上升至 559 种,包括 346 种有鳍鱼类、62 种甲壳类、102 种贝类、6 种两栖类和爬行类、34 种水生藻类和 9 种水生无脊椎动物。世界水产养殖业 1970~2011 年物种组成的变化总结在表 2 - 10 中。2011 年产量为 6270 万吨。

根据几个主要生产国的初始数据和对其他生产国的预测,2012 年世界水产养殖业的食用鱼类产量估计为 6650 万吨。2012 年完整的全球水产养殖生产统计数据由世界粮农组织在 2013 年收集,数据在 2014 年 3 月上旬公布。

表 2 - 10　世界水产养殖主要类群产量　　　　　　　(单位:百万吨)

	1970	1975	1980	1985	1990	1995	2000	2005	2010	2011
鱼类	1.5	2.1	2.8	5.2	8.7	15.0	20.8	28.0	38.3	41.6
贝类	1.1	1.5	1.8	2.5	3.6	8.2	9.8	12.1	14.2	14.4
甲壳类	0.0	0.0	0.1	0.3	0.8	1.1	1.7	3.8	5.7	5.9
其他	0.0	0.0	0.0	0.0	0.1	0.1	0.2	0.4	0.8	0.8
合计	2.6	3.6	4.7	8.0	13.1	24.4	32.4	44.3	59.0	62.7

第二节　世界渔业面临的问题

渔业和水产养殖为世界的发展与繁荣做出了至关重要的贡献。在过去50年中，世界水产品供应量的增速已超过人口增速，如今水产品已经成为人类摄取营养和动物性蛋白的一个重要来源。此外，渔业还为占世界人口较大比例的人们提供了直接和间接的生计和收入来源。

根据联合国世界粮农组织2012年公布的《世界渔业和水产养殖状况》报告，渔业和水产养殖对全球粮食安全及经济增长所做的重要贡献一直受到一系列问题的干扰，这些问题包括对自然资源的争夺、渔业管理体制薄弱、长期采用不当的渔业和水产养殖方式、小型渔业社区未得到足够重视、性别歧视和童工等不公正现象。下面对其中几个主要问题进行阐述。

一、过度捕捞使鱼类栖息地遭破坏，鱼类消失将威胁人类生存

无节制消费给全球食品安全、水资源安全、经济福祉和环境卫生带来严重影响。加上粮食价格的增长和全球经济危机的影响，全球成千上万的人面临粮食短缺和粮食安全问题。渔业和水产养殖在传统意义上被认为是解决这个全球危机的方法之一，这些部门在提供就业和生计来源的同时，可提供价格低廉的高质量蛋白。

在过去的半个世纪，随着捕鱼技术的进步、过度捕捞，资源枯竭和再生的比例从1974年的10％增加到2008年的32％。与其他食品（如水稻）相比，世界上超过75％的海洋渔获量（每年超过8000万吨）在国际市场上销售[①]。过去几年全球海洋渔获量持续下降、全球遭过度捕捞种群比例上升、未充分捕捞种群比例下降等现象，向我们发出强烈信号，说明世界海洋渔业状况正在不断恶化，已对渔业产量造成负面影响。2008年全球渔业资源普遍面临危机，3％的渔业资源已经枯竭，28％遭到过度捕捞，53％受到充分捕捞（图2-2）。而过度捕捞不仅会导致负面的生态后果，还会降低水产品产量，从而进一步造成负面的经济后果。

目前，只有一个机构，即联合国粮农组织持续进行全球渔业数据统计。近年来水产品对全球贸易的贡献显著增加，目前已成为增长最快的动物食品生产部门。在世界各地，水产品产量从1950年代的不足100万吨增长到2008年的5250万吨，种类超过360种，其中25种是全球贸易的重要商品。虽然水产养殖将取代捕捞渔业成为食用鱼

---

①　Food and Agriculture Organization, Fisheries Trade Flow, Fisheries Information, Data and Statistics Unit, FAO Fisheries Circular No. 961, Rome, 2000.

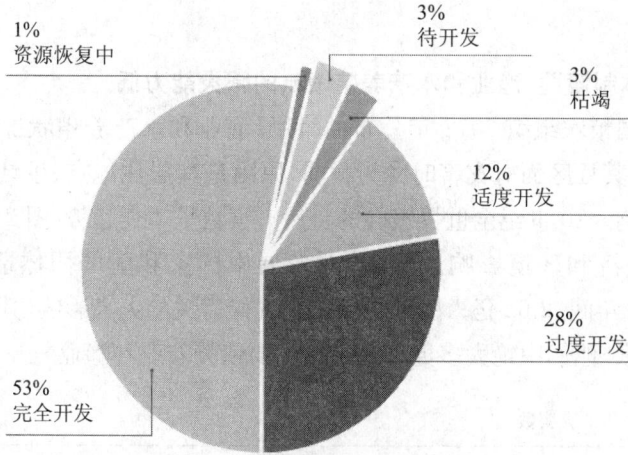

图 2-2　2008 年世界渔业资源储量状况

资料来源:联合国粮农组织世界渔业和水产养殖状况(2010)。

的来源,但是长须鲸和甲壳纲动物水产养殖部门也高度依赖于捕捞渔业的饮食营养,比如鱼油和鱼粉。2010 年,近 85% 的鱼油被用来做虾和长须鲸水产养殖饲料。

50 年后人类将没有鱼吃? 2006 年 11 月发表在美国《科学》杂志上的论文引起了人们极大的关注,抛出这一重磅炸弹的国际小组负责人加拿大生态学家鲍里斯·沃姆教授通过对过去 50 年的数据分析发现,到 2003 年 29% 的海鲜和可食用鱼类已经灭绝,或减少到原有数量的 10% 以下;而在过去的 1000 年里,海岸周围水域的海洋生物已经有 38% 灭绝。如果不采取任何措施,2050 年海里所有的野生海味将损耗 90% 以上,也就是都将减少到原有数量的 10% 以下[1]。对于目前出现的这种严峻情况,科学家将原因归纳为人类的过度捕捞、污染,以及鱼类栖息地的破坏等。沃姆教授说:"在对 12 个沿海地区的数据分析发现,人类捕捞活动已经使这些地区的鱼类和无脊椎动物消耗掉了 50%,但是海洋自身只恢复了 14%。"这些地区具有繁殖能力的可食用鱼类减少了 33%,可供鱼类幼苗生长的栖息地,比如贝壳、海草床、沼泽湿地等都减少了 69%,而可以过滤海水、保持海水洁净的浮游动物、海生植物、沼泽也减少了 63%。同时,有害藻类不断出现,氧气不断减少。

沃姆教授说:"由于物种多样性遭到破坏,海洋生态系统变得不稳定,提供食物、保持水质、数量恢复的能力都会被削弱,而事实上,这些都是鸟类和哺乳动物赖以生存的要素。依靠鱼类生存的鸟类,将因为鱼类的迅速减少而受到致命的影响,海洋生态链的损害将直接导致陆地以及全球生态链的不稳定。这些都最终导致人类的

---

[1]　Worm B., Barbier E.B., Beaumont N.etal. Impacts of biodiversity loss on ocean ecosystem services. *Science*, 2006,314:787—790.

生存受到影响。"

二、管理体制薄弱，渔业和水产养殖领域的减灾能力低

根据联合国粮农组织 2012 年公布的《世界渔业和水产养殖状况》报告，全球渔民、养殖渔民及其社区面对灾害时尤为脆弱，原因是其居住地点、生计活动特征以及气候变化的影响。20 世纪全世界报告的自然灾害数呈增长趋势(图 2-3)，这些灾害产生的社会、经济和环境影响巨大，并对发展中国家和脆弱团体造成不同影响。2000 年至 2004 年间，2.62 亿人受到与天气和气候有关的灾害影响，其中超过 98％居住在发展中国家，他们中绝大多数人的生计主要依赖农业和渔业[①]。

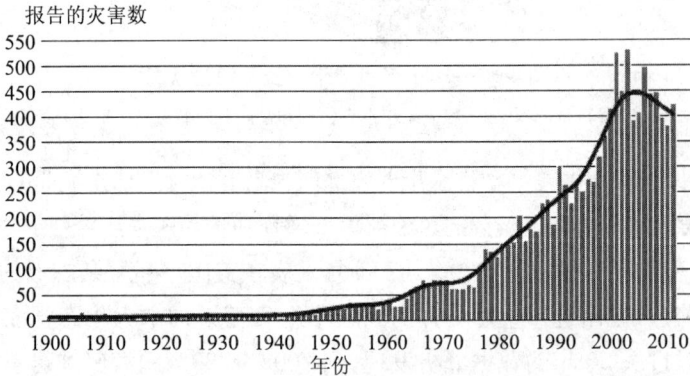

图 2-3　1900～2010 年全世界报告的自然灾害

资料来源：国际灾害数据库在线，布鲁塞尔法语鲁汶大学，EM-DAT；OFDA/CRED，2012 年 3 月 22 日。

尽管灾害造成的经济损失在发达国家更高，但在发展中国家造成的经济损失占国内生产总值的百分比更高[②]。影响渔业和水产养殖领域的灾害类型包括自然灾害，例如暴风雨、与洪水泛滥和潮汐巨涌有关的热带气旋/飓风、洪水和泥石流等；人为灾祸，例如溢油和化学品溢出以及核/放射材料。渔民和养殖渔民的生计以及其社区所处位置很容易受到灾害的侵袭。灾害对该领域的影响除惨痛的死亡现象外，还包括生计资产损失，例如船、网具、网箱、养殖池塘、捕捞后处理和加工设施以及上岸点。长期而言，灾害影响可通过有效的救灾行动而得以减缓。然而，灾祸导致的损失具有社会和经济影响，远远超出本领域(如减少就业和粮食供应)。其他更长期

---

① 联合国粮农组织，决策选择［在线］，气候变化和灾害风险管理专家会，罗马：联合国粮农组织总部，2008 年 2 月 28—29 日，http://www.fao.org/fileadmin/user_upload/foodclimate/presentations/disaster/OptionsEM4.pdf，2012 年 3 月 19 日。

② 气候变化政府间小组，IPCC 关于极端事件和灾害管理，推进气候变化适应性的特别报告：资料概览，2011 年，http://www.ipcc.ch/news_and_events/docs/srex/SREX_fact_sheet.pdf，2012 年 3 月 19 日。

的灾害,如鱼病爆发,可随时间推移而累积并严重影响生产。

这些危害对捕鱼社区的影响正在增加。极端天气事件越来越频繁,并时常伴随气候的波动和变化。灾害对沿岸社区的影响在一些次海洋事件如海啸(地质)、风暴潮和洪水泛滥(水文)、海岸和湖岸风暴(气象)中更加显著。干旱和洪水也能影响河水流动、湿地、湖和河岸社区。此外,干旱和其他灾害事件导致人们大量迁移,从而增加了对资源的竞争,例如水。

渔民、养殖渔民和其社区也经常受到鱼病传播、外来物种入侵增加、陆源和水体污染的影响,水生生态系统受到耕作、采矿、工业和城市化等的威胁。此外,捕鱼和养鱼社区人口增加的影响因缺乏替代生计和软弱的市场而加剧。渔民、养殖渔民和其社区对快速冲击灾害的易感性也受气候变化的影响[1]。季节性气候发生变化,一些区域经历更长时间的干旱,而其他区域是面临更多洪水。极端天气事件(例如风暴)频度增加,影响捕鱼,沿海和湿地洪水更为频繁。一些区域的降雨增加将导致河岸区水土流失以及沿海区更多沉积,影响海草生长和珊瑚礁。海平面上升导致沿海易发生洪水,沿岸区域盐水侵入将影响农业生产和水产养殖。受温度升高的影响,珊瑚死亡事件频发,物种分布正在改变。温度变化还影响鱼的生理,影响捕捞渔业和水产养殖。大气温度增加严重影响养殖的鱼种类型。

以上自然和人为灾害以及诱发的潜在危险表明提高渔业和水产养殖领域的备灾能力以及有效应对灾害的能力尤为重要。

三、休闲渔业发展带来的负面影响

休闲捕鱼是捕捞不构成满足营养需求主要资源的水生动物个体,一般不出售或出口,也不进入国内市场或黑市[2]。该活动包括集鱼、陷捕、鱼叉射鱼以及用网捕捞水生生物。休闲捕鱼在多数发达国家是发达产业,在其他地区正快速发展,并逐渐成为工业化国家淡水环境中野生鱼类种群最主要的利用方式。高效捕鱼设备供应增加(包括航行装置、探鱼器和改良的船舶)和沿岸区域持续城市化使沿海和海洋休闲渔业持续扩大。

尽管在估算方面有困难,但从事休闲捕鱼的渔民总计年度捕捞量在2004年预计为470亿尾鱼,或约占世界捕捞量的12%[3]。不确定的估算显示,在发达国家大约

---

① Cochrane,K.,De Young,C.,Soto,D.,Bahri,T.主编:《气候变化对渔业和水产养殖的影响:当前科学知识总览》,载《粮农组织渔业和水产养殖技术论文第530号》,罗马:联合国粮农组织总部,2009年,第212页。

② 粮农组织欧洲内陆渔业咨询委员会:EIFAC《休闲渔业行为守则》,载《EIFAC临时论文42号》,罗马:联合国粮农组织总部,2008年,第45页。

③ Cooke,S.J.,Cowx,I.G.:《在全球鱼的危机中休闲捕鱼的作用》,载《生物科学》,2004年,54(9),第857—859页。

10％的人口从事休闲捕鱼，全世界从事休闲捕鱼的人数或许超过 1.4 亿[1]。休闲捕鱼对区域经济贡献很大。在一些国家，休闲渔业带来的收入和就业甚至大于商业渔业或水产养殖业。此外，休闲捕鱼还有提高自然生境、清洁水体的价值[2]。

在一些情况下，水产养殖逃逸的鱼受到游钓渔民控制。在智利南部，曾经只捕虹鳟和褐鳟的休闲渔业现在的捕捞种类包括逃逸的大西洋鲑（Salmo salar）和大鳞鲑（Oncorhynchus tshawytscha）。在智利和阿根廷，大鳞鲑成功洄游到海洋，自我持续的大鳞鲑种群给休闲捕鱼者带来狂热，环保主义者十分担忧[3]。

但有时休闲捕鱼者在开放渔区和公共渔场也会对专业化小型和手工渔民产生消极影响，例如地中海和澳大利亚沿海的一些渔民[4]使用鱼叉捕捞石斑鱼的一些物种。此外，加上商业渔业和其他压力（比如污染），休闲潜水捕捞的有些物种，例如眼斑龙虾[5]，已经呈现明显衰退的趋势。

历史上的休闲渔业只由商业渔业开发，在一些情况下会导致一些领域的冲突[6]。休闲捕鱼者与沿岸从事小型商业渔业的渔民在渔具和设备（例如停泊场所）等方面产生竞争。但同时游钓捕鱼也积极推动了捕捞-放生活动，除非所捕的鱼的数量创了纪录，钓鱼比赛捕的鱼一般被放生，许多休闲渔业具有高度选择性。休闲渔业往往以种群中大个体为目标，但是，捕捞寿命长的物种的大个体对种群繁殖潜力有重要影响[7]。大的雌鱼产卵量更高，产卵期长（因此对变化的环境条件适应力更强），产下的幼体成活率更高，捕捞这些大个体影响产卵成功率。

四、长期采用不当的捕捞和水产养殖方式，对渔业生态环境关注不够

目前采用的捕鱼技术起源于渔业资源丰富、能源成本远低于当前水平以及对捕捞带来的水生和大气生态环境影响关注不多的时代。目前能源成本大幅增加，人们

---

① Arlinghaus, R., Cooke, S.J.:《休闲捕鱼：社会-经济重要性、养护和管理》，载 W.M. Adams, B. Dickson, J.M. Hutton 主编《休闲捕猎、养护和农村生计：科学和实践》，英国牛津：Blackwell 出版社，2009 年，第 39—58 页。

② Arismendi, I., Nahuelhual, L.:《智利南部兰奇胡亚湖非本地鲑鳟鱼休闲捕鱼：经济利益和管理影响》，载《渔业科学回顾》，2007 年，15(4)：第 311—325 页。

③ Soto, D., Arismendi, I., Di Prinzio, C., Jara, F.:《南美洲南部太平洋集水区最近确立的大鳞大马哈鱼和其潜在生态系统影响》，载 Revista Chilena de Historia Natural，2007 年，80，第 81—98 页。

④ Pollard, D., Scott, T.D.:《河流和礁石》，载 A.J. Marshall 主编《巨大的消亡》，伦敦：Heinemann，1966 年，第 95—115 页。以及 Oakley, S.G.:《红海东部鱼叉捕捞对红海东部石斑鱼种群的影响》，载 M.A.H. Saad 主编《红海东部珊瑚礁环境研讨会的会议录》，沙特阿拉伯吉达：阿卜杜勒国王大学，1984 年，第 341—359 页。

⑤ Eggleston, D.B., Johnson, E.G., Kellison, G.T., Nadeau, D.A.:《休闲潜捕大量捕捞眼斑龙虾和非饱和功能反应》，载《海洋生态科学》，2003 年，257，第 197—207 页。

⑥ Griffiths, S.P., Pollock, K.H., Lyle, P., Julian G., Tonks, M., Sawynok, W.:《按链条找到难以理解的垂钓者》，载《鱼和渔业》，2010 年，11，第 220—228 页。

⑦ Birkeland, C., Dayton:《留下大鱼的渔业管理的重要性》，载《生态和进化趋势》，2005 年，20(7)，第 356—358 页。

越来越多地认识到渔业发展对生态系统所产生的消极影响,渔业生存面临巨大挑战,特别是在获得和促进能源高效技术受到限制的发展中国家。

渔具对生态系统的影响广泛。总体上,这些影响主要取决于:网具的物理特征、作业机械;何时、何地以及如何使用网具、使用程度。对环境的物理损害也可能来自对可接受的网具的不适当使用。只有少量捕鱼方式被认为是绝对具有破坏性,主要是炸鱼和毒鱼。尽管事实上许多渔业具有高度选择性,但渔民往往不能仅捕捞想要捕捞的目标物种。选择性捕鱼导致误捕其他鱼类物种和无脊椎动物,其中可能包括重要的生态物种或有经济价值物种的幼体。此外,捕鱼也可导致海鸟、海龟和海洋哺乳动物被误捕而死亡,并损害脆弱的生态系统,例如冷水珊瑚,需要几十年才能恢复。

在温室气体(GHG)排放方面,对作为整体的渔业领域以及对特别的捕鱼活动给予的关注不充分,因此,在温室气体排放方面难以对渔具和捕捞方式进行排序。

生命周期评估显示在捕获物上船后能源消费和温室气体排放显著,上岸后更显著,原因是水产品加工、冷却、包装和运输。因此,在整个生产链使能源消费最小化对于减少捕鱼的整体环境成本是十分重要的。

捕鱼领域应进一步降低燃料消耗和对生态系统的影响。尽管减少能源消耗的技术行动和实验数量不断增加,目前仍没有可行的机械动力渔船替代化石燃料的办法,但通过技术改进、网具调整和行为变化,捕鱼领域可实质性地降低对水生生态系统的损害、减少温室气体排放(这是根据现有国际公约政府的法律义务),并减少运行成本,而不对捕鱼效率产生过多消极影响。

第三节　非洲渔业在世界渔业中的地位

当今国际社会正面临着环环相扣的多重挑战,从挥之不去的金融和经济危机,到气候变化带来的更严重的极端天气。同时,国际社会还必须在自然资源有限的前提下,满足日益增长的人口对粮食及营养的迫切需求。

渔业和水产养殖为世界的发展与繁荣做出了至关重要的贡献。在过去50年中,世界水产品供应量的增速已超过人口增速,如今水产品已经成为人类摄取营养和动物性蛋白的一个重要来源。此外,该部门还为占世界人口较大比例的人们提供了直接和间接的生计和收入来源。

鱼及水产品是世界范围内最重要的贸易商品之一,其贸易量及贸易额均在2011年创出新高,并预期将继续保持增长态势,其中发展中国家在全球出口量中占较大份额。在捕捞渔业产量保持稳定的同时,水产养殖产量持续增长。水产养殖未来仍将是增长最快的动物性食物生产部门之一,而在下一个十年,捕捞渔业和水产养殖业的总产量将超过牛肉、猪肉或禽肉产量。

　　非洲地跨赤道两侧,纬度适宜,四面环海,漫长的海岸线和辽阔的海洋专属经济区是非洲海洋渔业资源的自然地理环境基础,众多的河流、湖泊和水库为非洲提供丰富的淡水渔业资源。从古至今,非洲居住在沿海、沿湖、沿河的居民都以捕鱼作为主要的生产活动之一。20世纪60年代,非洲渔业总产量只有约264万吨,70年代超过400万吨,四十多年来,非洲的渔业有了很大的发展,图2-4显示了2011年非洲渔业产量的分布,从图上可以看出,非洲主要的渔业活动分布在沿海地区,其中主要的渔业国有摩洛哥、尼日利亚、南非、纳米比亚、坦桑尼亚、乌干达、埃及等。

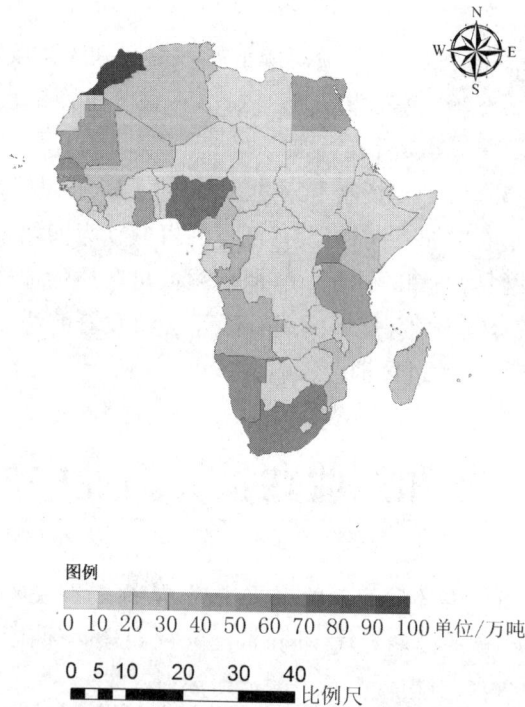

图例

0 10 20 30 40 50 60 70 80 90 100 单位/万吨

0 5 10 20 30 40 比例尺

图2-4　2011年非洲渔业产量分布图

　　图2-5为2011年非洲内陆渔业和海洋渔业分布图,可以看出,非洲渔业以海洋捕捞为主,流经南安哥拉、纳米比亚、南非的本格拉寒流给沿海带来了丰富的鱼群,渔船出入十分频繁,海洋渔业是这些沿海国家的重要生产部门。此外,非洲西部的主要的渔业生产国,如塞内加尔、摩洛哥、尼日利亚、加纳等,也主要以海洋渔业生产为主。

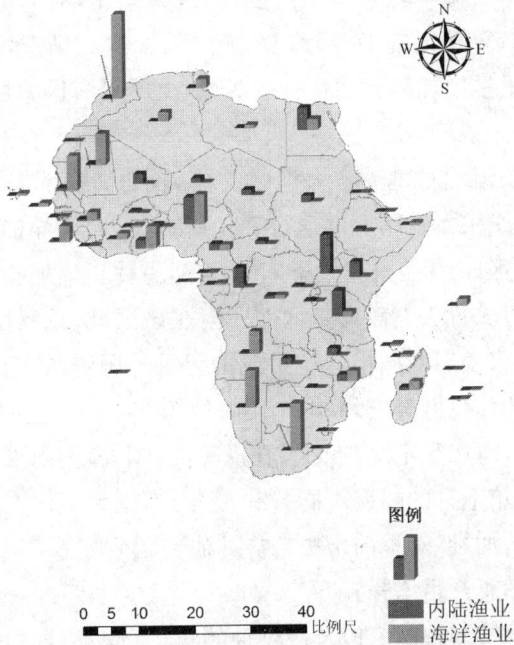

图 2-5　2011 年非洲内陆渔业和海洋渔业分布图

非洲内陆渔业在世界上居于重要地位,内陆渔业渔获物中大约一半产自湖泊和水库,一半产自河流和沼泽。非洲内陆渔业发达的国家主要有赞比亚、坦桑尼亚、埃及、乌干达、刚果民主共和国、尼日利亚等。

然而,在非洲的很多地方,渔业和水产养殖业发展没有引起足够的关注,贫困人口很容易受到饥饿的威胁。人们的水产品的消费量仍维持在低水平,因此,无法像其他地区一样,从渔业和水产养殖对可持续粮食安全和收入做出的贡献中受益。

一、海洋捕捞渔业

由于鳀鱼产量大大下降,秘鲁被印度尼西亚和美国超越,不再是继中国之后在海洋捕捞产量方面的主要生产者。一些主要的亚洲捕鱼国(即中国、印度、印度尼西亚、缅甸和越南)2010 年产量大大提高,而在其他区域,即捕捞、数据收集系统更健全的一些国家(即挪威、俄罗斯和西班牙)也显示产量停滞一些年后开始增长。

除了因鳀鱼产量下降导致秘鲁和智利产量下降外,2009 和 2010 年海洋总捕捞量出现下降趋势的其他主要捕鱼国有:亚洲的日本、韩国和泰国,美洲的阿根廷、加拿大和墨西哥,欧洲的冰岛和新西兰,新西兰下降趋势很小。尽管有不同的捕捞量变化趋势,摩洛哥、南非和塞内加尔依然是非洲三个主要的海洋渔业生产国。

总体上,渔区可被分为三个类别,第一类产量波动,具有高度自然波动的特征。

第二类渔区产量从历史高峰呈总体下降趋势,应该指出,有时渔获量下降是因为采取了预防性或意在恢复种群的渔业管理措施,因此,这类情况没必要解释为消极情况。第三类渔区产量呈增加趋势。在有些区域,由于沿海国家的统计报告系统质量不高,实际渔获量仍难以确定。

按照联合国粮农组织对世界各大渔区的分类,非洲毗邻海域中,东大西洋中部(34 区)属于第一类,地中海-黑海渔区(37 区)和东南大西洋渔区(47 区)属于第二类,而印度洋西部渔区(51 区)则属于第三类,产量总体呈增加趋势。

大西洋中东部海域过去三年产量增加。但在该区域,总捕捞产量受远洋船队活动的影响十分明显,只由船旗国报告产量或由记录外国船队在其专属经济区(EEZ)产量的一些沿海国的信息做补充,联合国粮农组织获得的只是间歇数据。地中海-黑海区域自 2007 年起,总产量下降 15%。在沿美洲和非洲西南沿海的两个区域,出现产量上升现象,但每年上升的幅度不同。2010 年,东南太平洋产量(除鳀鱼外)下降,而东南大西洋产量增加,但对早前历史趋势的研究揭示了这两个区域产量有明显下降的趋势。西印度洋总产量增长。

如上所述,按捕捞区域、国家以及按物种的年产量经常有相当大的波动,但所有波动的组合似乎具有使全球总产量波动不大的效果。例如,2010 年 60% 多的物种产量与 2009 年相比,有 10% 以上的变化,但全球总量(不包括鳀鱼)的变化只有 1.2%。

二、内陆捕捞渔业

内陆水域全球总捕捞产量自 21 世纪头十年中期开始急剧增加。各国报告的以及联合国粮农组织在未报告情况下预计的 2010 年总产量为 1120 万吨,与 2004 年相比,增长 30%。尽管产量增长,但依然有人认为全球产量应当更大,原因是一些研究[①]指出内陆水域产量在一些区域被严重低估。另一方面,在世界上许多的内陆水域,过度捕捞[②]、人为压力以及环境条件变化使重要的淡水水体严重退化(例如咸海和乍得湖)。此外,在内陆水域捕捞量排名在前的几个国家(例如中国)中,内陆产量中相当大的一部分是来自人工养殖和严密监测的内陆水体,对产量的记录也会比较完整。因此,统计覆盖范围和资源增殖活动的改善对内陆渔业产量的明显增长有贡献。

---

① Garcia,S.M.,Rosenberg,A.A.:《粮食安全和海洋捕捞渔业:特征、趋势、驱动力和未来前景》,载《皇家学会哲学交流 B》,2010 年,365(1554),第 2869—2880 页。

② Pauly,D.,Watson,R.,Alder,J.:《世界渔业全球趋势:海洋生态系统和粮食安全影响》,载《皇家学会哲学交流 B》,2010 年,360(1453),第 5—12 页。Worm,B.,Barbier,E.B.,Beaumont,N.,Duffy,J.E.,Folke,C.,Halpern,B.S.,Jackson,J.B.C.,Lotze,H.K.,Micheli,F.,Palumbi,S.R.,Sala,E.,Selkoe,K.A.,Stachowicz,J.J.,Watson,R.:《生物多样性丧失对海洋生态系统服务的影响》,载《科学》,2006 年,314,第 787—790 页。

　　对统计的更密切审视显示,全球内陆水域产量的增长完全归因于亚洲国家(表2-11)。由于印度(比2009年增长54万吨)、中国和缅甸(均增长10万吨)报告的2010年的产量显著增长,亚洲在全球产量中的份额接近70%。最近几年,一些主要亚洲国家产量的显著增长对全球总产量有严重的影响,但在一些情况下,这似乎是国家数据收集系统变化的结果。

表2-11　分大洲和主要生产国的内陆捕捞渔业产量　　　　　　(单位:吨)

大洲/国家	2004	2010	2004～2010 的变化	百分比(%)
亚洲	5376670	7696520	2319850	43.1
中国	2097167	2289343	192176	9.2
印度	527290	1468757	941467	178.5
孟加拉国	732067	1119094	387027	52.9
缅甸	454260	1002430	584170	120.7
非洲	2332948	2567427	234479	10.1
美洲	600942	543428	−57514	−9.6
欧洲	314034	386850	72816	23.2
大洋洲	17668	16975	−693	−3.9
世界合计	8642262	11211200	2568938	29.7

资料来源:《世界渔业和水产养殖状况 2012》,联合国粮农组织渔业及水产养殖部,2012年。

　　2010年之后非洲地区的内陆河、湖、水库渔获量为250万吨以上,占世界内陆水体渔获量的24%。与海洋渔业相比,内陆水体渔业产量小,仅为世界产鱼量的6%。联合国粮农组织自1980年以来就对世界渔业资源状况进行定期调查,2002年超过50%的世界渔场存在过度捕捞的问题,趋势表明海洋渔业产出在持续降低,内陆渔业资源受到环境变化和过度捕捞的威胁(精确的评估未被广泛采用)。非洲大多数内陆渔场捕捞强度较大,水产养殖业持续发展与扩张。

三、水产养殖

　　尽管慢于20世纪八九十年代的速度,全球水产养殖产量在新世纪仍继续增长。在大约半个世纪的时间,水产养殖从几乎可以忽略扩大到在养活世界人口方面与捕捞产量完全可媲美的程度。水产养殖不断经历着技术创新,以满足变化的要求。

　　2010年世界水产养殖产量达到另一个高产水平,为6000万吨(不含水生植物和非食用产品),预计总产值1190亿美元。2010年世界食用鱼养殖产量的1/3未使用饲料,为双壳贝类和滤食性鲤科鱼类。包括养殖的水生植物和非食用产品,2010年世界水产养殖产量为 7900 万吨,产值 1250 亿美元。

在世界范围内大约有 600 种水生物种用于水产养殖,利用不同的养殖系统和设施,采用不同技术,在淡水、咸水和海水中进行。水产养殖还通过孵化场生产的苗种进行投放,为以养殖为基础的捕捞渔业生产做出贡献,特别是在内陆水域。

但是,水产养殖生产的发展阶段和分布在所有区域依然不平衡。最近几年,亚洲、太平洋、撒哈拉以南非洲和南美洲很多发展中国家在水产养殖发展方面取得了相当大的进步,它们正成为各自区域的重要或主要生产国。但是,同一大洲和地理区域有可比较的自然条件的国家之间差距依然巨大,在许多最不发达国家(LDC)中,水产养殖还没有对国家粮食和营养安全做出显著贡献。

相比于亚洲、欧洲和南美洲,水产养殖业在非洲比较落后。但过去十年,非洲对全球产量的贡献从 1.2% 增加到 2.2%,尽管基数很低,但比重有所提升。该区域淡水养殖的变化很大程度上反映了埃及海水养殖的强劲增长,21 世纪头十年开始恢复,2010 年非洲水产养殖在内陆渔获量中达到 39.5%,这是撒哈拉以南非洲淡水养鱼快速发展的结果,最显著的是尼日利亚、乌干达、赞比亚、加纳和肯尼亚。在撒哈拉以南非洲,肉食性的革胡子鲇代替自 2004 年以来水产养殖产量最高的罗非鱼。特别是在尼日利亚和乌干达,水产养殖物种中鲇鱼逐渐成为主要物种。作为非洲鲇鱼的最大生产者,尼日利亚甚至从遥远的北欧进口鲇鱼饲料。

非洲水产养殖产量物种基本上是鱼类(99.3%),只有不多的海水对虾(0.5%)和海水软体动物(0.2%)。尽管有一些有限成功的情况,但海水双壳贝类依然几乎完全未开发。预计未来水产养殖业产量仍将保持增长态势。

埃及水产养殖业在非洲国家中处于较高水平,水产养殖量占渔业产量的 65%,其中 99% 的养殖来自私人养殖场。埃及现代化水产养殖的发展和扩大始于 20 世纪90 年代前,并在过去的数年中取得了重大和迅速的发展,产量大幅增长。与国内任何与渔业相关的活动相比,该部门正显示出最强劲的增长势头,因此在埃及,水产养殖业被视为缩小鱼品生产和消费差距的唯一可行方法(除极个别情况以外),大部分水产养殖活动分布在尼罗河三角洲地区。但水产养殖采用的系统不尽相同,技术水平参差不齐。到目前为止,大部分养殖的鱼是淡水种类或可以在咸淡水中生长的鱼类。海水和咸淡水鱼类及甲壳类的生产仍处在早期阶段,其发展依然受技术和经济问题的影响。

全球水产养殖产量的分布在不同经济发展水平的区域和国家之间并不平衡。2010 年,前十位生产国占世界养殖食用鱼产量的 87.6%,产值的 81.9%。在区域一级,产量集中在少数几个主要生产国(表 2 - 12)。

表 2 - 12　2010 年水产养殖区域和世界前十位生产国

非洲	产量(吨)	百分比	美洲	产量(吨)	百分比	亚洲	产量(吨)	百分比
埃及	919585	71.38	智利	701062	27.1	中国	36734215	68.92
尼日利亚	200535	15.57	美国	495499	19.23	印度	4648851	8.72
乌干达	95000	7.37	巴西	479399	18.61	越南	2671800	5.01
肯尼亚	12154	0.94	厄瓜多尔	271919	10.55	印度尼西亚	2304828	4.32
赞比亚	10290	0.8	加拿大	160924	6.25	孟加拉国	1308515	2.45
加纳	10200	0.79	墨西哥	126240	4.9	泰国	1286122	2.41
马达加斯加	6886	0.53	秘鲁	89021	3.46	缅甸	850697	1.6
突尼斯	5424	0.42	哥伦比亚	80367	3.12	菲律宾	744695	1.4
马拉维	3163	0.25	古巴	31422	1.22	日本	718284	1.35
南非	3133	0.24	洪都拉斯	27509	1.07	韩国	475561	0.89
其他	21950	1.7	其他	113067	4.39	其他	1557588	2.92
合计	1288320	100	合计	2576429	100	合计	53301156	100
欧洲	产量(吨)	百分比	大洋洲	产量(吨)	百分比	世界	产量(吨)	百分比
挪威	1008010	39.95	新西兰	110592	60.26	中国	36734215	61.35
西班牙	252351	10.00	澳大利亚	69581	37.92	印度	4648851	7.76
法国	224400	8.89	巴布亚新几内亚	1588	0.87	越南	2671800	4.46
英国	201091	7.97	新喀利多尼亚	1220	0.66	印度尼西亚	2304828	3.85
意大利	153486	6.08	斐济	208	0.11	孟加拉国	1308515	2.19
俄罗斯	120384	4.77	关岛	129	0.07	泰国	1286122	2.15
希腊	113486	4.50	瓦努阿图	105	0.06	挪威	1008010	1.68
荷兰	66945	2.65	法属波利尼西亚	39	0.02	埃及	919585	1.54
法罗群岛	47575	1.89	北马里亚纳群岛	24	0.01	缅甸	850697	1.42
爱尔兰	46187	1.83	帕劳	12	0.01	菲律宾	744695	1.24
其他	289264	11.46	其他	19	0.01	其他	7395281	12.35
合计	2523179	100	合计	183517	100	合计	59872599	100

注:数据不包括水生植物和非食用产品,一些国家 2010 年数据是临时的,需修改。
资料来源:《世界渔业和水产养殖状况 2012》,联合国粮农组织渔业及水产养殖部,2012 年。

四、捕捞渔民和养殖渔民

渔业是世界上数百万人收入和生计的来源。最近的预计(表 2-13)显示,2010年有 5480 万人从事捕捞渔业和水产养殖初级产业的工作。其中 700 万人是临时性渔民和养殖渔民(其中 250 万在印度,140 万在中国,90 万在缅甸以及各 40 万在孟加拉国和印度尼西亚)。

表 2-13　分区域的世界渔民和养殖渔民情况　　　　　　　(单位:千人)

	1990	1995	2000	2005	2010
非洲	1917	2184	3899	3844	3955
亚洲	26765	31328	36752	42937	47857
欧洲	645	529	752	678	634
拉丁美洲和加勒比海地区	1169	1201	1407	1626	1974
北美洲	385	376	343	342	342
大洋洲	67	69	74	74	76
世界	30948	35687	43227	49501	54838
其中养殖渔民					
非洲	2	61	84	124	150
亚洲	3772	7050	10036	12228	16078
欧洲	32	57	84	83	85
拉丁美洲和加勒比海地区	69	90	191	218	248
北美洲	…	…	…	4	4
大洋洲	2	4	5	5	6
世界	3877	7262	10400	12662	·16571

注:① "…"表示未获得数据。
② 1990 年预计和 1995 年部分预计,基于从更少国家获得的数据,因此,不能完全与以后年份相比。
资料来源:《世界渔业和水产养殖状况 2012》,罗马:联合国粮农组织渔业及水产养殖部,2012 年。

2010 年从事渔业的总人数中 87%在亚洲,随后是非洲(超过 7%)、拉丁美洲和加勒比区域(3.6%)。大约 1660 万(从事渔业总人数的约 30%)为养殖渔民,更多地集中在亚洲(97%),随后是拉丁美洲和加勒比区域(1.5%)及非洲(约 1%)。

2005~2010 年渔业领域的就业增长(每年 2.1%)继续快于世界人口增长(每年 1.2%)以及传统农业领域的就业增长(每年 0.5%)。2010 年 5480 万捕捞渔民和养殖渔民占全世界经济上活跃在广泛农业领域的 13 亿人的 4.2%,1990 年为 2.7%。

但是,该领域实际从事捕捞渔业的相对比例从 1990 年 87%下降到 2010 年的 70%,而从事养鱼的人员比例从 13%增加到 30%。事实上在能够获得数据的过去 5

年,从事养鱼的人数每年增长 5.5%,从事捕捞渔业的人数每年增长只有 0.8%。明显的是,在多数重要捕鱼国,捕捞渔业就业份额停滞或下降,而水产养殖正在提供更多机会。此外,由于许多国家依然未分开报告捕捞和养殖领域的就业数据,水产养殖就业的相对重要性可能被低估。

就业趋势因区域而不同。欧洲经历了捕捞业从业人数最大的下降,2000~2010年每年平均减少 2%,同期水产养殖几乎没有增加就业。相反,过去十年,非洲经历了从事养鱼人数最高的年增长率(5.9%),随后是亚洲(4.8%)以及拉丁美洲和加勒比区域(2.6%)。

世界上 87.3% 的捕捞渔民和养殖渔民在亚洲,该区域 2010 年的产量占全球总产量的 68.7%,每人每年生产 2.1 吨,欧洲为 25.7 吨,北美洲为 18.0 吨,拉丁美洲和加勒比区域为 6.9 吨。大洋洲的高生产力主要是由新西兰和澳大利亚做出的贡献,但该区域许多其他国家提供的信息不完全。人均产量被认为反映了捕捞活动的特定工业化程度以及小型经营者的相对重要性,特别是在非洲和亚洲。这种差别在水产养殖生产中甚至更为明显。2010 年,挪威的养殖者平均每人每年生产 187 吨,而智利为 35 吨,中国约为 7 吨,印度约为 4 吨,印度尼西亚只有约 1 吨。

第四节　合理开发非洲渔业资源的重要性

一、非洲渔业资源开发存在诸多问题

非洲东濒印度洋,西临大西洋,东北以红海和苏伊士运河与亚洲为邻,北隔直布罗陀海峡和地中海与欧洲相望,水资源丰富。渔业在非洲国家的经济和人民生活中有重要的意义。非洲大部分居民以谷物和植物块根为主食,食物蛋白不足。畜牧业由于社会、经济的原因,肉类供应和消费亦不足,因此,鱼类成了弥补食物蛋白的一项质高、价廉的来源[1]。然而,非洲渔业在世界渔业中并没有发挥其应有的作用。非洲的渔业活动普遍缺乏科学合理的监管,渔业发展存在诸多问题。

非洲国家的捕鱼业虽有所发展,但传统捕鱼方式在渔业中仍占很大分量,大都使用独木舟进行手工操作,渔具和捕捞方法简陋,只能在近海和湖边作业,产量低下[1]。欧盟大型拖船载重量大,设备先进,造成的过度捕捞已经严重威胁到非洲沿海地区居民的生活。近几十年来,非洲地区因非法捕捞(主要包括捕捞未成年的鱼苗,从禁止捕捞区捕鱼,或者是通过工业船只拖网等)造成了鱼类总量的锐减,非法捕捞幼鱼现象普遍存在,因过度捕捞造成目标鱼种锐减。而政府管理疲软,很难准确计

---

① 曾尊固:《非洲农业地理》,北京:商务印书馆,1984 年。

算出非法捕捞所造成的间接经济损失。

近年来,非洲东部一些国家联合成立了海洋渔业和内陆渔业的研究机构,西非共同体着手研究海洋、内陆鱼类资源和合理的捕捞规模,不少国家针对超级大国对海洋渔业资源的掠夺开展维护海洋权益的斗争。同时,制定渔业政策和发展措施,建立和扩大渔船队并使之逐步朝现代化发展。

此外,使用禁用的捕鱼工具或在保护区捕捞会造成鱼类栖息环境的破坏,同时也对一些濒危的物种如海龟、鲨鱼、信天翁和海洋哺乳动物等造成威胁。而破坏性捕捞方式、外来生物的入侵、污染和富营养化等会造成水生环境退化,生态环境的退化会对数量日益减少的鱼类的现存资源产生副作用,而这会在很长时间内降低资源的价值,甚至会使非洲沿岸靠海吃饭的数百万人面临绝境。

尽管全球经济持续低迷,使国家行政主管机构获得的资金减少,但向联合国粮农组织报告 2009 和 2010 年产量数据的提交率保持了合理的稳定(表 2 - 14)。不过,众所周知,国家间渔业数据的质量有很大差别,发达国家的情况远比发展中国家好得多。而非洲各国渔业信息普遍缺乏,非洲所提交的报告不充分,并且应当改进数据收集和报告系统的国家比例达到 61.1%。只有少数国家拥有完善的国家渔业机构,但研究水平也比较低。

因此,对非洲国家来说,建立和完善基本的渔业产量评估和记录并对渔业储量进行合理评估,实现对渔业资源的动态调查评估,从而制定相应的渔业政策,既有利于保障各国渔民的基本利益,又促进了鱼类种群的休养生息和可持续发展。

表 2 - 14　未提交 2009 年充分的产量数据的国家或地区

	国家或地区(数量)	未提交充分数据的国家或地区(数量)	百分比(%)
发达	54	13	24.1
发展中	164	100	61.0
非洲	54	33	61.1
北美洲	37	18	48.6
南美洲	14	5	35.7
亚洲	51	31	60.8
欧洲	39	8	20.5
大洋洲	23	18	78.3
合计	218	113	51.8

资料来源:Garibaldi,L.:《粮农组织全球捕捞产量数据库:为获得趋势进行的六十年努力》,载《海洋政策》,2012 年,36(3),第 760—768 页。

对非洲大多数国家来说,渔业和渔业产品更是动物蛋白的一个重要而可获得的来源。非洲是过去 40 年全球唯一一个人均粮食产量持续下降的地区。非洲 50 多个国家中,有 40 多个国家粮食不足。粮价过高曾导致喀麦隆、布基纳法索、塞内加尔、科特迪瓦、莫桑比克等国发生了"粮食骚乱"。据估算,如果粮食供给状况得不到改善,非洲饥荒还会出现。

二、合理发展非洲渔业迫在眉睫

非洲海岸线全长 32000 千米,较平直,非洲鱼类资源非常丰富,尤以海洋鱼类众多而闻名遐迩,非洲西北部盛产沙丁鱼、金枪鱼等,南部盛产鲐、鲸、沙丁鱼等,均为世界著名渔场。然而非洲渔业资源开发缺乏科学合理的管理和监督,过度捕捞及非法捕捞行为猖獗,当地渔业发展杂而乱,缺乏严格的政府管理和科学的指导,因此,合理发展非洲渔业资源具有十分重要的意义。

据统计,世界人均食用水产品供应量从 20 世纪 60 年代的 9.9 千克(活重当量)增加到 2009 年的 18.4 千克,初步估计 2010 年会进一步增加到 18.6 千克[①]。在 2009 年 1.26 亿吨供人类食用的水产品中,非洲的消费量最低(910 万吨,人均 9.1 千克)。虽然发展中国家和低收入缺粮国的水产品人均年消费量已出现稳定上升(分别从 1961 年的 5.2 千克上升为 2009 年的 17.0 千克和从 4.9 千克上升为 10.1 千克),但仍大大低于较发达地区,尽管差距正在缩小。发达国家消费的水产品中很大一部分为进口,而由于发达国家国内对水产品的需求持续增加但产量却持续下降(2000~2010 年下降了 10%),它们对进口的依赖性预计会在未来几年进一步加大,特别是对发展中国家水产品的依赖性将会不断加大。

全球内陆水域捕捞量自 21 世纪前十年起一直呈大幅增长,2010 年,据报道及估计的总产量为 1120 万吨,比 2004 年增长 30%。尽管如此,内陆水域捕捞量在一些地区仍被大大低估。在非洲各大湖中捕鱼的乌干达和坦桑尼亚以及侧重江河捕鱼的尼日利亚和埃及仍是非洲的主要捕捞大户。

水产养殖产量在世界上经济发展水平各异的各个国家和地区分布仍然很不均衡,且很容易受到疾病和环境条件的负面影响。2011 年,莫桑比克的海虾养殖由于疾病爆发几乎全军覆没。

非洲在过去 10 年里对全球渔业总产量的贡献率已从 1.2% 上升为 2.2%,主要原因是撒哈拉以南非洲地区的淡水养殖业出现了快速增长。非洲的水产养殖产量中绝大部分为有鳍鱼类,只有小部分为海虾及海洋软体动物。主要位于撒哈拉以南非

---

① 远见:《粮食和农业的未来:全球可持续性的挑战和选择》,载《最终项目报告》,伦敦:政府科学办公室,2011 年,第 208 页。

洲地区的最不发达国家在全球水产养殖产量中所占比重依然较小(产量占 4.1％,产值占 3.6％),但撒哈拉以南非洲地区的一些发展中国家如尼日利亚、乌干达、肯尼亚、赞比亚和加纳等,已经在该领域取得快速进展,成为各区域主要水产养殖大国。

2010 年,全球以渔业及水产养殖初级生产为生的人口估计有 5480 万,其中估计有 700 万为临时从业的渔民或水产养殖户。亚洲占世界总数的 87％以上,仅中国就有近 1400 万人(占世界总数 26％)从事渔业或水产养殖,排在亚洲之后的是非洲(7％以上)。约有 1660 万人(占世界总数约 30％)从事水产养殖,其中绝大多数集中在亚洲(97％),随后是拉丁美洲及加勒比地区(1.5％)和非洲(约 1％)。

总体上看非洲国家因为社会经济发展落后,本国捕捞能力有待提高。西非塞内加尔主要的资源是海洋,1/5 的人口从事传统渔业生产,依靠渔业产品销售养家糊口。在十年之内,当地渔民的捕获量降低了 75％,政府选择出售捕鱼权给外国渔业公司,极大影响了当地渔民的渔获量。2000 年绿色和平组织调查发现,在毛里塔尼亚 56 条传统的渔船一年捕捞的鱼产品总量和一条大型冷冻渔船一天的捕获量相等。20 世纪 90 年代之后西非渔业资源迅速下降,当地人要到离岸更远和更危险的海域捕鱼。毛里塔尼亚常年有 50 条大型远洋冷冻拖网渔船在该海域捕捞,其中有来自俄罗斯、中国、韩国和欧盟国家的渔船。绿色和平组织的海洋保护运动人士 Willie Mackenzie 说,欧盟正在用纳税人的钱建造大型渔船,在世界最落后的国家海域从事捕捞,将自己国家的过度捕捞问题带到非洲,欧盟在 2012 年前的 10 年中共计支付 477 百万欧元在毛里塔尼亚海域从事捕捞,支持类似 Cornelis Vrolijk 号(约 5000 吨)大型渔船在该海域捕捞。因此,提升非洲国家的渔业捕捞能力,需要通过建立可持续的筹资机制等加大对渔业的资金投入,另外,需要对本国渔业管理权限、外国在本国水域内的捕鱼活动、国家渔业管理计划和其他有关方面做出相应规定。建立禁渔期、禁渔区,实行渔民登记、渔船登记,控制捕捞强度,限制渔具种类和规格等对渔业的合理开发十分重要。

针对非洲渔业资源的非法捕捞问题,地方政府应提高监控、管理水平,制订相关的协议和政策法规,以便使联合打击非法捕鱼的行动在财政上和法律上切实可行,并使其能够适用于国家、地区和国际海域。为减少公海非法捕捞行为,首先,可以完善当前不完备的国际渔业法律框架,提高当前法律的有效性。其次,运用经济杠杆控制非法捕捞。对合法捕捞者可以降低税率,通过提高其总收益、增加补贴、减少总成本等途径来提高合法渔民的利润;对于从事非法捕捞的渔民而言,则通过增加其从事非法捕捞的成本或违规罚款的数额起到减少非法捕捞活动的作用。此外,对国内或国际船只实行有效的许可证制度是控制渔业捕捞的有效措施,能够在一定程度上降低漏报和错报的渔业捕获量,从而达到减少非法捕捞的目的。

此外,非洲渔业资源由于长期受到不合理的开发,多种鱼类资源濒临灭绝或受到过度捕捞,水生环境恶化。而良好的鱼类生存环境是渔业可持续发展的基础,因此,要实现非洲渔业的长期合理开发,在减少和控制捕获量的同时,要加强对生态环境的恢复和保护。

中国在水产养殖科研、教育和推广领域所取得的巨大进展,支撑中国成为水产大国。中国水产养殖机构通过联合国粮农组织联系或者直接实施对非洲的渔业合作项目,在渔业和水产养殖技术交流方面做了大量的工作,在南南合作的框架下,通过成立"FAO水产养殖培训中心",不断推进培训中心的各项工作。目前需要深入了解非洲发展中国家的渔业和水产养殖发展业的需求,推动在非洲发展中国家进行渔业技术培训和项目支持工作。

第三章

非洲毗邻海域海洋渔业资源开发

本章导读：非洲四面环海，海岸线长达3万多公里，毗邻海域海洋渔业资源主要分布在地中海、东大西洋中部、东南大西洋和印度洋西部海域，水产资源丰富，渔业环境复杂多样。海洋渔业是非洲沿海国家的重要生产部门，本章分别阐述了非洲西部、西南部、东部和北部渔业区的海洋渔业发展状况，并对各海区的主要海洋渔业生产国的渔业发展进行了简要的介绍。最后总结了非洲海洋渔业生产中存在的一些问题，有助于全面认识非洲海洋渔业。

第一节　非洲西部渔业资源开发

一、非洲西部海域概况

（一）非洲西部海域的地理概况

非洲西部毗邻中东大西洋捕捞区（北纬36°至南纬6°，西经40°至非洲西海岸），从直布罗陀到扎伊尔河口，总面积1420万平方千米。西非大陆架相对较窄，面积只有65万平方千米。南部水温较高，热带水产资源极为丰富，大陆架较宽广，特别是几内亚沿岸大陆架宽超过50千米，还有许多河流注入饵料。北部有加纳利寒流自北向南流入，有许多洄游鱼类出现。这里鱼的种类繁多，有鲱鱼类、黄花鱼类、板鳃鱼类、马鲅鱼类、金枪鱼类等。特别是几内亚湾盛产的虾类，具有高蛋白、经济价值高的特点。这里还将渔产制成鱼干和罐头鱼等出口到欧美等地区，获得很好的经济收入[①]。1950～2009年沿海国家和47个远海渔业国对该区250多种鱼类开展渔业捕捞。

主要的渔业生产国有塞内加尔、摩洛哥、尼日利亚、加纳等，主要的渔港有达喀尔、阿加迪尔、萨非、科纳克里、弗里敦、阿比让、阿克拉、洛美、努瓦迪尔等。

---

① 姜忠尽主编：《非洲农业图志》，南京：南京大学出版社，2007年。

（二）国内外捕捞船队

该海域渔业类型多样,渔船从小型独木舟到大型机动独木舟,从沿海船队再到大型国家或远洋工业船队不等。这些远洋船队大多来自欧洲和亚洲国家。20世纪70年代早期以来以小型中上层鱼类和金枪鱼为主要目标鱼类的远洋捕捞船队的渔获量占该渔区总渔获量的绝大部分,且比重变化较大,60年代后期和70年代几乎控制了整个渔业。国家船队的渔获量自50年代开始逐渐增加且发展平稳,渔获量占总捕捞量的比重从1977年的43%增加到2002年的72%,2003年后沿海各国渔获量占该渔区总渔获量75%～80%(图3-1)。相比之下,远洋船队的渔获量在法律制度和市场力量作用下波动发展。20世纪80年代后期,东欧的变化使得一些新的远洋渔业国家开始在东大西洋中部海域开展渔业捕捞,之后这些国家由于市场力的增强和管理机制的变化在该渔区的渔获量减少,尤其是小型中上层鱼类。从1996年开始,欧盟在该渔区西北部对小型中上层鱼类的捕捞逐渐增强,虽然有一些波动,但渔获量一直保持在较高水平。其他国家的船队在东大西洋中部海域也很活跃,捕捞鱼类有中上层鱼类、虾类、头足类和底栖鱼类。

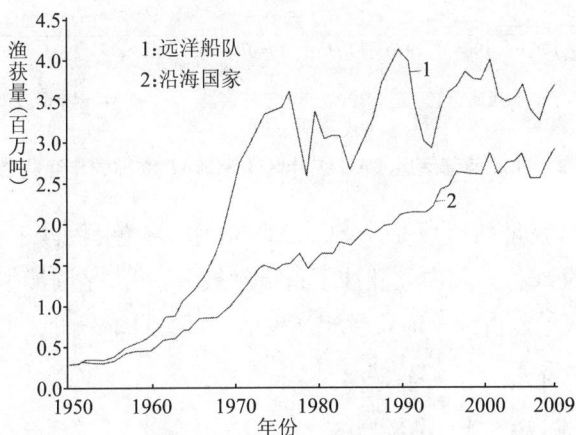

图3-1　非洲西北部渔区沿海国家和外国船队的年渔获量

小型传统渔业的渔获量因时间和区域不同各不相同,从大西洋中东部渔业委员会工作小组的各种报告获取的数据显示,该渔区北部海域的小型传统渔业渔获量比其南部小型传统渔业渔获量要低。

尽管非洲西部海域渔业种类繁多,目标鱼类主要是小型中上层鱼类,尤其是沙丁鱼和其他鲱科鱼(ISSCAAP Group 35)。总体来说,该区北部渔获量最高。2009年占总渔获量的43%,而2002年超过50%[1]。

---

① FAO统计。

二、非洲西部渔业资源开发状况

非洲西部渔区总渔获量在 1950 年为约 30 万吨,1977 年达到 360 万吨。1979 年的渔获量在 250 万吨左右波动,1990 年达到峰值 410 万吨。这些变动由市场需求、捕捞强度和环境变化引起。水生动植物国际标准统计分类(ISSCAAP)中的鲱鱼、沙丁鱼和凤尾鱼组的渔获量波动最大,从 1998 年到 2007 年渔获量整体呈减少趋势,2008 年和 2009 年开始增长。2009 年渔获量为 360 万吨,相当于 1998~2009 年的平均值(图 3-2)。

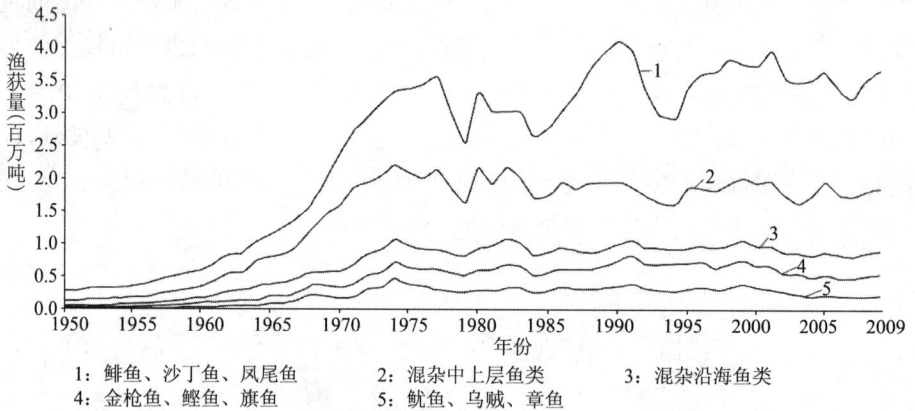

1:鲱鱼、沙丁鱼、凤尾鱼   2:混杂中上层鱼类   3:混杂沿海鱼类
4:金枪鱼、鲣鱼、旗鱼   5:鱿鱼、乌贼、章鱼

图 3-2　非洲西部渔区 FAO 统计区 ISSCAAP 物种的年渔获量变化

该渔区主要渔获量的组成是 ISSCAAP 35 组(鲱鱼科、沙丁鱼科和凤尾鱼科等),占总渔获量的 80%。其中欧洲沙丁鱼贡献最大,其次是圆沙丁鱼。凤尾鱼和短体小沙丁鱼的渔获量也占到总渔获量相当大的一部分(图 3-3)。

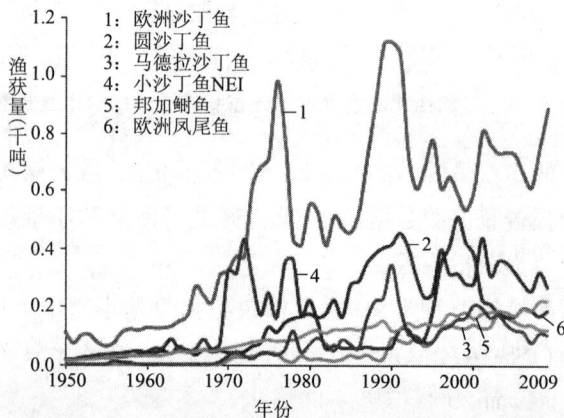

1:欧洲沙丁鱼
2:圆沙丁鱼
3:马德拉沙丁鱼
4:小沙丁鱼NEI
5:邦加鲥鱼
6:欧洲凤尾鱼

图 3-3　非洲西部渔区 ISSCAAP 35 组的年渔获量变化

ISSCAAP 36 组(金枪鱼、鲣鱼、旗鱼)渔获量的变化与主要鱼种黄鳍金枪鱼和鲣鱼类似(图 3-4)。鲣鱼的渔获量从 1991 年开始就超过了黄鳍金枪鱼,只有 2002 年黄鳍金枪鱼的产量略高于鲣鱼。2009 年鲣鱼的渔获量为 12.5 万吨,黄鳍金枪鱼为 9.5 万吨。大眼金枪鱼的渔获量自 2002 年以来一直保持在 4 万吨左右。

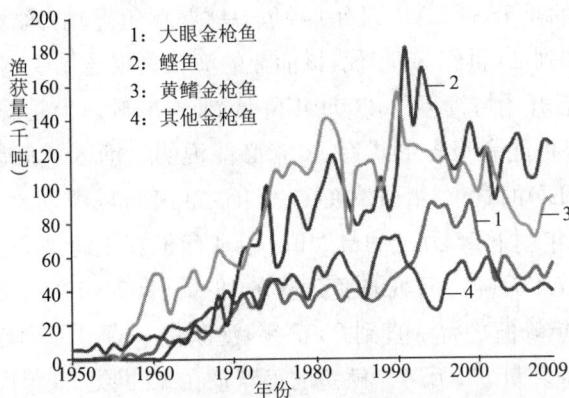

图 3-4　非洲西部渔区 ISSCAAP 36 组的年渔获量变化

ISSCAAP 37 组(混杂中上层鱼类)的渔获量主要来自竹荚鱼属。20 世纪 60 年代后期这些鱼种的渔获量急剧增加,在整个 70 年代几乎保持高产,但是在 80 年代和 90 年代则处于减产状态。90 年代后期至今,该种群渔获量一直呈大幅波动变化。塞内加尔无须鳕是 32 组的主要组成部分,20 世纪 70 年代渔获量很高,比较稳定,但之后一直保持在较低水平。欧洲无须鳕的渔获量也一直较低。

图 3-5 显示的是 ISSCAAP 45 组(小虾、对虾类等)的渔获量变化,20 世纪 60 年代南方粉红虾渔获量开始上升,之后在波动中连续增产,1999 年达到顶峰 3.3 万

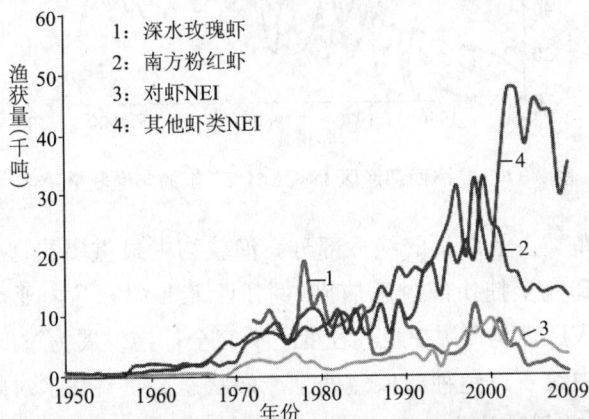

图 3-5　非洲西部渔区 ISSCAAP 45 组的年渔获量变化

注:NEI=其他处未包含

吨后开始持续下降,2004 年之后一直保持在 1.3 万~1.4 万吨的水平。1972 年深水玫瑰虾(deep-sea rose shrimp)渔业开始起步时没有渔获量,但是之后渔获量变化很大,1978 年达到 1.9 万吨,1998 年达到峰值 1.2 万吨,之后渔获量一直呈下降趋势,2009 年报告渔获量降到 500 吨。

图 3-6 显示的是 ISSCAAP 57 组(鱿鱼、乌贼、章鱼等)的渔获量变化。该渔区的章鱼渔业可追溯到 20 世纪 50 年代,该渔业的渔获量报告始于 1962 年,1975 年达到 9.3 万吨,但之后开始持续下降,2009 年降低到 8000 吨。但是观察到的普通章鱼渔获量的下降趋势可能和报告形式有关,未必能说明该渔区章鱼资源的枯竭,因为"其他处未包含(NEI)的章鱼"组虽然在 1993 年之前年际间波动较大,但渔获量整体呈增长趋势,1999 年创下 15 万吨的最大值,2004 年渔获量降到 3.6 万吨,但在 2009 年略有恢复,达到 7.4 万吨。乌贼的渔获量在 1986~2004 年波动发展,平均渔获量为 4.6 万吨,1999 年峰值之后一直到 2007 年,渔获量一直呈下降趋势,2008 年达到 2.5 万吨,2009 年渔获量 3.3 万吨。鱿鱼的渔获量在 20 世纪 90 年代中期之后也开始下降,与 1990~1999 年的平均渔获量 2.3 万吨相比,2000 年以来鱿鱼的平均渔获量只有 8000 吨。

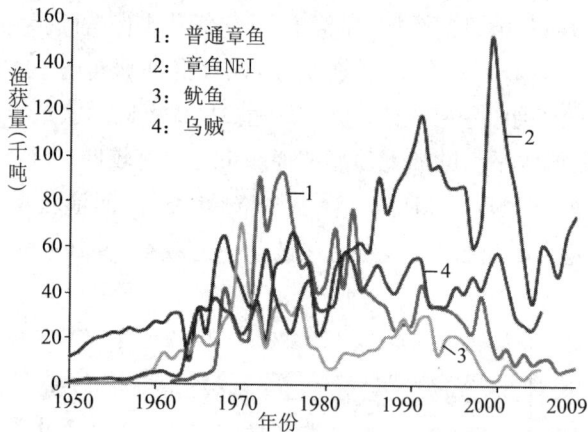

图 3-6 非洲西部渔区 ISSCAAP 57 组的年渔获量变化

小型中上层鱼类占上岸量的绝大部分。渔获物中最重要的物种是沙丁鱼。多数中上层鱼类受到完全捕捞或过度捕捞,例如西北非洲和几内亚湾的小沙丁鱼种群。多数区域的底层鱼类资源在很大程度上从完全捕捞发展为过度捕捞,塞内加尔和毛里塔尼亚的白纹石斑鱼种群依然处于严峻状态。一些深水对虾种群的状态似乎有所改善,但目前仍被认为处于完全捕捞状态,而该区域的其他对虾种群处于完全捕捞和过度捕捞之间。重要的商业鱼类章鱼和乌贼种群依然受到过度捕捞。总体上,东大西洋中部有 43% 评估的种群为完全捕捞,53% 为过度捕捞以及 4% 是未完全捕捞,该情况亟须渔业管理的改善。

三、主要渔业国渔业概况

(一)摩洛哥

摩洛哥位于非洲西北端,东南接阿尔及利亚,南部为西撒哈拉,西濒大西洋,北隔直布罗陀海峡与西班牙相望,是地中海连接大西洋的门户。摩洛哥是非洲第一大渔业生产国,渔业资源丰富,品种多。其海岸线长 2600 多千米,可从事渔业捕捞的海域面积超过 100 万平方千米,渔业在摩洛哥国内经济中占有重要地位,产值约占国内GDP 的 2%,此外渔业还吸收了大量国内劳动力,从业人数约 50 万人,国民摄取的动物蛋白 25%来自水产品。同时,水产品也是摩洛哥的主要出口产品之一。

1. 渔场与渔业资源

摩洛哥沿海渔港密布,各类渔船可在国内 28 个渔港装卸渔获物和物资,另外还有 170 多个专供小型渔船使用的卸货点。其中大西洋最重要的渔港是沿岸的坦坦、阿尤恩、阿加迪尔和赛尔。四个渔港的环境地理特征和捕捞种类各具特色。

摩洛哥水域形成良好渔场的原因主要有两个:一是大西洋的摩洛哥附近水域里有一股从英国和葡萄牙水域南下的加那利寒流与一股从西非南部沿海岸北上的赤道暖流在此交汇,使这一带水域产生了季节性的涌升流,将海底丰富的营养盐类带到上层水域,使浮游生物得以大量繁殖,从而形成了渔场;另一个原因是摩洛哥海域的大陆架具有一定的深度和宽度,各种渔船即使采用不同的作业方式,均适合在此作业。

2. 捕捞船队

摩洛哥海洋渔业的捕捞渔船大致可分为三类:远洋渔船、近海渔船和小型渔船。摩洛哥现拥有远洋渔船 400 多艘,近海渔船约 3000 多艘。小型渔船的数量尚难统计,由于小型木质渔船成本较低,所以数量一直在持续增长,约有 5000 艘,渔民达45000 人。近海渔船中,由于拖网和延绳钓渔船的渔获物价值较高,对提升国内渔业产值贡献更大,在过去的 10 多年内,这类渔船的数量和总吨位都出现了明显的增加。远洋渔船的发展速度较快,在最近十几年中增长了一倍,渔船总吨位达到 14.4 万吨。

3. 海洋捕捞概况

摩洛哥海洋渔业品种具有多样性。渔业资源以鱼类为主,其中中上层鱼类占70%,其他鱼类占 30%,主要鱼类有沙丁鱼、鲲鱼、马鲛鱼、竹荚鱼、金枪鱼、大西洋带鱼、欧洲无须鳕、鲷科鱼类和鲽形目鱼类。软体动物种类主要是章鱼和乌贼。

摩洛哥的海洋渔业主要由远洋渔业和近海渔业两个部分组成,远洋渔业主要生产价值较高的出口产品,最近三十年,摩洛哥远洋渔业得到空前的发展,成为国内渔业中经济效益最好的部分。近海渔业主要为国内市场和罐头加工厂提供价值较低的鲜鱼和原料鱼,两者合计产量约为 100 万吨,加上其他国家渔船在摩洛哥港口的卸货,渔获物上岸量超过 100 万吨。

近年来,摩洛哥远洋渔业平均年产量在 5 万吨左右。渔获物中头足类(章鱼、乌贼和鱿鱼)约占 65%,中上层鱼类和甲壳类占 14%,白肉鱼类(低脂鱼类、鳕鱼等)占 21%。由于远洋渔船主要在南部海域作业,渔获物和物资的装卸集中在坦坦和阿加迪尔,这里成为了摩洛哥重要的远洋渔业基地。

20 世纪 90 年代后期,摩洛哥南方港口的开放有力促进了国内近海渔业的发展,近海渔业的产量在 2001 年达到历史最高,首次突破 100 万吨。之后十年近海渔业资源波动较大,产量略有下降,基本维持在 85 万～90 万吨(图 3 - 7)。渔获物中 85% 为中上层鱼类,主要是沙丁鱼、马鲛鱼、竹荚鱼和凤尾鱼,其中,沙丁鱼约占 70% (图 3 - 8)。沙丁鱼是摩洛哥近海渔业的主要品种,捕获的沙丁鱼绝大部分用作加工原料,用于制作罐头食品或鱼粉。

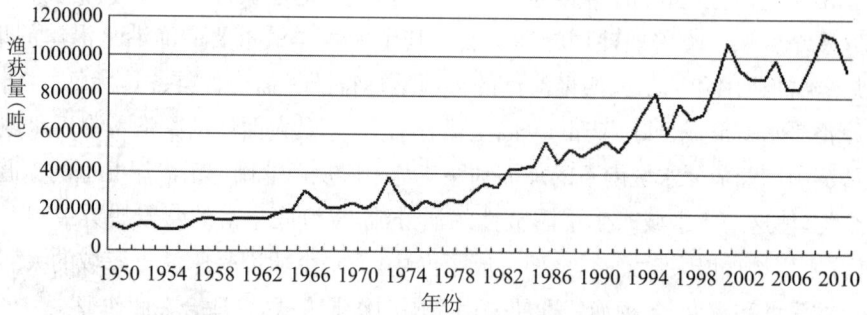

图 3 - 7　摩洛哥在大西洋中东部海域的渔获量变化

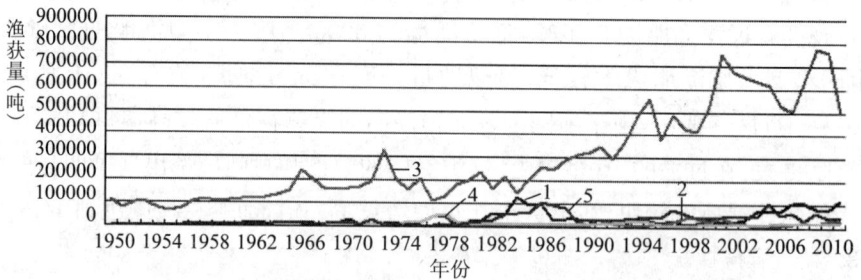

1:白腹鲭　　　　　　　　　　　2:欧洲凤尾鱼
3:欧洲沙丁鱼　　　　　　　　　4:竹荚鱼
5:远洋鱼类NEI

图 3 - 8　摩洛哥在大西洋中东部海域各主要经济鱼类的渔获量变化

注:NEI＝其他处未包含

国际市场上头足类水产品的价格远高于沙丁鱼产品。如果按照产值计算,仅占摩洛哥渔业产量不足 10% 的头足类在国内渔业总产值中占 50% 左右。中上层鱼类产量占国内渔业总产值的 85%,尽管产量较高,但由于价格低廉,在渔业总产值中的比重仅为 39%[1]。

4. 水产品类型

摩洛哥是北非地区最大的海产品加工和出口国,具有罐头加工、海产品半成品加工、海产品保鲜和冷冻、鱼粉鱼油加工生产和海带处理等多种工业能力。其海产品加工业主要分布在中、北部的沿海的阿加迪尔、萨菲等城市。该产业对摩洛哥 70% 的海洋捕捞产品进行加工处理,其中 85% 用于出口,加工海产品出口占摩洛哥出口商品总额的 12%。由于国内渔业产量中的大部分被用于加工出口,国民摄取的动物蛋白只有 25% 来自水产品,国内水产品人均消费水平较低。渔业在保障国内食品供应方面的作用并不十分明显。

摩洛哥是全球第一大沙丁鱼罐头出口国。摩洛哥的沙丁鱼制罐业起始于 20 世纪 30 年代。由于近几年中上层渔业的渔场向南迁移,目前大多数中上层渔获物在南部渔港阿尤恩卸货。阿尤恩和坦坦港的水产品上岸量约占国内总量的 80%,但由于摩洛哥水产品加工中心在中、北部地区,渔业重心的南移使得中部地区的水产品罐头厂面临原料供应成本增加和原料鱼保鲜等一系列问题。

摩洛哥的水产品大多用于出口(图 3-9),主要是头足类(章鱼、鱿鱼、乌贼)、沙丁鱼罐头、金枪鱼等。多年来,摩洛哥一直是全球最大的沙丁鱼罐头和冷冻章鱼出口国。近年来,摩洛哥每年水产品出口额在 13 亿美元左右。仅 2010 年上半年,摩洛哥出口的冷冻章鱼就达到 2.75 万吨,价值 1.85 亿美元。摩洛哥统计资料显示的年度海产品出口总额大于国内渔业总产值,但未加以详细说明,可能是出口水产品中包括了来料加工产品或是统计方法不同所致。

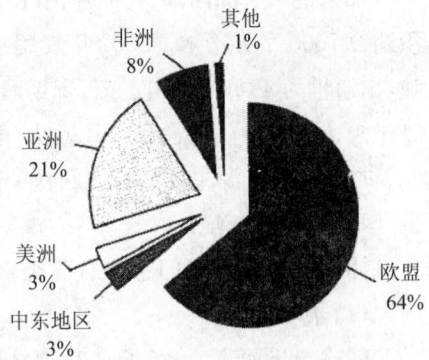

图 3-9　摩洛哥水产品主要出口地区[2]

5. 行业现状及发展前景

20 世纪 90 年代,摩洛哥政府制定了一系列促进本国渔业发展的政策,其中包括:开放南部的阿尤恩港和坦坦港,并且对港口的基础设施进行升级改造;采用财政刺激政策,鼓励摩洛哥渔船到本国的渔港卸货,以摆脱国内渔业对西班牙港口拉斯帕尔马斯的依赖;提高渔业对国内经济的贡献度,争取在本地区渔业的开发和管理中拥有更多的自主权。采取这些措施之后,绝大多数摩洛哥远洋渔船将基地设在本

① 李励年、邱卫华,王茜:《摩洛哥渔业发展现状及面临的问题》,载《现代渔业信息》,2011(10),第5—8页。
② 李励年、邱卫华,王茜:《摩洛哥渔业发展现状及面临的问题》,载《现代渔业信息》,2011(10),第5—8页。

国的阿尤恩和坦坦,本国港口渔获物上岸量不断上升,保障了国内的水产品加工厂充足的原料供应,促进了国内渔业的发展。从此,摩洛哥在这一地区的渔业与西班牙形成了竞争之势,并逐步占据了主导地位。

摩洛哥渔业管理部门负责人表示,尽管近年来国内渔业取得了很大发展,但仍面临各种挑战。为保护渔业资源,摩洛哥政府已采取了休渔等各项措施,而近海渔业船队、小型渔船设备老化以及国际油价震荡等,也将直接影响摩洛哥渔业的可持续发展。摩洛哥国内的水产品罐头加工厂也存在着设备陈旧老化的问题,国内的加工厂习惯于传统的加工工艺和配方,面对欧洲丰富多样的产品系列,竞争压力不断增加。

在摩洛哥政府最新制定的 2011~2015 年经济发展计划中,渔业占有重要位置。摩洛哥政府制定的国内渔业发展目标主要包括 4 个方面:① 增加国内水产品消费以改善国民的营养状况;② 开拓新的海外市场,增加水产品出口,促进国际收支平衡;③ 增加渔业对国内经济的贡献度,促进就业;④ 加强渔业科学研究和劳动力培训以及投资新建和完善渔业基础设施[①]。

(二)加纳

加纳位于非洲西部、几内亚湾北岸,南濒大西洋,加纳海岸线为 528 千米,大陆架面积约 237000 平方千米。2001 年食用水产品产量为 45122.7 万吨,进口量为 19217.7 万吨,出口量为 4941.9 万吨。2002 年渔业初级部门的从业人数为 210400 人,次级部门315600 人。渔业生产总值 25120 万美元,进口总值 5000 万美元,出口创汇 9400 万美元。加纳渔业资源主要来自大西洋中东部和东南部渔区以及内陆淡水水域。

1. 主要海洋渔业

捕捞业的次级部门主要有三类:个体(手工型)、半工业(近海)和工业渔业。

(1)传统渔业

就输出量而言,传统渔业是海洋部门中最重要的,其输出量占海洋鱼类总输出量的 60%~70%。在 2001 年普查中,作业中的海洋个体渔船有 9981 艘,其中大部分是木质船,大一点的船只动力为 40 匹马力的挂机,而小一点的船只则依靠帆动力带动。常用渔具有围网、集网、刺网和手钓渔具。独木舟为专门从事手钓渔业的机械化渔船,除配备保存高价值鱼类的冷冻设备之外,还使用了一些电子助渔装置,如回声探鱼器等。

(2)半工业渔业

半工业渔业船队由当地建造的长度在 8~37 米,动力 400 匹马力的木质船组成。大部分渔船既可以用拖网,也可以用围网开展捕捞。后者多见于鱼汛期。拖网主要是浅海海域渔船在淡季的捕捞方式。2000 年加纳沿海共有 169 艘渔船。

---

① 李励年、邱卫华,王茜:《摩洛哥渔业发展现状及面临的问题》,载《现代渔业信息》,2011(10),第5—8页。

（3）工业渔业

工业船队为外国制造的大型钢壳拖网渔船、捕虾船、金枪鱼竿钓渔船和围网渔船。最近该部门新引进了海底对拖网进行捕捞，法定作业水深为 30 米。

工业船队配有冷冻设备，并且可以在海上停留数月。据悉，自 1984 年加纳政府将工业渔业作为促进对外出口的重要机制以来，工业船队的数量急剧增加。拖网渔船的数量从 1984 年的 10 艘增加到 1997 年的 48 艘。

2. 海洋捕捞概况

目前加纳国家海洋部门是当地渔业生产最重要的来源，80％以上都是由海洋部门负责。海洋捕捞渔船数量和海洋鱼类各物种的上岸量见表 3-1 和表 3-2。加纳重要的海洋资源包括 300 多种鱼类、17 种头足类动物、25 种甲壳类和 3 种海龟。大多数国内海洋鱼类的供应都来自传统渔业，而且最重要的海洋资源是小型中上层鱼类，尤其是圆沙丁鱼、短体小沙丁鱼、凤尾鱼和日本鲭。这些种类占到海洋鱼类总上岸量的约 70％。2000 年以前加纳在大西洋中东部渔区的渔业一直保持平稳发展，2000 年以后持续下降。

表 3-1　加纳海洋捕捞渔船数量

船只/年份	1989	1990	1991	1992	1993	1994	1995	1996	1997	1998	1999	2000
独木舟	8052			8688			8642		8610			
半工业化渔船	183	169	153	160	155	164	153	165	149	173	173	169
拖网渔船	29	30	30	29	32	35	34	34	48	47	38	46
捕虾渔船	5	8	11	5	8	14	17	16	13	9	12	12
金枪鱼船	35	34	29	24	25	25	29	34	34	31	33	34
诱饵船	35	34	29	28	25	26	29	33	29	24	24	24

表 3-2　海洋鱼类各物种的上岸量　　　　　　　　（单位：吨）

物种/年份	1993	1994	1995	1996	1997	1998	1999	2000	2001	2002
小型中上层鱼类	217811	180681	198455	291413	243917	213554	166149	263849	175436	140732
大型中上层鱼类	38982	37917	34835	38546	54361	66479	84610	54292	88807	66046
中上层鱼类小计	256793	218598	233290	329959	298278	280033	250759	318141	264243	206778
底层鱼类	33783	34829	30935	35971	40806	35868	43973	23356	—	—
甲壳类动物	1712	2479	2676	2089	2381	1784	232	1559		
头足类动物	1716	2468	2946	3104	3422	3391	4114	1809	2804	3155
其他	19190	28792	66642	7241	50953	55286	33563	34929		
总计	313194	287166	336489	378364	395840	376362	332641	379794	370953	290008

小型中上层鱼类数量波动较大,其中沙丁鱼的上岸量波动非常大,一些年份(1973年和1978年)储量几近枯竭,20世纪80年代开始上岸量又急剧增长,1992年达到峰值14万吨,之后回落到6.4万吨。日本鲭(S. Japonicus)种群丰度的年际间变化很大,难以评估。同样,凤尾鱼的上岸量在1.9万吨(1986年)和8.27万吨(1996年)之间波动,峰值是1987年的9.3万吨。这些波动可能是由海洋环境的改变造成的,全球大部分中上层鱼类的上岸量也存在着不同程度的下降。

加纳水域主要的商业金枪鱼有黄鳍金枪鱼、鲣鱼和大眼鲷。1989年由加纳政府建立的一个金枪鱼工作组建议,该国金枪鱼产量从平均值3.6万吨增加到每年6万吨。1999年,总渔获量超过8.3吨。生物量调查评估显示,加纳海底大陆架的潜在年产量为3.6~5.5万吨,平均产量约4.3万吨。然而,最近十年上岸量约为每年5万吨,超过了潜在产量,目前渔业部门正面临巨大压力。

虽然加纳有专门的虾渔业,但是所有的船队都能对虾进行捕捞(金枪鱼捕捞船只除外),主要捕捞区域是浅水水域和近河口水域。个体渔民主要依靠在海滩围网捕捞,但通常捕捞到的都是经济价值低的幼虾。最近六年虾渔业产量仍有下降趋势。

现有数据表明,1990~2000年加纳渔业产量的年际和季节波动较大,平均为33.5万吨,而目前加纳水产品年需求量约60万吨,供求缺口平均达26.5万吨。渔业产量的短缺原因在于渔业生产资源的不足。据调查,捕捞方式不当、设备陈旧和缺少高级鱼类的储量都是造成产量不足的原因。

3. 水产品类型

加纳鱼类最重要的用途就是满足国内消费。加纳国内人均鱼类消费为20~25千克,高于世界平均消费水平13千克。鱼类是加纳人动物蛋白质最重要的来源,加纳人民饮食中60%的动物蛋白质都来自鱼类。国内消费的渔业产品主要是鲜鱼、熏咸鱼、鱼干、腌鱼、罐装鱼、炸鱼和烤鱼等。除了食用之外,一些鱼类比如凤尾鱼和金枪鱼还用于制造鱼粉。

4. 渔业产品市场及贸易现状

加纳渔业部门产值占国民生产总值的3%,在加纳国民经济中扮演重要角色。不但提供就业,创造外汇收入,还是国家动物蛋白质的主要来源。调查显示,加纳海事人员达15万人,而海洋渔业支撑起加纳约200万人的生计。

小型中上层鱼类通常是制成熏鱼出售,而底栖鱼类则以鲜鱼的形式出售。在渔汛期沿海和内陆地区的鱼类消费,特别是鲜鱼的消费量大增。而在淡季,渔业产品消费主要来自本地的熏制鱼和进口的冷冻鱼。一些消费者青睐高脂肪含量的中上层鱼类。至于价格,沙丁鱼、凤尾鱼和马鲛鱼相对便宜且受欢迎,是加纳人消费的主要鱼种。

就外汇收入而言,渔业产品出口位列加纳非传统出口产业的前三位。金枪鱼是最重要的出口鱼类。金枪鱼罐头出口是迄今为止最重要的非传统外汇来源,甚至超过金枪鱼鲜鱼出口量。

鉴于加纳渔业产品的60%都是自给自足,而且当地渔业捕捞具有季节性,渔产品进口可以起到一定补充作用。在淡季(11月到次年5月),冷冻竹荚鱼和沙丁鱼主要从特马和塔科腊迪港口进口,然后通过内部贸易渠道运送到各地市场。加纳渔业产品进口主要来自摩洛哥、毛里塔尼亚、纳米比亚、挪威、荷兰、比利时、塞内加尔和冈比亚等国。

（三）尼日利亚

尼日利亚地处非洲西部,南临大西洋的几内亚湾,北部靠近撒哈拉沙漠,境内有尼日尔河等大型河流,据该国农业资源普查的结果,整个渔业水域资源将近13万平方千米,潜在渔业生产力可达650万吨。然而2004年整个渔业产量不到20万吨,人均0.2千克(2004年尼日利亚人口总量1.3亿),因此,尼日利亚每年均需花费大量外汇进口冰鲜鱼,2004年已超过2亿美金。整个渔业消费需求相当旺盛,罗非鱼售价在20元/千克,鲇鱼在30元/千克,市场价格一直处于高位[①]。

1950年以来尼日利亚在大西洋中东部渔区的渔获量总体呈上升趋势(图3-10),主要经济鱼类是沙丁鱼、海洋鱼类和鲱鱼等,沙丁鱼捕捞量自1996年以来一直稳定在6～7万吨,而海洋鱼类渔获量自2000年以来一直处于较低水平(图3-11)。因此,从资源及市场角度考虑,尼日利亚渔业极具发展空间。

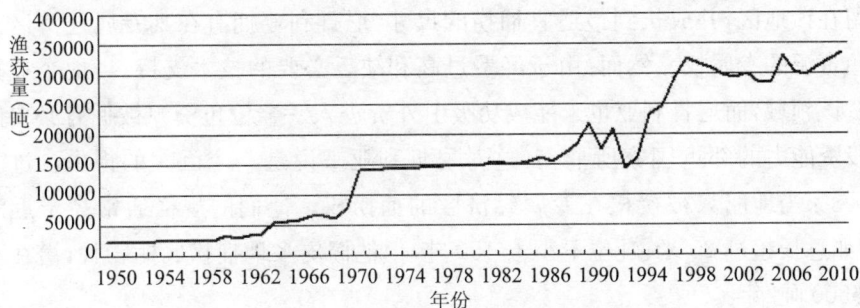

图3-10　尼日利亚在大西洋中东部海域的渔获量变化

1. 主要海洋渔业

海洋渔业是尼日利亚渔业中最活跃的部分,也是维持鱼类供应最大的挑战。开发海洋资源的工业和传统渔业均对尼日利亚的经济产生重大影响,前者在于其渔业产量的价值,后者在于粮食安全和社会经济因素。他们的渔业活动之间存在着错综复杂的联系,由于他们的目标鱼类大多相同,有时会导致利益冲突。下面将海洋渔

---

① 徐卫国:《尼日利亚渔业潜力巨大》,载《渔业致富指南》,2006(19),第4—5页。

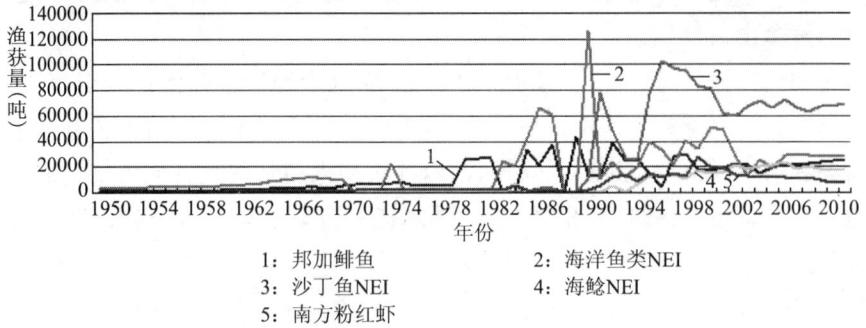

图 3-11　尼日利亚在大西洋中东部海域各主要经济鱼类的渔获量变化

注:NEI=其他处未包含

业分为离岸渔业、沿海工业渔业、沿海传统渔业分别说明。

(1) 离岸渔业

近年来尼日利亚大陆架区域和 200 英里专属经济区之间的近海水域的生物资源尚未得到有效利用。该海域金枪鱼和中层鱼类的潜在产量仅仅是一个历史统计数据。尼日利亚海洋研究所研究表明,该国海域金枪鱼和类金枪鱼产量大约在 1 万~1.5 万吨/年。洄游金枪鱼会在大西洋中东部沿岸游移。

《海洋法》(UNCLOS II)的《联合国宪章》赋予主权国家对其专属经济区资源的专用权,尼日利亚的专属经济区海岸线长,面积广阔,因此,金枪鱼和类金枪鱼长时间停留在该地区,并成长到最适宜捕捞的尺寸,尼日利亚拥有在其专属经济区开发金枪鱼资源的专属权。然而,由于经费过高和缺乏必要的技术支持,当地企业家回避投资该领域,而尼日利亚也未能成功吸引外资进入。金枪鱼资源被拥有必要的技术和投资能力的邻近国家所捕捞,这对尼日利亚来说是一个巨大的损失。过去十年,1~3 家当地船只被授权在专属经济区的捕捞权。他们的规格通常高于近海船只,例如总长超过 25 米,吨位不小于 150 吨,但他们更多地捕捞底栖物种,潜在渔获量为 6500 吨/年。

(2) 沿海工业渔业

工业拖网渔船使用底部和中层拖网捕捞近岸底栖鱼类和某些中上层鱼。主要物种为石首鱼、鲷鱼、石斑鱼、鲷鱼、鲈鱼、线鳍鱼、梭鱼、鲹属鱼、竹荚鱼和带鱼。

这些物种的总上岸量见表 3-3 所示,2004 年以上工业商业渔船上岸量总计16063 吨。虾拖网渔船在沿海水域的东段三角洲地区使用底拖网开展捕捞。主要捕捞三角洲地区的对虾,副渔获物为各种水底的长须鲸。2004 年虾的总渔获量为12469 吨(表 3-3)。目标物种所占比例不足 30%。

工业渔船渔获物上岸和贮存设施分布在各个沿海城市拉各斯、瓦里、拉巴尔和哈科特港。为了促进沿海独木舟捕鱼技术的升级,20世纪80年代政府在某些河口基地专为小型拖网渔船提供额外设施。

工业舰队由总长22～25米,吨位小于150吨的中型拖网渔船组成。拖网渔船的注册数量很多,过去5年每年均超过200艘,但实际上只有大约2/3是活跃的,其余船只由于维护问题和高运转成本而搁浅。由于受到齿轮规格限制,被授予许可证的船只只能捕捞鱼类或者虾,不能两者同时捕捞。

表3-3　尼日利亚各渔业区域上岸量　　　　　　　　　（单位:吨）

区　　域	2000	2001	2002	2003	2004
沿海咸淡水区	236801	239311	253063	241823	227523
内陆水体	181268	194226	197902	204380	207307
小型手工渔业	418069	433537	450965	446203	434830
水产养殖	25720	24398	30664	30677	43950
近海捕捞	13877	15792	16046	17542	16063
近海虾渔业	8056	12380	12797	11416	12469
工业捕捞(商业拖网渔船)	23308	28378	30091	33882	30421
专属经济区	1375	206	1230	4924	1889
远洋	557884	648197	681152	663179	648033
总计	1466358	1596425	1673910	1654026	1622485

(3) 沿岸传统渔业

该海域主要是沿岸独木舟捕捞,捕捞鱼类多样。浮游鱼类有全年均可捕捞的大型鲱属和沙丁鱼,但由于受独木舟的限制,6～9月份的雨季风暴和海水湍流较多,捕捞中断。底栖鱼类主要以石首鱼、鳎鱼、马鲅鱼、鲶鱼和鲨鱼为主。甲壳类动物包括对虾、螃蟹和一些双壳类动物。

在小溪和池塘分布有咸水独木舟渔业。主要物种有鲶鱼、罗非鱼、鲻鱼,甲壳类如虾、螃蟹、牡蛎和大量的白虾、小龙虾,成熟期还有大量对虾在河口被拦截。女性在半咸水渔业中作用突出。上岸点在整个海岸线分散分布,主要社区的上岸点都在滩地,只有少数大型社区有码头等。这类上岸点一般毗邻鱼市和配销点,且交通便利。

2. 渔业管理与存在的问题

尼日利亚的天然渔业资源受到不同形式的威胁,总产量不到粮食需求的50%,渔业尤其是捕捞业产量的不断下降令人不安。政府对海洋资源及内陆资源管理都负有重要责任。近海渔业资源遭到过度捕捞,主要表现在捕捞鱼类个体尺寸的减小。渔业管理的目的是促进主要经济鱼类储量的恢复,从而提高渔获物的数量、质量和价值。

技术措施包括拖网捕鱼网囊不小于 76 毫米,虾拖网不小于 44 毫米。这一措施由在渔业公司监督管理并进行抽样检查的联邦政府渔业部门(下文简称 FDF)的管理人员来执行,不时会有网囊尺寸过小的拖网被没收。这一措施虽然适合虾拖网渔业的目标鱼类,但对其副渔获物是不适合的,因此,会有海上拖网渔船与独木舟之间进行的渔获物的倾倒和非法转移现象。该现象在多达 80% 是捕虾船的近海渔业十分明显。

为了保护在全球范围内正濒临灭绝的海龟,尼日利亚相关条例规定拖网渔船必须安装海龟排除装置。此外,还通过规定渔业渔船总长不低于 25 米,吨位不低于 150 吨,虾拖网渔船总长不低于 23 米,吨位不低于 150 吨,来控制船舶的大小。每一艘作业渔船都必须持有捕鱼或捕虾的许可证。然而,许可证发放机构并没有限制作业渔船的数量。目前仍然有外国船只在尼日利亚三角洲水域非法捕虾而被逮捕和起诉的事件。表 3-4 为工业渔船的捕捞许可对税收收入的贡献。FDF 每年向国家农业部返回超过 5000 万奈拉,是唯一一个在此数量级的部门。

表 3-4　从合法船只获得的收入

船舶营运类别	2003		2004		2005	
	没有执照	总收入	没有执照	总收入	没有执照	总收入
Ⅰ. 国家领海						
(i) 沿海捕虾区	204	24480	182	21840	203	24360
(ii) 沿海捕鱼区	48	5760	37	4440	35	4200
(iii) 专属经济区	8	800	10	650	1	69
Ⅱ. 公海						
(i) 类别 A	15	6300	43	5160	48	5760
(ii) 类别 B	3	360	—	—	—	—
(iii) 类别 C	379	15160	531	21240	454	22120
总计	657	52860	803	53330	741	56509

注:类别 A=尼日利亚旗注册船只(在外国海域捕鱼,停靠在尼日利亚的港口);类别 B=外国旗注册船只(受尼日利亚特许,在外国海域捕鱼,停靠在尼日利亚的港);类别 C=直接进口。

沿海传统渔业面临的最严重的挑战是拖网渔船对其法定捕捞范围的侵入。FDF根据有关规定,定期处理冲突事件,并向受害的个体渔民支付赔偿金。多数情况下,拖网渔船会因不负责任的渔业捕捞而被撤销捕捞许可证。经济危机无意中减少了沿海传统渔业资源的压力,运营商可以承受目前的工艺和设备投资成本。

咸水渔业的发展状况并不乐观。由于河口社区缺乏可供选择的就业机会,渔业发展压力非常大。石油污染导致水生生物大量死亡,水生环境受到破坏,使渔业问题进一步复杂化。渔业管理被纳入到一个更广泛的由石油工业带头的区域环境管理计划中。

（四）毛里塔尼亚

毛里塔尼亚海域位于大西洋中东部,海岸线从布兰科海峡到圣路易,全长约700千米,由沙丘带组成,大陆架面积34000平方千米。沿岸有加那利寒流自北向南流动,带来北部的冷水,与由南向北流动的几内亚暖水在布兰科海峡区域混合,形成显著的涌升流[①]。毛里塔尼亚海洋渔业资源丰富,是世界著名的渔场,也是我国在西非的主要入渔国家之一。

毛里塔尼亚自1988年宣布12海里领海、200海里专属经济区,结束"自由捕捞"的局面后,制定了各项渔业管理法规,开始进入国际合作与竞争的新时代。其在大西洋中东部的渔业自2000年才开始快速发展,中间有两次波动,最近几年渔获量直线上升(图3-12)。2000年以来毛里塔尼亚在该海域的主要经济鱼类有沙丁鱼、鲭鱼和凤尾鱼等,近几年沙丁鱼的捕捞量急剧增长,2011年超过16万吨(图3-13)。

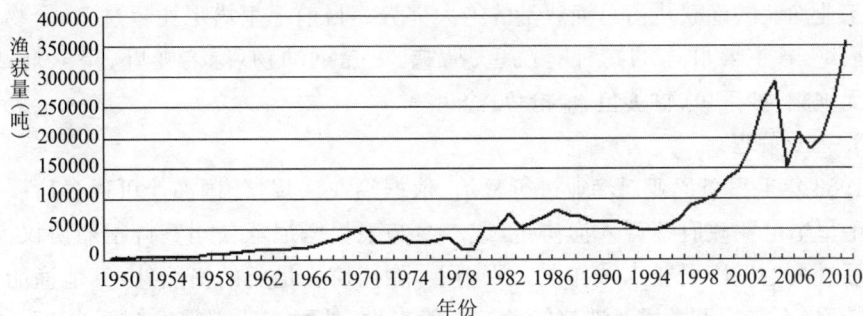

图3-12　毛里塔尼亚在大西洋中东部海域的渔获量变化

1. 海洋渔业分区

海洋渔业分为工业渔业和沿海传统渔业。人工捕捞渔业和水产养殖发展水平较低,不是主要的渔业方式。

（1）工业渔业

工业渔业每年渔获量平均约163610吨,渔获量占生产总额的90％以上,价值总额的约90％。工业捕鱼带来的收入主要是渔业部门收入,对增加就业和创造附加值的影响有限。底鱼捕捞活动主要以食用章鱼或者底栖鱼类、甲壳纲等为目标鱼类。

---

① 韩保平,方海,阮雯:《毛里塔尼亚海洋渔业概况》,载《现代渔业信息》,2011(4),第20—23页。

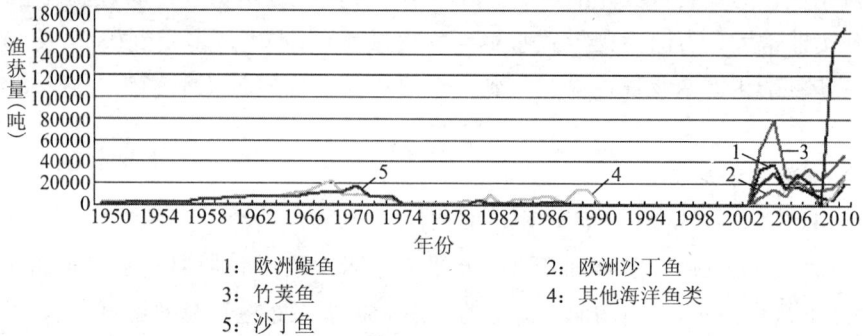

1：欧洲鳀鱼		2：欧洲沙丁鱼
3：竹荚鱼		4：其他海洋鱼类
5：沙丁鱼		

图 3‑13　毛里塔尼亚在大西洋中东部海域各主要经济鱼类的渔获量变化

（2）沿海传统渔业

沿海传统渔业主要源于毛里塔尼亚在双边协定框架内和塞内加尔的一项渔业协定，允许 250 艘木质捕捞船在毛里塔尼亚开展捕捞。沿海毛里塔尼亚人主要采用传统渔业船舶。这些船只使用刺网、延绳钓线、陷阱笼等进行捕捞，位于 20 米深和 6 英里范围内，它们针对的一般是沿海鱼类。

2. 渔获量概况

工业渔业的渔获量占总渔获量的绝大部分。目前毛里塔尼亚超过 72 个物种已濒临灭绝，各主要群体的物种有鱿鱼、乌贼、甲壳纲动物（绿岩龙虾、皇家虾、螃蟹等）、无须鳕、沙丁鱼、竹荚鱼、金枪鱼、鲣鱼等。

3. 渔业管理

1988 年毛里塔尼亚对渔业进行整治，依据渔业法规，外国渔船可通过所属国政府与毛里塔尼亚政府签订入渔协定，或本身与毛里塔尼亚公司签订租船协议，并经登记后进入毛里塔尼亚水域作业。原则上，除捕捞头足类的渔船外，其他渔船都可得到特许，不在毛里塔尼亚港口卸鱼。一般来说，外国渔船都需雇佣至少 35％的毛里塔尼亚籍船员，而且至少允许一名观察员上船执行观察任务。

为确保以租船方式在毛里塔尼亚水域作业的外国渔船能遵守有关渔业规章，1995 年毛里塔尼亚公布了新的海运法典。1995 年后的财政法则纳入了入渔费，规定外国渔船除须交纳合作费用外，尚需依下述标准交纳保证金，并待其作业执照有效期满后，才可退还。依规定，捕捞中上层鱼类渔船的保证金为渔获物价值的 16％；捕虾船的保证金为渔获物价值的 18％；捕捞头足类渔船的保证金为渔获物价值的 20％；捕捞金枪鱼渔船的保证金为渔获物价值的 11％。为了控制渔捞能力过剩，并在不撤销捕鱼权的情况下逐渐降低渔捞能力，毛里塔尼亚还采取了暂停新冷冻拖网渔船的使用、停止渔船的淘汰更换、排除国籍船和未完成规定手续的渔船、禁渔、暂时关闭渔场促进自然养护等措施①。

（五）塞内加尔

塞内加尔位于非洲西部凸出部位的最西端，西濒大西洋，海岸线长度 718 千米，大陆架面积 198000 平方千米。大西洋中东部的辽阔水域有含丰富营养盐的非洲大陆沿岸北赤道海流、加纳利海流和几内亚海流交错经过，是各种鱼类聚集的渔场。因此，塞内加尔的海洋渔业资源非常丰富，尤其盛产小沙丁鱼和金枪鱼。佛得角以北海区主要分布有石斑鱼等底层鱼类，以南海区盛产小沙丁鱼、黄鳍金枪鱼、鲤鱼等。渔业是塞内加尔经济主要支柱之一，是塞内加尔第一大创汇产业，全国就业人口中约有 15％从事捕鱼业，是第二大就业产业。

塞内加尔的渔业是 20 世纪 40 年代末、50 年代初在沿岸发现大群金枪鱼以后才开始发展起来的。1960 年塞内加尔摆脱了法国殖民主义者的统治取得独立后大力制造渔船、改进设备和渔港设施，渔业产量稳步上升。1965～1970 年期间海洋渔业的产量每年以约 10％的速度增长。20 世纪 70 年代以来渔业又有了很大的发展，从 1970 年的 15 万吨增至 1975 年的 36 万吨②。20 世纪 90 年代后期渔业产量逐渐达到峰值，并保持相对稳定。

20 世纪 70 年代以来，塞内加尔不断引入现代化渔船，但沿岸独木舟渔业仍占有重要的地位。1975 年个体渔民 33000 人，这些渔民几乎全部使用独木舟，作业范围不超过近岸几海里。20 世纪 60 年代中期以来，塞内加尔对设备进行更新，动力渔船所占比例从 1965 年的 33％增至 1975 年的 70％，渔获量也有所增长①。

塞内加尔曾与多国签订协议，允许这些国家的少数渔船在塞内加尔 200 海里经济区内捕捞，以换取这些国家对塞内加尔的经济与技术援助。2002 年 1 月，欧盟和塞内加尔政府签署协议，以控制欧盟船只在塞内加尔海域的捕鱼量，并加大欧盟对塞内加尔渔业的投资。

长期以来，塞内加尔丰富的渔业资源为帝国主义所掠夺，塞内加尔政府和人民不断进行斗争。1972 年 4 月塞内加尔政府颁布了关于在领海范围以外建立捕鱼区的法令，规定塞内加尔的捕鱼区为 122 海里，禁止外国船队捕鱼，并于 1976 年宣布 200 海里经济区。该措施旨在保护金枪鱼和小沙丁鱼等资源。

---

① 韩保平,方海,阮雯:《毛里塔尼亚海洋渔业概况》,载《现代渔业信息》,2011(4),第 20—23 页。
② 陈思行:《塞内加尔渔业》,载《水产科技情报》,1978(8),第 25—27 页。

第二节 非洲西南部渔业资源开发

一、非洲西南部海域概况

(一)非洲西南部海域的地理概况

非洲西南部毗邻东南大西洋捕捞区(南纬 6°～50°,西经 20°至非洲西海岸)。大西洋总面积约 1840 万平方千米,大陆架面积不超过 50 万平方千米。圣赫勒拿岛、阿森松岛和特里斯坦-达库尼亚群岛均在其中。近非洲沿岸有本格拉寒流自南向北经过,从而使海水水温降低,寒流流经处往往伴随着上升流,引起近岸下层海水上泛,把底层大量的硝酸盐、磷酸盐等营养盐类带到表层,因此,海水中浮游生物及藻类密度大,有利于鱼类的繁衍,捕捞到的主要鱼类有鲱鱼类、鲹鱼类、凤尾鱼类和金枪鱼等。鲱鱼类和鲹鱼类等大小鱼群每年 3 月至 11 月出现在沃尔维斯港南北近海的水域,此时是捕捞的旺季。渔产除少量供附近市场消费外,大部分制成鱼肉、鱼油和鱼罐头供出口[①]。

安哥拉、纳米比亚、南非是这一海域的主要渔业生产国。南非的渔获量还包括来自西印度洋的一些渔获量,但是扣除现已被认为是本格拉上升流系一部分的厄加勒斯滩,其上岸量只占该海区总上岸量的一小部分,主要渔港有开普敦、卢得立次、沃尔维斯、木萨米迪什、本嘎啦、昂博因等。

(二)非洲西南部海域的重大海洋事件

就海洋学角度来说,大西洋东南部是一个非常多变的动态区域。这些可变性对海洋生物资源有重要的影响,过去的三十年里几件重大的海洋事件影响了几种重要的海洋鱼类的储量。

1.纳米比亚陆架区的低氧水蔓延事件

1993～1994 年在纳米比亚陆架区发生了低氧水蔓延事件,在此期间低氧水覆盖了纳米比亚陆架中部和北部的大部分区域,几乎导致了全部幼年鳕鱼死亡。海底低氧量也影响到之后若干年鳕鱼在纳米比亚陆架区的分布。

2."本格拉尼诺"

另一件对该区域产生影响的海洋学事件是大约每十年一次的"本格拉尼诺"。本格拉尼诺是沿安哥拉和纳米比亚海岸出现的以持久高温为特征的极端增暖事件。这些异常增暖事件造成异常的强降雨和鱼类分布及丰度的大幅改变。本格拉尼诺主要发生在 1934、1949、1963、1984 和 1995 年。1995 年的本格拉尼诺事件不仅引起

---

① 姜忠尽主编:《非洲农业图志》,南京:南京大学出版社,2012 年。

了沙丁鱼种群分布整体向南移动 4°～5°,而且还造成一些小型中上层鱼类的高死亡率和低繁殖率,以这些鱼类为目标鱼类的渔业需采取相应预防管理措施来确保渔业的可持续发展。

在经历一系列海洋事件之后,1999 年 12 月本格拉系统南部经历了一次不同寻常的短时间强烈增暖,2000 年又急速变冷。该变化对当地凤尾鱼储量产生重大影响,但目前尚未发现明确的因果关系。

二、非洲西南部渔业资源开发状况

非洲西南部渔区是自 20 世纪 70 年代早期起产量呈总体下降趋势的一组典型区域。该区域在 70 年代后期产量为 330 万吨(图 3－14),之后的十年内在 230 万吨左右波动。1987 年渔获量为 280 万吨,1991 年突然降到 130 万吨。这主要是由凤尾鱼捕捞量的大量减少和纳米比亚 1990 年获得独立后渔业政策的改变引起的。自那以后,渔获量一直低于 200 万吨,2009 年只有 120 万吨。按照水生动植物的国际标准统计分类(ISSCAAP)来看,该渔区主要捕捞鱼类是鲱鱼、沙丁鱼和凤尾鱼组、混杂中上层鱼类(包括竹荚鱼)组和狗鳕、黑线鳕等鳕科鱼组。这些鱼类在 20 世纪 60 年代到 80 年代期间都承受着巨大的捕捞压力,有时候巨大的捕捞压力造成一些鱼类丰度的大幅下降,进而带来渔获量的减少。

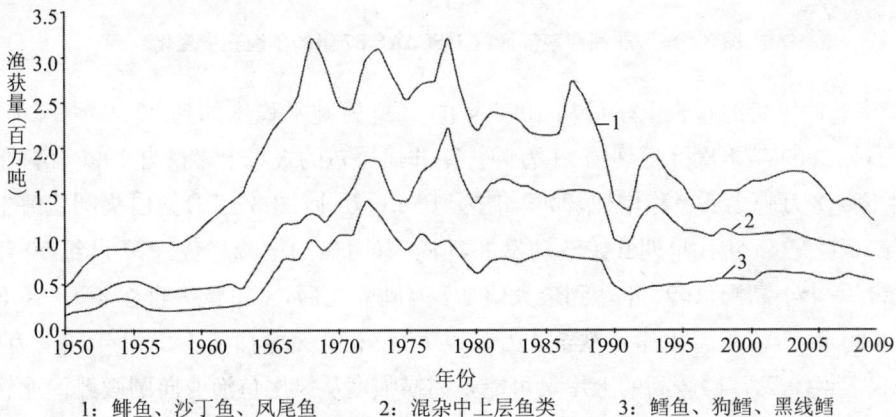

1：鲱鱼、沙丁鱼、凤尾鱼　　　2：混杂中上层鱼类　　　3：鳕鱼、狗鳕、黑线鳕

图 3－14　非洲西南部渔区 FAO 统计区 ISSCAAP 47 组的年渔获量变化

该海域小型中上层鱼类按质量估计,占全部上岸量的比例最高,主要由五个类群组成:南非竹荚鱼、南非沙丁鱼、南非凤尾鱼、小沙丁鱼和白头圆腹鲱。2009 年中上层鱼类上岸量中南非竹荚鱼的比例最高,其次是南非沙丁鱼和凤尾鱼,小沙丁鱼和白头圆腹鲱的上岸量要少很多(图 3－15 和图 3－16)。

角竹荚鱼主要在纳米比亚和安哥拉南部捕获,尤其是在寒冷的季节。库内纳河竹荚鱼是安哥拉的主要捕捞物种,特别是在纳米贝北部。两种竹荚鱼的上岸量自20世纪70年代和80年代中期以来均有所下降(图3-15),主要是由过度捕捞引起的,尤其是在纳米比亚和安哥拉。1989年以后随着前苏联船队的逐渐减少,捕捞死亡率也大幅降低。在此期间上岸量的减少也反映了捕捞强度的减少。自20世纪90年代中期开始,捕捞强度增加,2008年角竹荚鱼的报告上岸量为22.3万吨,是自20世纪70年代中期以来的最低值,2009年则增加到23.3万吨。库内纳河竹荚鱼的报告上岸量自2003年以来在3万吨附近波动发展,2009年大幅降低到1.3万吨。部分原因是安哥拉实行的严格的渔业政策。

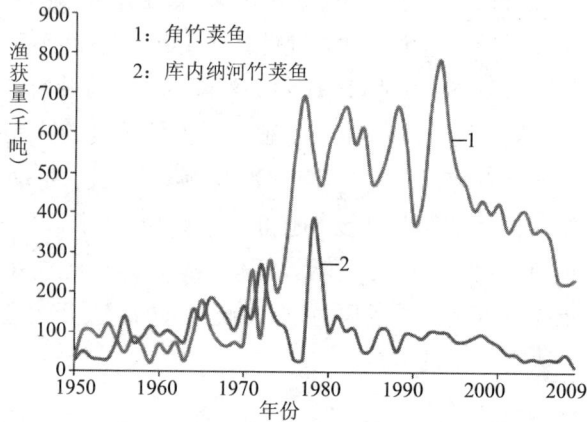

图3-15　非洲西南部渔区 ISSCAAP 37 组的年渔获量变化

　　南非沙丁鱼的报告上岸量从1996年的10.5万吨平稳增加到2004年(峰值)的40万吨,2009年再次降低到约11万吨。南非凤尾鱼的报告上岸量自1996年降低到最小值4.2万吨之后平稳增加,2009年达到26.6万吨(图3-16)。白头圆腹鲱上岸量自20世纪80年代早期开始波动发展,但没有明显的增减趋势。20世纪90年代中期有一个小高峰,1997年达到最大值9.7万吨。之后,上岸量一直在4万~6.5万吨,2000年和2005年上岸量跌至4万吨以下,没有被完全捕捞。1995年(7.9万吨)和1997年(9.7万吨)较高的上岸量可能是捕捞强度从凤尾鱼渔业向圆腹鲱渔业转移的结果,因为目前南非没有对圆腹鲱渔业限定许可总渔获量。

　　该海域底栖渔业的主要类群是南非无须鳕、深水无须鳕、杖鱼、齿鲷等,齿鲷包括安哥拉齿鲷,尤其是大眼齿鲷(图3-17、图3-18、图3-19)。其中,鳕鱼所占上岸量比例最大,在许可总渔获量的管理之下捕捞量有所恢复,自1995年开始一直保持在25万~32.3万吨。尽管南非海域的深水无须鳕和纳米比亚海域的南非无须鳕有一些恢复迹象,目前该渔区的本格拉鳕鱼资源依然处于完全捕捞到过度捕捞状态。杖鱼的上岸量自1997年的峰值开始下降,到20世纪80年代末降到约1.2万吨。

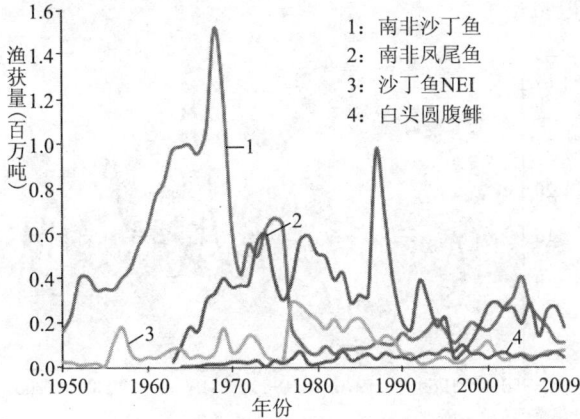

图 3-16 非洲西南部渔区 ISSCAAP 35 组的年渔获量变化

注：NEI=其他处未包含

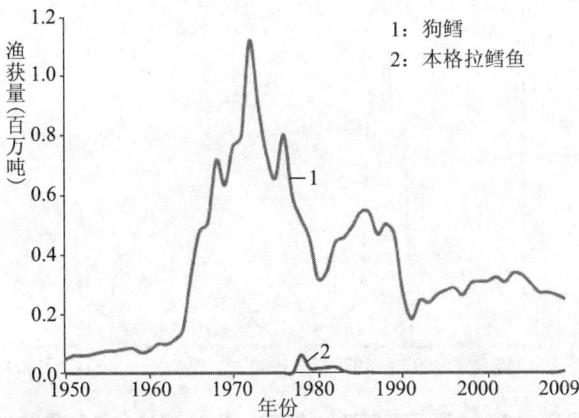

图 3-17 非洲西南部渔区 ISSCAAP 32 组的年渔获量变化

除了以上介绍的主要经济鱼类之外，ISSCAAP Group 33（混杂沿岸鱼类）在该海域占重要地位（图 3-19）。其中，西非石首鱼科（NEI）主要由安哥拉捕获，上岸量在 1998 年开始增加，2002～2009 年上岸量在 2 万吨左右波动。鲷科上岸量在 1966 年达到峰值 6.1 万吨，但之后迅速降低，1970 年之后再没有超过 1.2 万吨。2002 年之后上岸量一直低于 1000 吨。

ISSCAAP Group 38（鲨鱼、鳐形目鱼和银鲛）的渔获量占该渔区总渔获量的比例并不大，但近几年其渔获量迅速增加。2000 年后该群组年上岸量平均 1.75 万吨。主要鱼类有：大青鲨和不确定鲨鱼类、鳐科鱼等。它们的总上岸量在 2007 年达到 2.86 万吨，之后在 2009 年降低到约 1.58 万吨。

最近几年，东南大西洋深水鱼类的捕捞利润巨大，包括美露鳕、金眼鲷和罗非

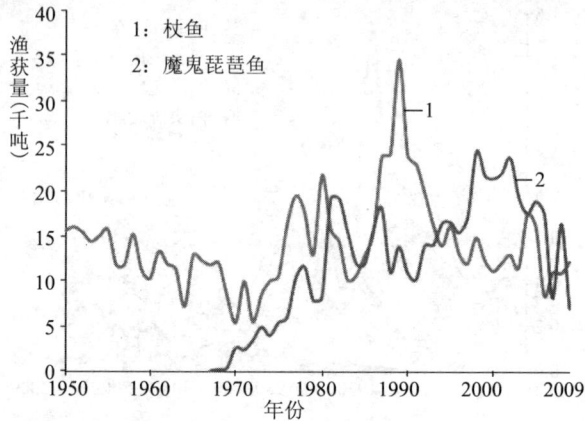

图 3－18　非洲西南部渔区 ISSCAAP 34 组的年渔获量变化

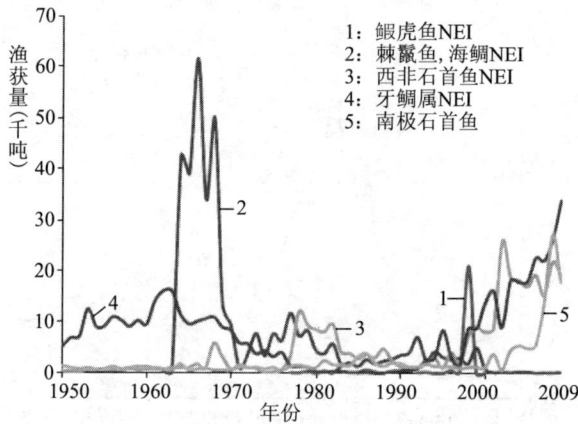

图 3－19　非洲西南部渔区 ISSCAAP 33 组的年渔获量变化

注:NEI＝其他处未包含

鱼,其中美露鳕主要是在南非爱德华王子岛的专属经济区捕捞。金眼鲷的上岸量在 1997 年达到峰值 4000 多吨,但之后有所下降。20 世纪第一个十年年平均上岸量只有约 360 吨,2009 年渔获量约 300 吨。罗非鱼的报告上岸量在 1997 年超过 1.8 万吨,但之后逐渐下降,2005 年为 380 吨,而 2008 年和 2009 年上岸量不足 10 吨。

甲壳纲部分种类支撑起该渔区的渔业(图 3－20)。以红蟹为主的吉里昂蟹主要分布在纳米比亚和安哥拉水域。1993 年吉里昂蟹的上岸量超过 10000 吨,但之后的几年逐渐下降,2000~2008 年年平均上岸量约 3800 吨。甲壳纲动物中上岸量最大的是虾类,尤其是深水玫瑰虾(deep-sea rose shrimp)和条纹红虾(striped red shrimp)。2001 年深水玫瑰虾的上岸量多达 5600 吨,是 20 世纪 90 年代以来的最大值。然而,上岸量在 2005 年降低到 1400 吨,2009 年只有 160 吨,原因可能是实行了严格的渔业管理措施。条纹红虾的变化规律与其相似,2001 年达到 3400 吨,是 1987 年以来的最大值,2005 年上岸量降低到只有 360 吨,2009 年 250 吨。

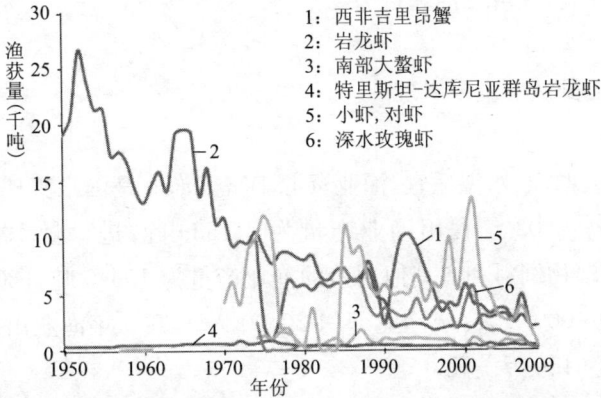

图 3-20　非洲西南部渔区 ISSCAAP 42、43、45 组的年渔获量变化

条纹红虾和南部大螯虾的捕捞均分布在该海区的南部,岩龙虾(cape rock lobster)主要在纳米比亚西海岸和南非进行捕捞,南部大螯虾主要在南非南海岸进行捕捞。岩龙虾的年上岸量在许可总渔获量限制下趋平,在 20 世纪 50 年代年上岸量达到 25000 吨的峰值后平稳下降,稳定在 2500 吨,2009 年上岸量只有 2100 吨。南部大螯虾的上岸量也受到许可总渔获量的限制,20 世纪 90 年代保持在 800~1100 吨。1999 年之后上岸量下降且波动较大,21 世纪第一个十年平均 540 吨,2009 年约 370 吨。

该海区软体动物渔业的主要捕捞物种是南方桃红龙虾(南部大螯虾)和青鲍(佩雷尔曼鲍鱼)。鱿鱼上岸量最大值是在 1989 年(10730 吨),之后上岸量变化很大,1996 年达到峰值 7500 多吨,1992 年降低到 2800 吨(图 3-21),2009 年上岸量为 10100 吨。鲍鱼上岸量自 20 世纪 60 年代中期达到峰值 4000 多吨之后稳步下降,从

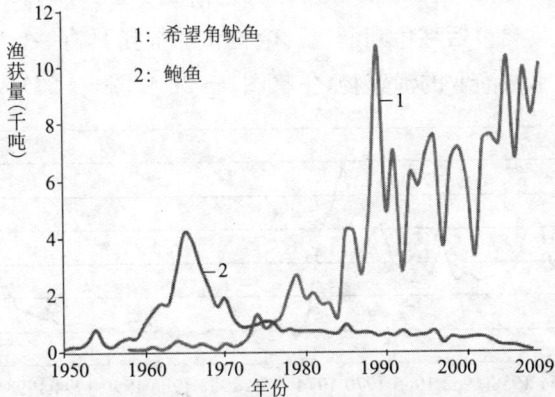

图 3-21　非洲西南部渔区 ISSCAAP 52、57 组的年渔获量变化

20 世纪 80 年代中期到 21 世纪初一直保持在 550～750 吨,2008 年进一步下降到只有 60 吨。种群条件继续令人担忧,非法捕捞严重,2008 年 2 月该渔业捕捞全面禁止,2010 年重新开放,许可总渔获量为 150 吨。

三、主要渔业国渔业发展概况

（一）安哥拉

安哥拉西邻大西洋,水温适宜,渔业资源丰富。渔业是国家支柱产业之一,渔业产量居非洲前列。2003 年食用渔业产量为 211539 吨,进口量 19093 吨,出口量 213199 吨。用作动物饲料和有其他用途的渔业产量为 10640 吨。2004 年工业渔业部门从业人数为 11000 人,传统渔业部门 20500 人。2005 年渔业出口总值 21394.8 万美元,进口总值 6150 万美元。

1. 渔场与渔业资源

安哥拉海岸线长达 1650 千米,北部安哥拉暖流和南部安哥拉寒流在此交汇形成强烈的上涌流,为海洋渔业资源创造了高生产力的生态系统。从洛比托到库内纳河河口地区又名南部渔区,是目前安哥拉所有渔区中生产力最高的渔区,盛产竹荚鱼、沙丁鱼、金枪鱼和包括鳕鱼在内的大量底栖鱼类。中央渔区从罗安达一直到本格拉,主要经济鱼类是沙丁鱼、竹荚鱼和底栖鱼类。北部渔区从罗安达一直延伸到卡宾达,该渔区有大量竹荚鱼、沙丁鱼和少量底栖鱼类。

1975 年以前,安哥拉为葡萄牙殖民地,其渔业捕捞量较大,主要经济鱼类有竹荚鱼、海洋底栖鱼类和沙丁鱼等。1975 年安哥拉获得独立之后实行的一些渔业政策使渔获量有所减少。1977 年安哥拉海洋渔业部门的潜在产量超过 70 万吨/年。2003 年年底栖鱼类的许可总渔获量（TAC）为 5.76 万吨,中上层鱼类为 16 万吨。最重要的经济鱼类是多种多样的海洋底栖鱼类以及包括沙丁鱼和库内纳河竹荚鱼在内的中上层鱼类。深水鱼类包括鳕鱼和鲷属。金枪鱼的捕捞具有一定季节性,同时一些海洋虾也是安哥拉水域渔业的渔获物之一（图 3 - 22 和图 3 - 23）。

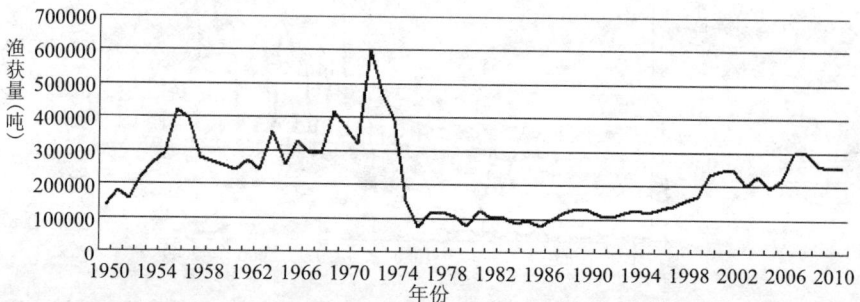

图 3 - 22　安哥拉在大西洋东南部海域的渔获量变化

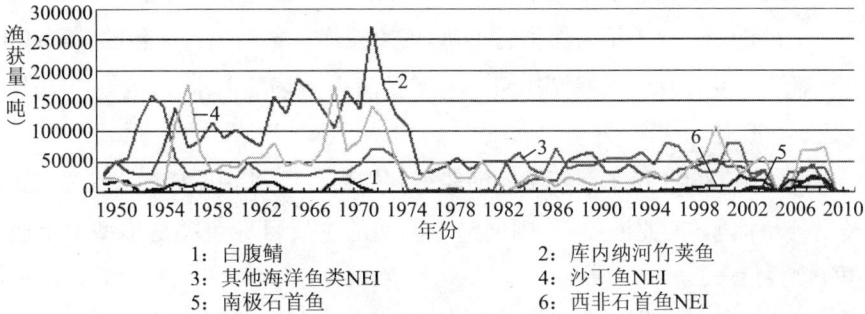

1：白腹鲭　　　　　　　　　　2：库内纳河竹荚鱼
3：其他海洋鱼类NEI　　　　　4：沙丁鱼NEI
5：南极石首鱼　　　　　　　　6：西非石首鱼NEI

图 3-23　安哥拉在大西洋东南部海域各主要经济鱼类的渔获量变化

注：NEI＝其他处未包含

2. 海洋渔业部门

安哥拉海洋捕捞渔业部门又分为工业渔业部门和传统渔业部门。

（1）工业渔业部门

工业渔业部门的主要目标鱼类是竹荚鱼、沙丁鱼、金枪鱼、虾类、深海红蟹、龙虾和其他底栖鱼类。作业船只约有200艘，其上岸量约17万吨。围网和拖网捕鱼最为常见。

过度捕捞和水文条件的改变对上岸量影响很大，据估计，该部门早期的渔获量高达37万吨/年，包括28.5万吨小型中上层鱼类、5.5万吨底栖鱼类和700吨深水虾。2002年资源评估结果显示，沙丁鱼处于适度捕捞状态，而竹荚鱼则受到过度捕捞，储量大减，实施有效的管理措施迫在眉睫。

（2）传统渔业部门

安哥拉拥有一支大型传统渔业船队，2005年海事人员31528人，其中22521人从事传统渔业。渔船数量为3000～4500艘。传统渔业和水产养殖发展研究所（IPA）为罗安达和本格拉附近的传统渔业部门提供相应质量和效益改进计划。

传统渔业活动沿海岸线分散分布，有102个定期登陆点。本格拉和罗安达省拥有最有利的捕鱼区范围，是最有发展潜力的渔业城市。传统渔业发展研究所（IPA）目前正在积极推动该部门的发展，尤其是在提高渔获量和传统渔业团体生活水平方面。传统渔业发展研究所（IPA）调查资料显示，2002年传统渔业的渔获量超过10万吨，几乎是2001年渔获量的两倍。传统渔业也开发珍贵的底栖鱼类，例如，石斑鱼、鲷鱼、石首鱼和大鳌虾等。

3. 渔船类型

➤ 底层渔业：2006年，40艘工业渔船得到批准在安哥拉水域开展捕捞，其中有24艘本国渔船、16艘外籍渔船。深水拖网渔船主要以石斑鱼、鲷鱼、鳕鱼和竹荚鱼等为目标鱼类。近来渔船数量大减,2001 年只有 59 艘渔船在作业中。

➤ 中上层渔业:2004 年为保护竹荚鱼,安哥拉渔业部门出台了新的管理政策,自此该渔业部门再没有发放过捕捞执照。为满足国内市场的需求,政府每年从邻国进口竹荚鱼 50000 吨。

➤ 围网渔业:2006 年 110 艘围网渔船得到捕捞许可,其中 96 艘是本国半工业渔船,9 艘是外籍渔船(工业渔船)。围网渔业渔船的主要目标鱼类是小型中上层鱼类(沙丁鱼、竹荚鱼等)。

➤ 虾渔业:2006 年虾渔业作业渔船共有 29 艘,其中 12 艘是当地渔船,17 艘是外籍渔船。

➤ 金枪鱼渔业:金枪鱼渔业主要是由 16 艘外籍工业渔船在深水开展捕捞。

2004 年渔业总产量超过 23 万吨,其中 10 万吨来自于传统渔业,半工业和工业渔业渔港有四个:纳米贝、本格拉、阿姆博姆港和罗安达。

2002 年开展的一项储量评估显示,小型中上层鱼类(沙丁鱼)储量丰富,而竹荚鱼的储量已达到过度捕捞的临界值,急需有效资源管理措施的干预。

4. 海洋渔业资源利用

海洋渔获物总量(2000 年 20 万吨)的约 70%以鲜鱼或冷冻鱼的形式在国内市场销售,20%通过位于南部省份(罗安达、纳米贝、本格拉和南宽扎)的腌制和干燥工厂加工处理。只有少量渔获物转化成鱼粉和鱼油,与渔业产品加工销售有关的活动大部分由女性负责。金枪鱼和沙丁鱼罐头加工业目前发展水平较低。冻鱼多产自罗安达沿岸的工业冷冻渔船。

传统渔业的渔获物多在岸边出售给少数负责为鱼市或加工厂送货的商人(女性为主)。城市和乡镇周边有很多大型市场,居民也多在此购买水产品。安哥拉主要的渔业产品市场位于罗安达、本格拉和纳米贝三个省份,主要销售鲜鱼、鱼干和腌制鱼。安哥拉渔业市场的发展受到了长期内战的严重影响,渔业生产缺乏管理,但目前已有较大提高。

安哥拉水域的渔业主要是外籍渔船开展捕捞,这些外籍渔船主要来自中国、韩国和西班牙。他们通过租赁渔业捕捞权或者与安哥拉企业合资,开发安哥拉水域的渔业资源。

国内渔业产量只有 5%出口到国外市场。其中深水虾主要出口到西班牙,高价白鱼的出口则以欧盟国家为主。近年来安哥拉渔业产品出口国又增加了法国和日本、韩国、香港等亚洲国家和地区。面向出口的加工生产公司非常少,大部分用于出口的渔获物都是在船上直接冷冻,然后运送到国际市场。

安哥拉出口到邻国尤其是刚果共和国、赞比亚和纳米比亚的渔业产品为鱼干和熏鱼,然而由于非正式贸易的存在,出口量难以估计。2004 年安哥拉渔业部门出台新的管理措施来保护竹荚鱼,在此背景下,2006 年安哥拉从南非、纳米比亚、毛里塔尼亚和智利等国进口的竹荚鱼量达 26806 吨,主要进口水产品为甲壳动物、乌贼和冷冻鱼。最近十年,虽然安哥拉渔业受到内战影响,但其进出口渔业一直呈上升趋势。

5. 行业现状及发展前景

2005 年安哥拉渔业和农业产品对国内生产总值(GDP)的贡献约占 15.6%,2006年约 21.1%,仅次于贡献约 50%的石油产业。此外,安哥拉渔业在提供就业、提高收入以及促进社会经济的健康发展等方面的贡献也不可小视。目前安哥拉国内渔业产品消费量为平均每人每年 15 千克,高于世界卫生组织推荐的 14 千克,人口所需动物蛋白的 1/3 来自渔业产品。从长远角度来看,渔业部门的任务是在未来几年通过工业、传统渔业和水产养殖业部门的可持续发展提高渔业部门的就业量。

安哥拉已制定了小型渔船及废弃渔船的翻新投资计划,但其国内基础设施建设(港口水电及通讯设施和金融服务)资金投入不足,渔业培训不足,目前国内只有一所中等水平的学校。渔业部门计划在多个省份建立渔业培训学校。2005 年 6 月安哥拉与纳米比亚就渔业和水产养殖业的培训合作签署了双边协定。纳米比亚为安哥拉渔民、渔业观察员和水产养殖技术人员提供相应培训,所有课程均被授予国际公认的证书。

(二)纳米比亚

纳米比亚西濒大西洋,海域面积约为 20 万平方千米,受南大西洋寒流影响,渔业资源丰富,是世界上最重要的幼鱼产地之一。每年捕捞上岸 20 多种重要的商业鱼类,可持续产出量达 150 多万吨。商业捕捞和鱼类加工业是纳米比亚稳定就业率、出口创汇和 GDP 增长的重要保障。海洋捕捞业是纳米比亚第二大出口创汇的产业,GDP 贡献率排名第三。2005~2008 年纳米比亚从捕捞和船上加工业收入以及岸上加工业收入两方面统计了捕捞业对 GDP 的贡献(表 3-5)。

表 3-5 捕捞业对 GDP 的贡献 (单位:兆纳元)

项 目	2005 年	2006 年	2007 年	2008 年
捕捞和船上加工业收入	1932	1948	2330	2116
岸上加工业收入	477	657	902	1066
总 计	2409	2605	3232	3182
占 GDP 的比例(%)	5.2	4.8	5.3	4.7

1. 渔业资源

纳米比亚主要捕捞种类有沙丁鱼、凤尾鱼、无须鳕和竹荚鱼,除此之外还有较少量的舌鳎、深海蟹、龙虾和金枪鱼等①。在独立之前,丰富的渔业资源对该国的经济发展并没有多少助益。独立后,该国渔业部门从外国人经营转为由本国国民所掌握,纳米比亚成立了渔业管理机构——渔业与海洋资源部,制订了以捕捞权为基础的渔业管理制度,从而有效地保护和利用了本国的渔业资源,使其渔业得到快速发展(图3-24),渔业成为该国的第二大经济产业,仅次于采矿业。

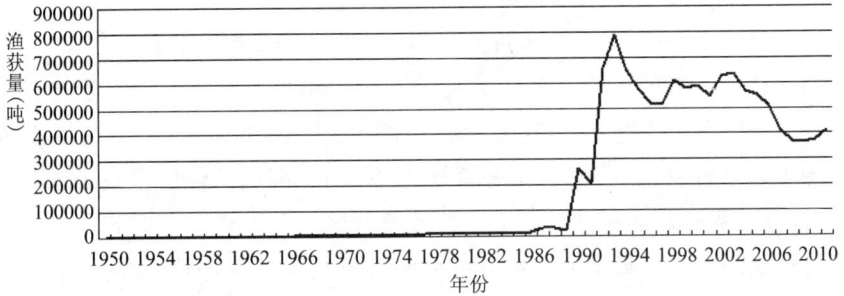

图 3-24 纳米比亚在大西洋东南部海域的渔获量变化

2. 海洋渔业

目前,大多数鱼种资源处于不稳定状态,竹荚鱼的捕捞量在20世纪90年代初迅速增长到近50万吨,由于过度捕捞,2006年后储量迅速下降到濒临灭绝的境地(图3-25)。政府对沙丁鱼资源储量状况相当关切。该资源由于1993年和1995年间受不利环境(本格拉尼诺)以及独立前过度捕捞的负面影响,20世纪90年代处于严重衰退期。2001年对该资源的评估表明,沙丁鱼不到10万吨。渔业和海洋资源部为了重建资源,决定于2002年把该资源捕捞配额设定在零。2003年10月,对寿命短的成鱼进行评估,结果表明其已上升到30万吨。目前,渔业和海洋资源部正努力重建资源,并集中发展水产养殖业和高附加值水产品的生产。

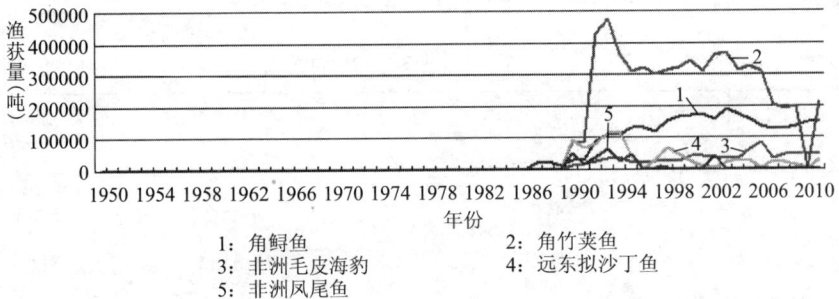

1:角鳕鱼   2:角竹荚鱼
3:非洲毛皮海豹   4:远东拟沙丁鱼
5:非洲凤尾鱼

图 3-25 纳米比亚在大西洋东南部海域各主要经济鱼类的渔获量变化

① 王佳迪,李天,于瑞,李应仁,李继龙:《纳米比亚渔业现状、问题和建议》,载《世界农业》,2012(1),第86—90页。

竹荚鱼是纳米比亚在数量上占优势的鱼种。该鱼脂肪含量占体重的 3%～8%，属保健和营养丰富的鱼类，也是本地区众多国家的主要食物来源。无须鳕产品品质高，在欧盟和国际其他市场的需求量日益旺盛。

大西洋胸棘鲷(Hoplostethus atlanticus)是纳米比亚另一主要海洋资源，数量稀少，是纳米比亚出口的高价产品。1994 年开发该资源以来，纳米比亚已成为该类水产品的全球第二大供应国，但近年来该鱼种渔获量呈下降趋势[①]。

3. 渔业管理

过去，纳米比亚的渔业资源主要被欧洲和亚洲的捕捞船队大量捕捞，过度捕捞非常严重。独立后，新政府着手设立渔业管理机构——渔业与海洋资源部，并拟定政策目标和广泛的策略，实行资源管理体制，配合高效且经济的监测、监控和监督系统，使纳米比亚的渔业资源得到恢复。

纳米比亚国会于 1990 年颁布了《纳米比亚领海与专属经济区法》，强调渔业的重要性。1992 年，国会通过了《海洋渔业法》，紧接着签订了许多国际渔业公约、协定和协议。2001 年颁布的《海洋资源法》把捕捞权或开采权作为整个渔业管理的核心。对捕捞权进行管理是为了对渔业捕捞加以限制，以保护渔业资源并使其维持在可持续生产的状态。所有渔船必须取得执照，方可在纳米比亚 200 海里专属经济区水域内从事商业捕捞作业。入渔费是政府的收入，并作为用于养护和奖励的经费，其最重要的收费来自配额费用。卸鱼费也是政府征收的一部分费用，作为海洋资源基金，用于渔业研究和培训。

为确保渔业可持续发展，每一主要鱼种均设许可总渔获量(TAC)，其核定数量以渔业部门科学家的建议为基础。许可总渔获量以配额方式分配给每一渔业捕捞权持有人，配额是不可永久转让的[①]。纳米比亚不实行渔业补贴，而是采用以捕捞权利为基础的渔业管理制度，结合有效的与社会经济价值相当的检测、监控和监督系统，完全改变了过去外国籍渔船在纳米比亚非法捕鱼和不受监控的局面，从而使执照渔船高度遵守其相关规定。

(三) 南非

南非陆地面积为 1219912 平方千米，大陆架面积 1839582 平方千米，国家渔业面积(爱德华王子岛除外)为 688926 平方千米。南非境内有热带和温带水域，渔业资源非常丰富，是各种深水、中上层和近岸鱼类、甲壳类和藻类的栖息地，其中有许多种可进行生产性捕捞。南非海岸线长约 2798 千米，西起纳米比亚边界上的奥兰治河，东到毗邻莫桑比克的蓬欧鲁普雷。西部沿海大陆架与世界上其他上涌带生态系统一样，具有很高的生产力，而东海岸生产力相对较低，但具有较高的物种多样性，包

---

① 韩保平:《纳米比亚渔业现状》，载《中国渔业经济》，2009(3)，第 124—128 页。

括本地物种和印度洋-太平洋地区的物种。

2003 年食用鱼的产量为 41.62 万吨,出口量 4.42 万吨,进口量 15.14 万吨。动物饲料和其他用途的鱼类产量为 25.78 万吨,出口量 6.44 万吨,进口量 9.96 万吨。2003 年初级渔业部门(包括水产养殖业)的就业量为 16854 人,次级部门的就业量为 27730 人,其中包括传统渔业、自给型渔业、办工业化渔业等,休闲渔业的从业人员多达 60 万人。据悉,2003 年南非渔业的进口总额为 79606000 美元,进口总额为 395004000 美元。

从 2003 年到 2005 年底,随着国内对中期渔业权问题的争论,南非渔业发生了巨大变化。目前南非现行的渔业权分配制度旨在更新大多数渔业部门 10~15 年不等的渔业权。然而,在南非的国民经济中,渔业仍然是一个相对较小的部门。据估计,南非整个渔业(2003 年)每年对国内生产总值(GDP)的贡献约为 4.04 亿美元,约占国内生产总值(GDP)的 1%。南非渔业的发展受到自然生产能力和海洋生物资源可持续性的影响。

1. 捕捞能力

目前活跃在南非渔业部门的大量渔船均已超过其使用寿命(一般为 30 年),许多新船正在建造中。南非引进了渔船操控系统,渔船持有人必须查验好各部门的新船数量,一般来说,新船只能一对一替换任一部门现有的旧渔船,而不允许被替换渔船再回到其作业的部门。

在鳕鱼拖网渔业中活跃的渔船约有 100 艘,其中 65 艘在离岸部门,另外 30 艘较小的拖网渔船在近岸拖网渔业部门捕捞捕鳕鱼和鳎鱼。鳕鱼延绳钓渔业部门约有 150 艘活跃的渔船,这些渔船有时也在其他部门例如金枪鱼和岩龙虾渔业部门作业。以中上层鱼类为目标鱼类的拖网捕捞渔业部门作业渔船是由小型木船和大型钢船组成的混合船队,约有 60 艘。其他部门的离岸渔船包括小型对虾拖网渔业(4 艘)、南部海岸龙虾渔业(6~8 艘)、鲨鱼延绳钓渔业(约 6 艘渔船活跃)和金枪鱼延绳钓渔业(50 艘作业船只,其中 12 艘是外来延绳钓渔船,其余均是本地渔船)。近海渔业部门有大量的渔船,且类型多样。包括用于鱿鱼捕捞业的 138 艘大型平台艇、西海岸 200 多艘岩石龙虾船和手钓丝渔业的 400 多艘商业渔船(该数据不包括成千上万的休闲渔船)。

2. 海洋渔业发展概况

南非近海渔业的主要类型包括离岸底拖网渔业部门、小型近岸底拖网部门、水底鳕鱼延绳钓渔业部门、上层金枪鱼和箭鱼延绳钓渔业部门、中层拖网渔业部门和以小型中上层鱼类尤其是沙丁鱼和凤尾鱼为目标鱼类的大型围网渔业部门。

南非在大西洋东南部沿岸的渔获量在 20 世纪 60 年代末达到峰值 220 万吨,之后在波动中逐渐下降(图 3-26)。其中沙丁鱼在 20 世纪 80 年代以前捕捞量较高,

20世纪80年代后捕捞量一直处于较低水平。凤尾鱼在所有鱼类中渔获量也较高，但在90年代后渔获量也有所降低(图3-27)。

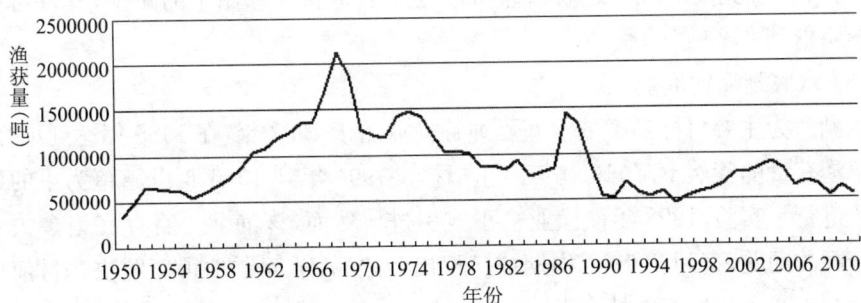

图3-26　南非在大西洋东南部海域的渔获量变化

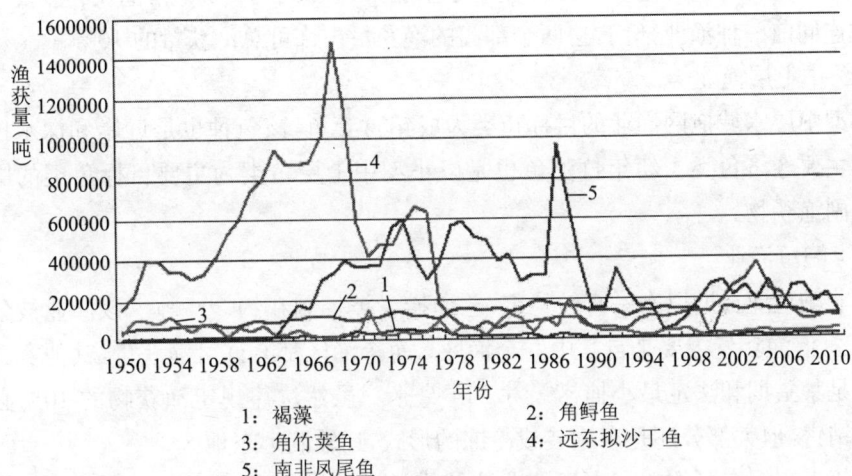

1：褐藻　　　　　　　　　　2：角鲟鱼
3：角竹荚鱼　　　　　　　　4：远东拟沙丁鱼
5：南非凤尾鱼

图3-27　南非在大西洋东南部海域各主要经济鱼类的渔获量变化

(1) 底层底拖网渔业

南非最有商业价值的渔业是以鳕鱼为主要目标鱼类的底层渔业,捕捞方式多为深水拖网捕鱼。该渔业开始于20世纪早期,二战后迅速发展起来,70年代初期渔获量达到30万吨的峰值,之后开始下降。该变化趋势也促成了最小网格尺寸的增大和200海里渔业区的确立。鳕鱼的许可总渔获量(TAC)从1983年的12万吨增至1996年的15万吨。2005年,许可总渔获量达到15.8万吨。该部门的股东也从1984年的4人增加到现在的53人。

(2) 底层近海拖网渔业

底层近海拖网渔业主要在南部海岸厄加勒斯浅滩水深小于110米的水域开展作业,渔船主要由一些以鳕鱼为目标鱼类的小型侧拖网渔船构成。该渔业渔获量只占国家鳕鱼总渔获量的 6%，但却是鳎鱼的主要来源。鳎鱼上岸量虽只占底层总渔获量的 0.5%，但却是南非目前长须鲸中最珍贵的物种。1978 年，许可总渔获量为 700吨，1983 年增加到 950 吨。之后因捕捞数据的积累和资源储量的减少，其许可捕捞量逐渐降低到 872 吨。

（3）水底延绳钓渔业

以鳕鱼为主要目标鱼类的水底延绳钓渔业始于 1982 年，在 1985 年达到顶峰，之后由于渔获量的骤然下降，1990 年停止捕捞。1994 年到 1996 年以鳕鱼为主的延绳钓渔业进行了实验，1998 年该渔业被正式引进。然而，该渔业一直存在诸多关于捕捞权分配的问题，直到 2002 年中期捕捞权出台之后，该问题才得以解决。目前该渔业部门有 150 个捕捞权限持有者。

以鳕鱼为主的另一种延绳钓渔业在南部海岸也有分布。该渔业部门共有渔船约 70 艘，均为在小型海港和海滩作业的小型船只（总长小于 15 米），渔获物主要用于出口。连同前一种渔业部门，这两个部门的渔获量占许可总渔获量的 10%。

（4）中上层渔业

小型中层水域拖网渔业的目标鱼类为成年竹荚鱼，该鱼种也是近岸和深水拖网渔业的主要经济鱼类。幼年竹荚鱼也是以小型中上层鱼类为主要目标鱼类的围网渔业的副渔获物。

（5）鲍鱼渔业

南非鲍鱼业长期以来一直较稳定，总捕捞量被控制在约 500 吨。该渔业被分为7 个渔区，但渔获量主要来自其中 5 个渔区。每个渔区都有许可渔获量，其他资源保护措施是禁猎期和法定最小捕捞尺寸 114 毫米。虽然法律规定渔获物的 10% 必须在南非销售，但大部分还是以罐装或冷冻的形式，运输到远东地区。

近年来利润丰厚的远东市场使非法捕捞活动越来越猖獗，同时，休闲潜水者越来越多。由于非法捕捞和鲍鱼生物量的急剧减少，2003 年休闲渔业被禁止，商业渔业的渔获量也大幅下降，2004 年许可渔获量只有 237 吨。该部门也在 2003～2004年将捕捞权限更改为 10 年。

（6）延绳钓渔业

南非延绳钓渔业有三个主要组成部分：鳕鱼延绳钓渔业、金枪鱼渔业及一般的休闲和商业延绳钓渔业。

南非是国际大西洋金枪鱼委员会（ICCAT）的成员国，其商业金枪鱼捕捞开始于1960 年，主要是利用诱饵对长鳍金枪鱼和部分黄鳍金枪鱼进行捕捞。南非每年金枪鱼渔获量约为 4000～6000 吨。该渔业有一定季节性，鱼汛期在每年的 9 月到第二年3 月。目前大西洋长鳍金枪鱼捕捞量已超过 25000 吨的最高持续产量。

南非 20 世纪 60 年代后期和 70 年代早期商业延绳钓渔业的渔获量达到 1.8

万~2万吨的峰值,之后平稳下降,到1985年降到7300吨。随着更小更快更便捷的滑水艇逐渐代替早期延绳钓渔船,捕捞力量增加。新型渔船使渔民可以将捕捞力量集中到鱼类更多的地方,并对沿岸的迁移鱼种进行跟踪捕捞。这使得储量逐渐下降的鱼类资源面临更大的捕捞压力,逐渐下降的渔获量和所捕鱼类的平均尺寸的减小使得对渔业资源的保护变得刻不容缓。1984年南非海洋延绳钓渔业管理协会成立,现在管理措施包括限制最小捕捞尺寸、渔获量大小,设立禁渔期和禁渔区,但是随着渔民数量的不断增加,渔获率持续下降。该渔业部门宣布出现危机后,有关部门不得不采取相应措施保护渔业资源。2003年中期渔业捕捞权发放后,该部门渔民数量大减,目前共有450艘渔船和3450个渔民。

目前金枪鱼、鲨鱼和箭鱼延绳钓渔业是正在发展中的渔业部门,每年发放130份许可证,早年都是被外籍渔船所(大多数来自日本和中国台湾)收获。外籍渔船队金枪鱼的延绳钓捕捞已被终止。一段实验捕鱼期后,南非在2004年11月授予国内捕捞权限持有者对金枪鱼和箭鱼的共50项长期捕捞权。目前这些捕捞权大多是被外籍渔船与南非国内长期捕捞权持有者以合资的形式使用。

小规模鲨鱼延绳钓渔业已被整合到大规模以中上层鱼类为目标鱼类的延绳钓渔业部门。2006年,上层鲨鱼延绳钓权限被终止,但允许小规模深水鲨鱼延绳钓渔业。

3. 渔业现状与发展前景

自南非获得独立并逐渐向新型民主国家过渡起,渔业发展也表现出一些不稳定性。这些不稳定性来源于改革过程中新成员(历史上处于弱势地位的人)的加入和原有成员权限的削减。

1994年南非获得独立后即开始实行部分渔业政策,1998年9月南非颁布新海洋生物资源行为准则(有效地取代了旧的海洋渔业法案)和一套新的渔业法规。随着相关法规的实行,南非渔业取得显著发展。各个渔港逐渐引进新型路基上岸量监控系统,所有近海渔业逐渐建立以收集科学数据为主的海基观察员计划。2005年上半年南非发布包括一般性政策和特定部门法规在内的一系列新政策,这些政策作为长期渔业权实施的指导方针,为其决策和分配提供基础。此外,其主要内容还包括中长期渔业捕捞权等,并制定了严格的评估标准以及船只和管理措施(如渔业生态系统方法)的具体标准。

至于渔业储量状况,虽然近年来捕捞合规性和检举率有所提高,但鲍鱼和岩龙虾的非法捕捞仍然是关注重点。其他部门例如鳕鱼延绳钓渔业,过去也一直倍受关注,但目前已趋于稳定,并全部纳入南非海洋资源的综合管理中。

2006年南非发放了长期渔业权益,多家公司开始合并,为南非未来渔业的管理和发展奠定了坚实基础。一个值得关注的问题是捕捞权持有者的增加,产业转型预计将在促进渔业管理和捕捞合规性方面更具备政治和社会经济的优势。此外,为加强越境渔货(例如鳕鱼和金枪鱼)区域管理,南非制定了详细的区域计划并开展了相关海洋科学研究。本格拉大海洋生态系统规划(BCLME)和一个区域海洋培训计划(BENEFIT)目前已颇具规模,为渔业管理提供了重要的帮助。

第三节 非洲东部渔业资源开发

一、非洲东部海域概况

非洲东部毗邻西印度洋捕捞区(苏伊士运河至南纬50°,非洲东海岸至东经80°),海域表面积3000万平方千米,6.3%为大陆架。不同区域海洋和渔业资源特征显著不同,阿拉伯海域西北部受东南信风和西南信风的影响,西北阿拉伯海包括附近的持续上升流海域(阿曼沿海),生产力极高,还拥有季节性上升流海域,在上升流期间,生产力较高。季风产生的上升流扩大到印度西部沿海。波斯湾狭窄封闭,水温和盐度较高,具有渔业特点,而红海狭窄的大陆架和自然环境也造就了该地区独特的渔业地位。亚丁湾和索马里沿海也是由季风产生上升流的海域,季风期期间生产力高。该海域还拥有一些小型海洋岛屿。塞舌尔、毛里求斯和科摩罗拥有反映海洋或接近海洋特点的特色渔业,再向南,南非拥有温带和亚南极性质的渔业。

该地区沿岸有许多岛屿和珊瑚礁,对于深海捕捞有较大的阻碍,因此,捕捞仅限于近海或者浅水海湾,捕捞量低。此处捕捞的主要鱼类有鲱鱼类、马鲛鱼类、金枪鱼类,还有海洋甲壳类,即海虾类和海贝类等。这里聚集着很多海龟,但由于人类的破坏和环境污染,海龟日益减少,当地政府为保护海龟,提出了许多建议,并颁布了一些法规。这里还有许多渔产品加工业,制作一些珍珠项链、装饰用的海贝壳和海龟壳等[①]。

鱼类经过日晒或低温烘干,磨成鱼粉装包出口,有的制成干鱼、咸鱼和熏鱼出口,还有一些量小利大的干制海翅、海参等特产远销远东和欧美市场。

主要的渔港和鱼类加工中心有吉布提、摩加迪沙、蒙巴萨、桑给巴尔、达累斯萨拉姆、纳卡拉、贝拉、马普托和马任加。

二、非洲东部渔业资源开发状况

20世纪50年代西印度洋的年渔获量约为50万吨,2006年达到峰值420万吨,

---

① 姜忠尽主编:《非洲农业图志》,南京:南京大学出版社,2007年。

过去几年略有回落。最近的评估结果显示,红海、阿拉伯海、阿曼湾、波斯湾以及巴基斯坦和印度沿海的洄游物种康氏马鲛被过度捕捞。该区域产量数据往往不足以用于种群评估。2010 年以来,西印度洋的总渔获量又出现增长。渔获量增长最快是在 20 世纪 80 年代中期至 90 年代。

按照水生动植物的国际标准统计分类(ISSCAAP)来看,混杂沿海鱼类组(ISS-CAAP 33 组)、金枪鱼及长嘴鱼组(36 组)和不确定海洋鱼类组(39 组)的增长最为显著。以平均渔获量为基础,混杂沿海鱼类组(ISSCAAP 33 组)所占比例最大,为西印度洋总渔获量的 20%(图 3 - 28)。该组主要是石首鱼等,渔获量在 20 世纪 70 年代中期出现跳跃,80 年代中期到 90 年代中期迅速增加。1999 年渔获量达到峰值 30 万吨,之后到 2009 年直线降低到 20 万吨(图 3 - 29)。33 组中第二大鱼种是龙头鱼,该物种的上岸量在 20 世纪 50 年代中期、70 年代、90 年代末期和 21 世纪呈现阶梯式增长。2009 年渔获量为 16 万吨。

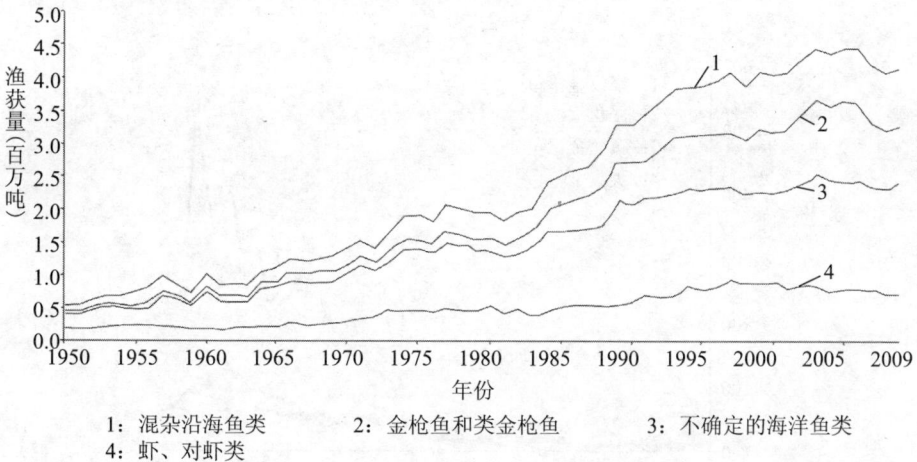

1:混杂沿海鱼类　　　2:金枪鱼和类金枪鱼　　　3:不确定的海洋鱼类
4:虾、对虾类

图 3 - 28　非洲东部渔区 FAO 统计区 ISSCAAP 51 组物种的年渔获量变化

金枪鱼和类金枪鱼(ISSCAAP 36 组)是西印度洋渔获物中的第二大组,占总渔获量的约 17%(图 3 - 30)。鲣鱼、黄鳍金枪鱼、大眼金枪鱼和窄纹金枪鱼是主要捕捞鱼种,其中鲣鱼的渔获量最大,2006 年为 50 万吨,2009 年降至 30 万吨。黄鳍金枪鱼和大眼金枪鱼的渔获量变化趋势相似,分别在 2003 年和 2004 年达到峰值,到 2009 年减少 40%～50%。印度洋金枪鱼委员会(IOTC)对金枪鱼捕捞量进行定期评估,发现在一些国家的小规模和传统渔业的金枪鱼捕捞量并没有得到良好的监测评估,印度洋金枪鱼委员会目前已采取相应措施来帮助这些国家完善捕捞数据。

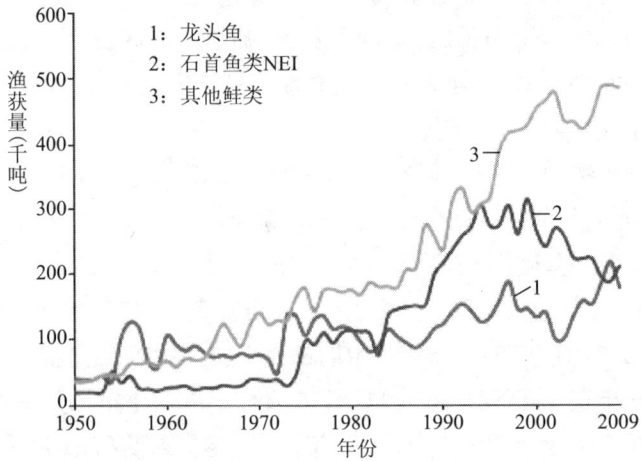

图 3－29　非洲东部渔区 ISSCAAP 33 组的年渔获量变化

注:NEI＝其他处未包含

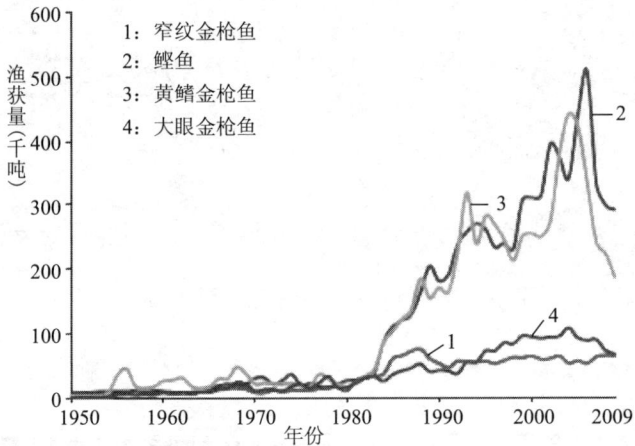

图 3－30　非洲东部渔区 ISSCAAP 36 组的年渔获量变化

　　不确定的海洋鱼类(ISSCAAP 39 组)渔获量占西印度洋总捕捞量的 16%。35
组(鲱鱼、沙丁鱼和凤尾鱼)为 15%,所占比例较小。长头沙丁鱼是 35 组主要捕捞鱼
类,1965～1995 年间的年平均渔获量约为 20 万吨,最近 10 年渔获量增加到约 30 万
吨(图 3－31)。鲱鱼科(NEI)是第二大物种,20 世纪 50 年代早期渔获量不到 2 万
吨,70 年代早期增加到 6 万吨。70 年代末有所下降,80 年代又迅速恢复,1992 年渔
获量达到近 15 万吨的峰值。2009 年回落到 6 万吨。鲐鱼捕捞量变化趋势不明显,
但多年来波动较大,20 世纪 90 年代中期渔获量达到最大值 30 万吨。

　　小虾及对虾(45 组)渔获量占西印度洋总捕捞量的 9%,该组主要捕捞物种是

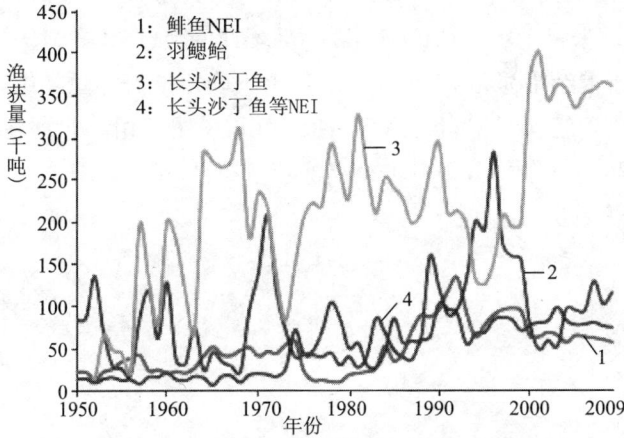

图 3-31　非洲东部渔区 ISSCAAP 39 组的年渔获量变化

注:NEI＝其他处未包含

Natantian decapods(NEI)、草虾、Parapenaeopsis shrimps (NEI)和 Panaeus shrimps (NEI)。Natantian decapods (NEI)捕捞量从 20 世纪 60 年代末的 5000 吨迅速增加到 20 世纪 70 年代的 20 万吨,2009 年降低到 10 万吨(图 3-32)。草虾渔获量记录自 1990 年开始,1995 年达到峰值 20 万吨,2009 年为 10 万吨。Parapenaeopsis 和 Panaeus shrimps 也是该组重要的捕捞物种,历史捕捞最大值分别为 2 万吨和 1 万吨(图 3-32)。然而,这两个物种的渔获量在 1990 年后均出现下降,2009 年的渔获量只有 20 世纪 80 年代和 90 年代捕捞高峰期的一半。

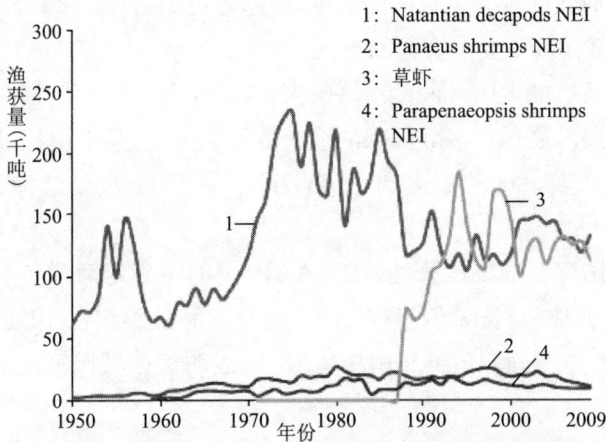

图 3-32　非洲东部渔区 ISSCAAP 45 组的年渔获量变化

(1) 红海和亚丁湾海域

红海和亚丁湾海域 1950 年渔获量低于 5 万吨,但到 2004 年渔获量平稳增长 6

93

倍达到 35 万吨,之后则大幅下降,2009 年只有 20 万吨(图 3‑33)。在红海和亚丁湾,渔获量的 35%来自于水生动植物国际标准统计分类(ISSCAAP)中的混杂远洋鱼类组,19%来自于混杂沿海鱼类组,12%来自于不确定的海洋鱼类组,11%来自于金枪鱼、鲣鱼和长嘴鱼组,6%来自于鲱鱼、沙丁鱼和凤尾鱼组。非洲在该渔区最大的渔业国是埃及,2000 年创下 8 万吨的最高渔获量纪录。

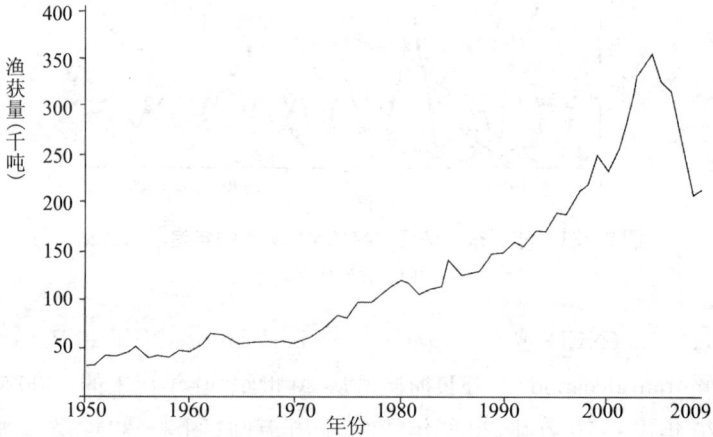

图 3‑33　红海和亚丁湾海域年渔获量变化

红海沿岸渔业管理薄弱,大量小面积拖网捕鱼的存在和有效管理制度的缺失使得该地区的渔业资源很快被充分捕捞或过度捕捞。该渔区渔业市场发达,非洲国家中埃及高价位鱼类畅销,小型中上层鱼类市场需求量少,因此,捕捞量也越来越小。随着在该地投资渔业的东欧运营商的减少,该趋势更加明显。

(2)西南印度洋渔业委员会管辖地区

从南非到索马里的大西洋西部沿海国家在 20 世纪 50 年代几乎没有海洋渔业,总渔获量仅 30 万吨,之后大多数国家的渔获量平稳增长,其中增长最快的阶段在 80年代到 21 世纪早期,2005 年达到了 40 万吨,其后的四年总渔获量下降 10%(图3‑34)。

水生动植物国际标准统计分类(ISSCAAP)中的不确定海洋鱼类组占总渔获量的 45%,金枪鱼、狐鲣鱼、长嘴鱼组占 21%,混杂沿海鱼类组占 10%,小虾和大虾组占 8%。总渔获量中不确定鱼类比例高达 45%,表明该区域国家渔业捕捞数据的质量很差。

马达加斯加和塞舌尔是非洲东部渔区渔获量最大的国家,2009 年渔获量分别为12 万吨和 10 万吨。它们的渔获量比该区域其他国家要大很多,其次为坦桑尼亚(5万吨)和索马里(2.7 万吨)。该区域国家之间的渔业发展趋势显著不同,主要分为三类:像科摩罗、马达加斯加、莫桑比克和索马里已十多年没有进行渔业评估,其渔业

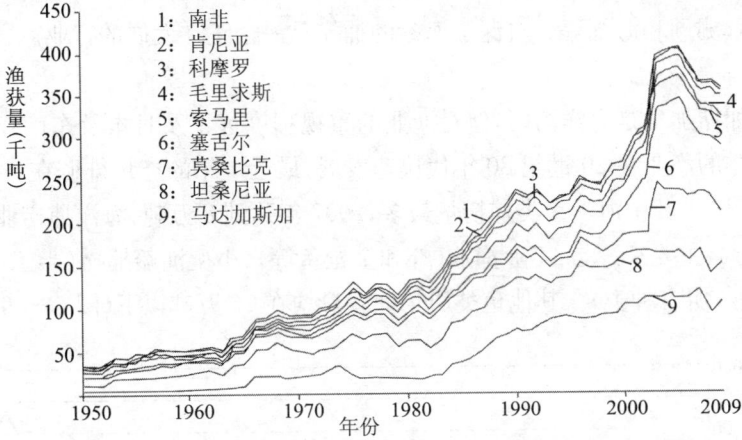

图 3-34　西南印度洋渔业委员会辖区部分国家年渔获量变化

发展处于停滞状态;第二类是渔获量正在减少的国家,包括毛里求斯、塞舌尔、南非和坦桑尼亚;第三类是渔获量波动发展的国家,例如,肯尼亚渔获量表现出 20 年的周期性变化,在 20 年间迅速上升,然后突然降到非常低的水平,极小值出现在 1950 年、1972 年和 1993 年。

三、主要渔业国渔业发展概况

(一)马达加斯加

马达加斯加共和国是印度洋上的一个岛国,纬度跨度较大,隔莫桑比克海峡与非洲大陆相望。国土面积 587041 平方千米,水域面积 5500 平方千米,海岸线长达 5600 千米,是世界上最贫穷的国家之一。四周环海,被南赤道洋流(SEC)水域所环绕,形成厄加勒斯大型海洋生态系统(LME)的一部分,其渔业资源主要来自西印度洋。

2005 年马达加斯加食用鱼的消费量为 142899 吨,进口量 17782 吨,出口量 34458 吨。动物饲料和其他用途的渔业资源消费量为 2001 吨。2006 年渔业初级部门(包括水产养殖业)的就业量为 193370 人,次级部门 3000 人。渔业进口值为 32102000 美元,出口值为 162606000 美元。

1. 生产部门

马达加斯加大陆架西北部的宽度是 20～30 千米,东部海岸的部分地区宽度只有 2～5 千米,表面积 177000 平方千米。马达加斯加渔业有三种:内陆渔业(溪流和湖泊中的淡水渔业),海洋渔业(主要由三部分构成:传统渔业、半工业化渔业和工业渔业),水产养殖业(海洋水产养殖业和淡水水产养殖业)。西部大陆架适合传统渔业,传统渔业通常是在使用船桨和帆的独木舟上开展海洋捕捞,主要目标是海龟、鲨鱼、棘皮动物、软体动物和一些海草等。此外,还会定期捕捞一些不可食用的资源,例如,观赏鱼、珊瑚和海绵等。对深水海参的捕捞是一个正在发展的行业。

2.海洋渔业生产

马达加斯加虽是海洋岛国,但对渔业的重视程度远不及日本及东南亚国家。其在西印度洋的渔业在 20 世纪 80 年代快速发展,最近十年的产量徘徊在 9 万～12 万吨(图 3 - 35)。其中海洋鱼类捕捞量最多,2007 年达到 8 万吨,海洋捕捞业占总渔业产量的 80%,主要来源是:工业渔业(虾和金枪鱼等)、小型渔船捕捞(半工业化渔业)和传统渔业(所有种类)。其他鱼类历年渔获量均在 16 万吨以下(图 3 - 36)。

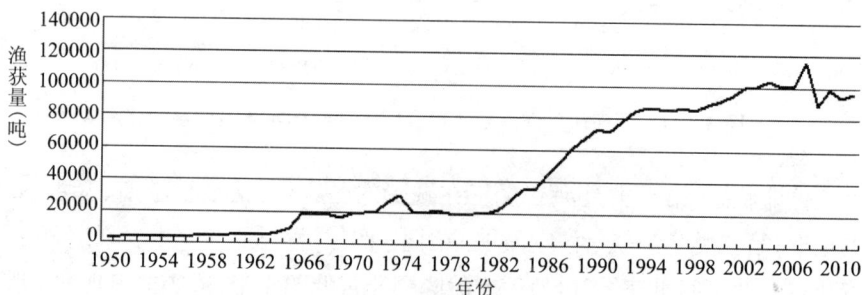

图 3 - 35　马达加斯加在西印度洋海域的年渔获量变化

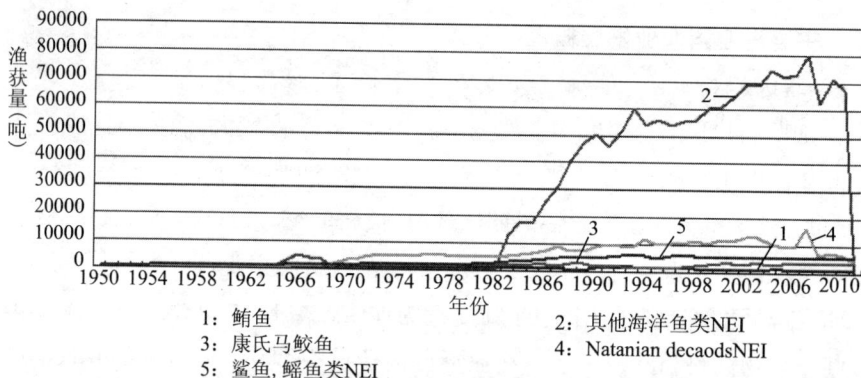

1:鲔鱼　　　　　　　　　　　　　　2:其他海洋鱼类NEI
3:康氏马鲛鱼　　　　　　　　　　　4:Natanian decaodsNEI
5:鲨鱼,鳐鱼类NEI

图 3 - 36　马达加斯加在西印度洋海域各经济鱼类的年渔获量变化

长期以来,以虾和金枪鱼为主要出口产品的工业渔业一直是马达加斯加外汇收入的主要来源,然而在过去几年由于费用的增加和气候条件的变化,主要资源出口量出现净减少。

欧盟渔船数量被限制在 43 艘围网渔船和 50 艘表层延绳钓渔船之内。2007 年,欧盟船队由 97 艘金枪鱼围网渔船组成,其中 41 艘来自法国,48 艘来自西班牙,7 艘来自葡萄牙,1 艘来自意大利。此外,西班牙有 24 艘延绳钓渔船,葡萄牙有 6 艘,法国有 10 艘。

拖网捕鱼是虾渔业的主要捕捞方式。工业船队在中央、西北和东部海岸离海岸线 1~2 米的海域进行拖网作业,此外,还利用西海岸 1~10 米宽的海岸带进行作业。有人指出,工业虾产量过去的三年由于气候变化和过度捕捞有所下降,过去十年间渔获量已稳定在每年约 8500 吨。工业渔业的副渔获物产量达 3175 吨并全部在当地市场出售。金枪鱼主要被欧盟船队所捕捞,年产量为 1000 吨,最近几年也出现类似的下降趋势。虽然工业渔业目前发展水平较低,但和传统渔业相比,组织更加有序,技术更加先进。

据悉,沿海海洋资源共有 18 万吨,而 14 万吨为海洋渔业所利用。沿海资源主要被工业捕捞单位所收获,包括约 15800 吨鱼类和 5400 吨虾。使用独木舟开展捕捞的传统渔业产量约为 72300 吨,然而小规模渔场产量只有 600 吨/年。

从事传统渔业生产的渔民数量约 60000 人,多使用装备简陋的独木舟,主要在沿海地区开展捕捞。沿海地区的渔业资源有待开发,每年每艘独木舟的产量通常低至 2~3 吨,主要用于出口的目标鱼类是章鱼、鱿鱼和螃蟹。传统的渔业部门产量占海洋总渔获量的 53%,而工业虾和深海渔业占总渔获量的 8.8%,该行业目前正在一个发展时期,因为它在 2001 年才被授权进行渔业捕捞。渔业部门共有两种不同类型的渔船:针对捕捞渔业的渔船和旨在收集、存储和运输渔获物的辅助渔船。

3. 渔业管理

马达加斯加农业和渔业部门(MAEP)负责制定渔业和水产养殖业发展所需的各项政策和指导方针。2004~2007 年渔业计划的经济和社会目标是在渔业生产和新资源开发的研究和管理实践的基础之上增加财政收入,满足国家对鱼类资源和渔业产品的需求,提高传统渔业渔民的生活水平和收入,增加渔业部门的就业率。

该管理计划除了涉及渔民的部分措施外,对传统渔业几乎没有影响。如规定工业虾渔民每捕捞 1 千克虾必须捕捞 0.5 千克鱼的政策在一定程度上改善了传统渔民的生活条件。虽然所有的渔业都由马达加斯加监管,但只有虾渔业、金枪鱼、龙虾、螃蟹、海参和海藻被列在具体管理计划之内。

马达加斯加长期面临外汇不足的问题,水产品出口特别是虾渔业是获得外汇收入的重要来源。马任加是马达加斯加最好的虾渔场之一,但近几年资源量呈下降趋势。20 世纪 80 年代后期,政府受东南亚各国养虾产业赚取大量外汇的启发,在实施配额捕捞的同时,制定了振兴养虾业的构想。其计划是完善虾加工、销售的基本建设,今后依靠养殖业来弥补渔业的不足,并通过稳定地出口产品赚取外汇做到全国第一或第二位[①]。

---

① 赵荣兴,徐吟梅:《马达加斯加渔业概况》,载《现代渔业信息》,2004(9),第 22—24 页。

（二）塞舌尔

塞舌尔也是西印度洋岛国,全国由 90 个分散的小岛组成,渔业资源主要来自西印度洋。1978 年建立的 200 海里经济区包括了世界最富饶的金枪鱼渔场。塞舌尔在 20 世纪 90 年代中期以前渔业发展水平较低,之后才开始迅速发展,渔获量大增,2009 年达到 10 万吨的峰值,最近几年呈减少趋势(图 3 - 37)。主要捕捞鱼类是鲣鱼、黄鳍金枪鱼和大目金枪鱼等(图 3 - 38)。

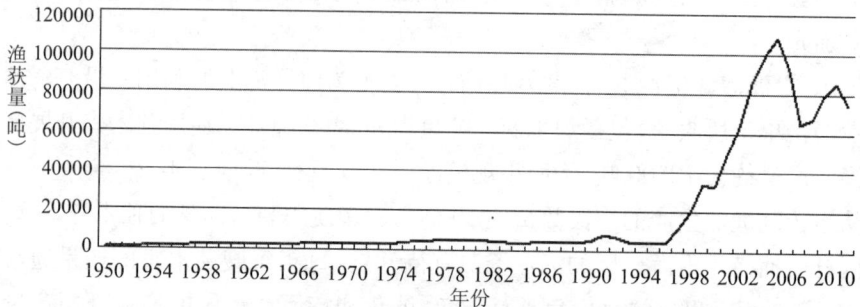

图 3 - 37　塞舌尔在西印度洋海域的年渔获量变化

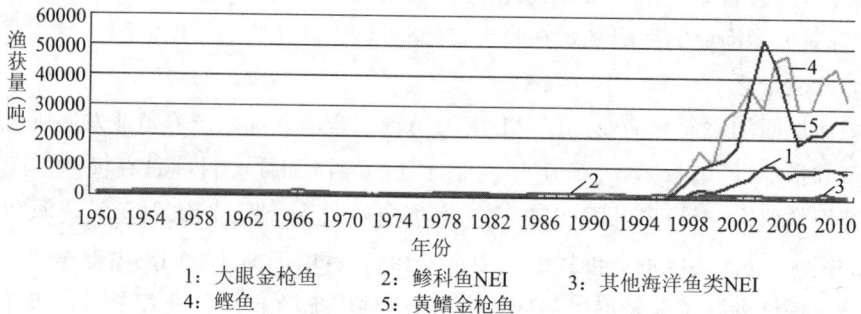

| 1: 大眼金枪鱼 | 2: 鲹科鱼NEI | 3: 其他海洋鱼类NEI |
| 4: 鲣鱼 | 5: 黄鳍金枪鱼 | |

图 3 - 38　塞舌尔在西印度洋海域各经济鱼类的年渔获量变化

注:NEI＝其他处未包含

首都维多利亚设在最大的马埃岛。全国人口不到 10 万,面积 277 平方千米,但 1978 年宣布的 200 海里经济区面积却达到 100 万平方千米,是岛屿面积的 4400 多倍。这个经济区包括了世界上最富饶的金枪鱼渔场。

渔业在塞舌尔人民生活中扮演着很重要的角色,渔业部门在国家社会经济发展中起到关键作用,提供重要的税收收入和外汇收入,也是动物蛋白的重要来源。随着 20 世纪 80 年代中期维多利亚港开始作为该地区主要的金枪鱼运输港口和印度洋金枪鱼罐头工厂的迅速发展,渔业部门在 90 年代成为塞舌尔经济的关键部门,甚至在外汇收入方面超过旅游业。中央银行数据显示 2003 年渔业带来的外汇收入为 3357000 万美元,比旅游业多 12.5%。2003 年渔产品出口占国内出口的 92% 以上。

1. 传统渔业

传统渔业主要捕捞分布在马埃岛和阿米兰特高原的底栖鱼类,例如鲷鱼、绿短鳍鱼、石斑鱼、龙占鱼科和半底栖的鲹鱼。过去二十年传统渔业总上岸量一直保持稳定,平均每年的上岸量约为 4000 吨。

到目前为止,占总渔业上岸量的 73% 的渔业类型是钓丝渔业,该渔业囊括所有类型的捕捞渔船。其他主要的渔业类型有陷阱渔业,占总上岸量的 15%。该渔业主要捕捞与暗礁和浅珊瑚海岸相关的物种,该渔业季节性很强,天气多变时,近岸地区陷阱捕捞就会很活跃(有时在群礁内部)。旋网渔业也十分重要,主要利用旋网捕捞鲹鱼。所有的旋网都发有捕捞许可证,由配备 3～4 名工作人员的小型舷外挂机渔船开展工作。20 世纪 70 年代后期和 80 年代早期马埃岛高原以小型浮游鱼类特别是竹荚鱼为目标物种的围网捕捞总生物量 15 万吨,建议的最大可持续产量(MSY)为45000 吨。

龙虾渔业也有季节性,开放季节从 11 月初到 1 月末,龙虾主要是由自由潜水员用水下照明灯进行捕捞,然而该渔业在 2003 年和 2004 年停止捕捞。

另一种相对较新的渔业类型是海参渔业,主要由自由潜水员和戴水肺的潜水员开展捕捞。该渔业捕捞渔船数量受限,渔民只有 25 个许可证,加工和出口则只有 3 个。

鲨鱼渔业主要是延绳钓捕捞,近年来重要性增加,考虑到远东市场对鲨鱼鳍的高需求量,该渔业由副产品变成目标鱼类,大多数渔民只留下鲨鱼鳍而把残骸丢进海里。为此,人们提出鲨鱼管理行动计划来加强监管。

2. 工业/半工业渔业

该渔业主要在马埃岛外部捕捞箭鱼和金枪鱼,在塞舌尔专属经济区内。该渔业始于 20 世纪 90 年代中期,目前有 7 艘总长 14～22 米不等、配备有现代电子设备和延绳钓工具的渔船。

半工业渔业产量最大值近 500 吨,主要是箭鱼(占渔获量 60%),其次是黄鳍金枪鱼和大眼金枪鱼。渔获物主要出售给当地两家出口公司,然而最近两年考虑到箭鱼体内镉元素含量过高,国家禁止向欧盟出口箭鱼,渔获量有所下降(2003 年上岸量不足 100 吨)。工业渔业是由发放有许可证的外来渔船来开展的,包括一些在塞舌尔注册的渔船。

3. 围网渔业(主要是法国和西班牙根据欧盟协议捕捞)

最近十年围网渔业的渔获量保持稳定,印度洋南部海域金枪鱼捕获量约 30 万吨(其中 15% 在塞舌尔专属经济区捕获)。然而最近两年,捕获量异常高,上岸量达35.9 万吨,主要鱼类是黄鳍金枪鱼。围网捕捞中近 85% 的金枪鱼在维多利亚港转运,约 9 万吨在印度洋金枪鱼工厂进行加工。

（三）坦桑尼亚

坦桑尼亚位于非洲东部、赤道以南。水域面积 276920 平方千米，2005 年渔业GDP 为 32421 万美元。2003 年供人类直接食用的渔业产量为 351127 吨。坦桑尼亚有很大一部分人依赖于从 850 千米海岸线和从周围包括珊瑚礁、红树林、海草床及河口及在内的，富有生产力的海洋群落获得的资源。这些沿岸水域为参与渔业的居民提供了有巨大价值的资源。

该国渔业是典型热带型的，规模小并采用以大量物种为目标的各种传统捕捞技术，约 95% 的海洋总渔获量是来自使用传统船舶和渔具的这类渔业。估计参与此类渔业作业的专业渔民人数为 20000 人[1]。在过去的十年间，海洋渔业对 GDP 的贡献率在坦桑尼亚为 2.1%～5.0%。除了为当地人提供食物，渔业产品还出口到海外，主要出口产品为无脊椎动物，大部分出口创汇来自虾。

1. 渔业资源

关于坦桑尼亚的海洋鱼类的数量现在不得而知，但估计有 1000 多种[2]，其中有一半可用作食物或用于商业目的[3]。Bergman 和 Ohman 的一份研究报告中记录了在马菲亚岛海洋公园 10 米水深的水域内有 400 种鱼类。具有特殊意义的鱼类资源包括大小型中上层鱼种、底栖鱼、珊瑚礁鱼以及潟湖和潮间带鱼类。小型中上层鱼类包括鱿鱼等；大型中上层鱼类包括金枪鱼、黄鳍金枪鱼等。底栖鱼种包括不同种类的鳘鱼、鳃、鳎科鱼、虾等。珊瑚礁鱼包括笛鲷属鱼、颊纹鼻鱼、青带鱼等鱼类。潟湖和潮间带物种包括间鱼、鱿鱼以及各种双壳类软体动物。这些通常被在潮间带赶海的妇女、儿童及老年人采集[4]。

2. 海洋渔业

海洋渔业主要捕捞鳍鱼、贝类（虾和龙虾）、头足类（章鱼和乌贼）、螃蟹和珊瑚礁物种，既有传统渔业，也有工业渔业。传统渔业渔船主要是配备内挂或舷外发动机的独木舟和小船。主要渔具是用于捕捞鳍鱼的刺网和防鲨网。工业渔民通常使用拖网渔船捕捞虾用于出口，用于虾渔业的拖网必须符合指定的网目尺寸。在领海范围内，超过 500 马力或 150 吨位的拖网渔船是不允许开展捕捞的。

所有的海洋传统渔业都在 12 海里领海内进行，原因是传统渔船活动范围有限以及大陆架较窄。渔获物主要由鳍鱼和小虾组成。在坦桑尼亚，传统渔业是以使用简

① Anon., "Tanzania mainland fisheries frame survey," in *Department of Fisheries Reports*, 2002, p.6.

② Benbow, J.D., "Dangerous marine animals of East Africa," in *East African Literature Bureau*, Nairobi: Litho Ltd. p.24.

③ Bianchi, G., "Species Identification Sheets for Fishery Purposes," in *Field Guide to the Commercial Marine and Brackish-water Species of Tanzania*. FAO Document. TCP/URT/4406, Rome: FAO, p.199.

④ Narriman S. Jiddawi, Marcus C. Hman, 林宝法：《坦桑尼亚的海洋渔业》，载《AMBIO - 人类环境杂志》，2002, Z1, 第 518—527, 621 页。

单、无动力渔具为特征的小型渔业，这些渔具大多数在不超过 30 米的水深中使用。最常用的捕捞方法是定置网捕鱼和钓具捕鱼。钓具方面使用的是手钓、延绳钓以及曳绳钓。此外，采用了各种类型的网，包括刺网、地曳网、投网、围网、拖网、捞网以及蚊帐网。用于渔业的其他设备包括鱼叉、毒药、炸药以及大砍刀。

传统渔船所使用的渔船主要是阿拉伯三角帆船、方尾桨艇、轻舟、舷外架轻舟以及触板。这些小船的推进工具通常是 90% 的船所使用的桨、长杆及帆。一些船安装有外侧或内侧发动机。2001 年统计的整个大陆沿海使用的发动机数为外侧发动机 463 架、内侧发动机 50 架[1]。这类船只大多数没有冷却和冷冻设备，因此，捕鱼受到时间和距离的限制，为此渔工们一直在前辈们捕鱼的渔场中捕鱼。

在裸露的珊瑚礁上采集章鱼主要是在大潮低潮期间进行的，通常用杆子或鱼叉。它是当地一种重要而廉价的蛋白质来源，因此作为一种维持生计的活动具有重要的作用。马菲亚和坦噶有章鱼加工厂，这两个厂有大量的渔工，造成了章鱼资源的过度开发。绝大多数章鱼（新鲜的或冷冻的）被出售，有些进入当地餐饮业，剩余的被腌制和晒干后出口到肯尼亚、中东和西班牙。这些出口产品为政府带来了税收。章鱼也是旅游饭店菜单上的一种重要海珍。

至于甲壳类动物，龙虾捕捞通常是用网或用手和杆来进行的。坦桑尼亚大陆每年向香港地区出口 1000 多只活龙虾。但是坦桑尼亚龙虾的主要出口国是葡萄牙（1996 年 38 吨，1997 年 7 吨）和英国（1995 年 7 吨，1997 年 8 吨）。对虾拖网捕捞是坦桑尼亚唯一的近岸工业渔业。对虾出口到欧洲、远东以及其他的非洲国家。坦桑尼亚渔业大部分出口创汇来自于对虾。

随着人口增长和旅游业的发展，对渔业资源的需求逐渐增加，这就造成了捕捞压力的增加以及破坏性渔具和捕鱼技术的使用。用炸药炸鱼极具破坏性，这种捕鱼方法已在坦桑尼亚采用了 40 多年，已有多位作者证明了这一点[2][3][4]。这种活动导致生境和渔业生产力退化。据报道，用炸药炸鱼的现象已在马菲亚岛周围水域中存在多年。然而，随着马菲亚岛海洋公园（MIMP）的建立，用炸药炸鱼的渔民开始避开了该区域[3]。

---

[1]　Anon,"Tanzania mainland fisheries frame survey,"in *Department of Fisheries Reports*,2002,p.6.

[2]　Semesi.A.K.,Mgaya.Y.D.,Muruke,M.H.S.,Msumi,G.,Francis.J and Mtolera.M,"Coastal resource utilization and conservation issues in Bagamoyo,Tanzania,"in *Ambio*,1998(27),635—644.

[3]　Darwall,W.R.T,"Simaya Island.Marine biology and resource use surveys in the Songosongo archipelago,"in *Frontier-Tanzania Marine Research Programme.Project Report No.3.Society for Environment Exploration*. University of Dar Es Salaam,1996.

[4]　Guard,M and Masaiganah,M.,"Dynamite fishing in southern Tanzania,geographical variation,intensity of use and possible solution,"in *Mar.Pollut.Bull*,1997(34),pp.758—762.

其他的破坏性捕鱼方法包括海滩围网捕鱼,使用拖网以及鱼杆和鱼叉[①]。拖网捕捞尽管破坏珊瑚和鱼类的生境,但它并不违法。拖网不仅拖过珊瑚礁,而且网还带有加重的铁链,同时渔民还用棒敲击珊瑚和其他结构物以便把鱼赶到网内。拖网渔业不仅可能破坏海底,而且大量的鱼与目标鱼类一起被捕获,但因为是无用的副渔获物而被丢弃[②]。另外当地还采用毒药毒鱼,最常用的毒物是一种被称为 Utupa(鱼藤)的植物的提取物,毒药的使用会不加区别地影响海洋生物,包括幼体和稚鱼[①]。

第四节　非洲北部渔业资源开发

一、非洲北部海域概况

（一）非洲北部海域的地理概况

地中海为介于亚、非、欧三洲之间的半封闭水域,是世界上最大的陆间海。表面积 330 万平方千米,占了世界海洋表面的 0.8%。纬度范围为北纬 30°～46°,位于北半球温带。地中海西通直布罗陀海峡,与大西洋相连,东北经达达尼尔海峡、马尔马拉海、博斯普鲁斯海峡与黑海相通,东穿苏伊士运河,出红海进入印度洋。

地中海沿岸夏天炎热干燥,冬天温暖湿润,被称作地中海性气候。夏季地中海水体温度分层现象明显,但 400 米以下水体温度全年稳定在 (13 ± 0.3)℃。尽管有诸多河流注入地中海,如尼罗河、罗纳河、埃布罗河等,但由于它处在副热带,夏热冬暖的气候使其海面蒸发旺盛,远远超过了河水和雨水的补给,地中海的水量入不敷出,海水盐度远高于大西洋,海面流出的水量多于流入的淡水水量总和。大西洋每年通过直布罗陀海峡向地中海补给的 1700 立方千米水量弥补了这些损失,维持着地中海的水量平衡。地中海与黑海间的水量交换也是流入量多于流出量,只是水量较少,对水量平衡影响不大。

地中海是贫营养型海,海水中缺少磷酸盐和硝酸盐等营养盐类,海底沉积物中的有机质含量很少,限制了海洋生物的生长,鱼的种类很多,但鱼类资源并不丰富,主要捕捞的鱼类为鲱鱼类、马鲛鱼类、鳀鱼类、金枪鱼和斧足类,还会捕捞到一些鲈

---

① Muhando, C. A. and Jiddawi. N. S., "Fisheries resources of Zanzibar. Problems and recommendations,"in Sherma, H., Okemwa, E. and Ntiba, M. J. eds, *Large Marine Ecosystem of the Indian Ocean. Assessment, Sustanability and Management*, Blackwell Science, 1998, pp. 232—255.

② Darwall, W. R. T, "Simaya Island. Marine biology and resource use surveys in the Songosongo archipelago,"in *Frontier-Tanzania Marine Research Programme. Project Report No. 3. Society for Environment Exploration*. University of Dar Es Salaam, 1996.

鱼类、鳀鱼类和鲽鱼类等。在这类地区,除摩洛哥的大部分渔产制成罐头鱼、鱼粉、鱼油销到欧美外,其他国家的渔获量不高,大部分供内销。2007 年,摩洛哥鱼粉出口量为 964 吨,为其带来很好的经济效益[①]。

2007 年,地中海和黑海海域捕捞区渔获量为 168.6 万吨。阿尔及利亚、埃及、利比亚、突尼斯是这里的主要渔业生产国,主要渔港和鱼类加工中心有达米埃塔、亚历山大、斯法克斯、马赫迪亚、苏萨、突尼斯、宾泽特、阿尔及尔、梅利利亚、休达、丹吉尔等。

（二）非洲北部海域渔业的捕捞船队状况

地中海海域的作业渔船以小规模船只为主,分散分布在沿海国家的港口地区。渔业次级部门共有四种类型:① 以大型中上层鱼类（金枪鱼、箭鱼等）为目标鱼类并配有大量围网和多钩长线的工业渔业;② 以小型中上层鱼类（凤尾鱼、沙丁鱼等）为目标鱼类的中小型围网和拖网渔业;③ 由大量中小型鱼类为目标鱼类,利用鱼网、刺网、多钩长线、底拖网等渔具开展捕捞的多物种水底渔业;④ 以深海甲壳动物（深海虾、挪威龙虾等）和鱼类（鳕鱼类为主）为目标鱼类的中小型底拖网渔业。

二、非洲北部渔业资源开发状况

在联合国粮食与农业组织（FAO）对世界渔区的划分中,地中海海域与黑海海域合并为地中海-黑海捕捞区,该渔区总渔获量从 1950 年的 70 万吨平稳增加到1982～1988 年间的 200 万吨,然后随着黑海鲱鱼和凤尾鱼渔业的衰落突然降到 130 万吨,之后逐渐恢复到 150 万吨（图 3 - 39）。从 1992 年开始总渔获量一直在这个水平波动。总体上,2009 年地中海和黑海有 33% 评估的种群为完全开发,50% 为过度开发,余下的 17% 是未完全开发。

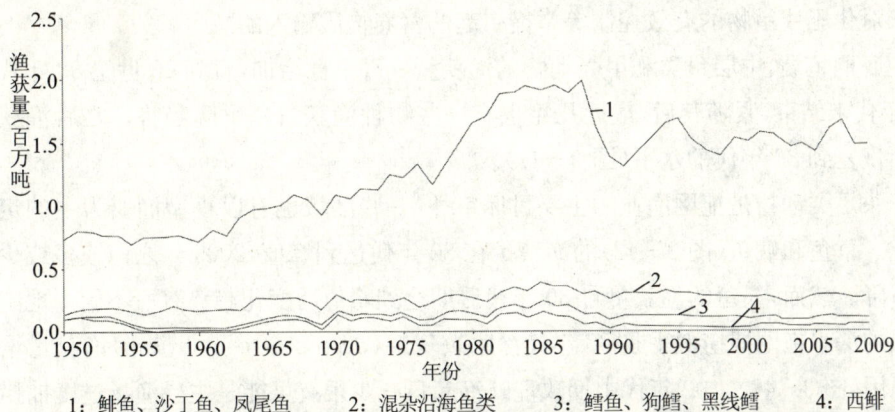

1：鲱鱼、沙丁鱼、凤尾鱼　　2：混杂沿海鱼类　　3：鳕鱼、狗鳕、黑线鳕　　4：西鲱

图 3 - 39　非洲北部渔区 FAO 统计区 ISSCAAP 37 组物种的年渔获量变化

---

① 　姜忠尽主编:《非洲农业图志》,南京:南京大学出版社,2007 年。

小型中上层鱼类因发生在黑海的一些事件,其渔获量变化趋势有所不同(图3-40)。六年内从70万吨增加到130万吨,之后在1983年到1988年渔获量一直在这个水平波动,1991年大幅下降到62万吨,1995年略有恢复后保持平稳波动。小型中上层鱼类中,凤尾鱼是最重要的鱼类,占总渔获量的50%,沙丁鱼占25%。该海域其他重要的中上层鱼类有欧洲鲱鱼、黑海和里海鲱鱼、竹荚鱼、日本马鲛鱼等。

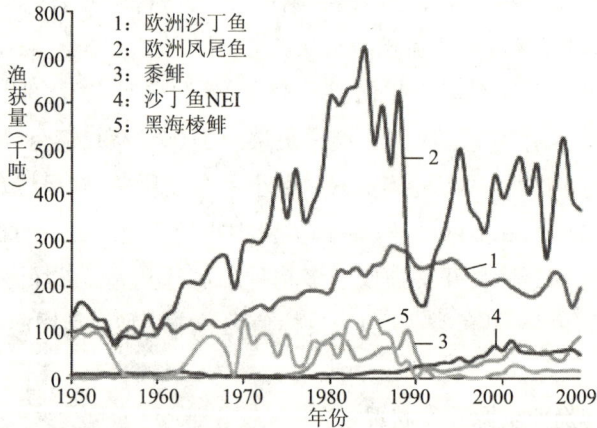

图3-40　非洲北部渔区 ISSCAAP 24、35 组的年渔获量变化

注:NEI=其他处未包含

20世纪80年代中期以前欧洲凤尾鱼渔获量的增加可能是由捕捞强度的增加引起的,也可能是在此期间黑海富营养化造成的。小型中上层鱼类捕捞量的衰退与1990年前后淡海栉水母的爆发有关,这对当时的渔业产生了重大影响。之后渔业部门逐渐恢复生产,但渔获量一直没有恢复到20世纪80年代的水平。这可能与沿海国家对化肥残留物的有效控制等举措引起的营养物质输入的减少有关。

底栖鱼类、中层鱼类和甲壳动物的渔获量一直平稳增加,直到20世纪80年代和90年代末结束,紧随其后,最近几年也有一些物种渔获量呈下降趋势。之后渔获量逐渐恢复到80年代的水平(图3-41)。

头足类动物是拖网渔业的主要目标鱼类,一些区域也有以小型渔船为主的定向渔业。章鱼和鱿鱼(图3-42)的渔获量在80年代达到峰值,2009年之前或多或少有所下降。然而,墨鱼的渔获量自80年代后期达到峰值后变化趋势有所不同。地中海海域的深水拖网捕捞似乎是80年代深水玫瑰虾(deep-sea rose shrimp)渔获量增加的原因(图3-43)。90年代中期玫瑰虾渔获量减少很有可能是主要渔场过度捕捞的结果。挪威龙虾渔获量变化趋势与之相似,但没有那么明显。

大型中上层鱼类蓝鳍金枪鱼和箭鱼也是地中海海域主要的商业捕捞鱼类(图3-44),副渔获物为长鳍金枪鱼和鲣鱼。虽然它们的捕捞量只有总渔获量的约4%,

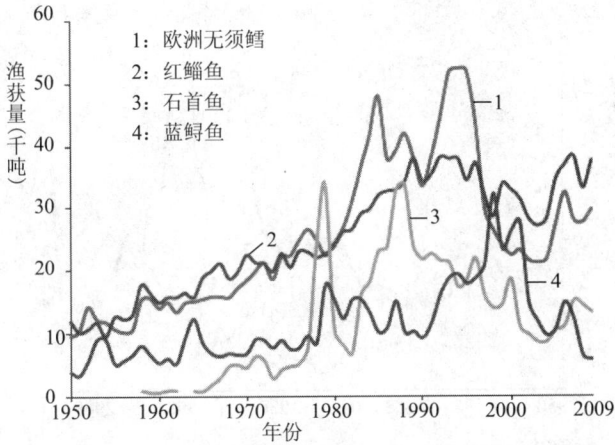

图 3‑41 非洲北部渔区 ISSCAAP 32、33 组的年渔获量变化

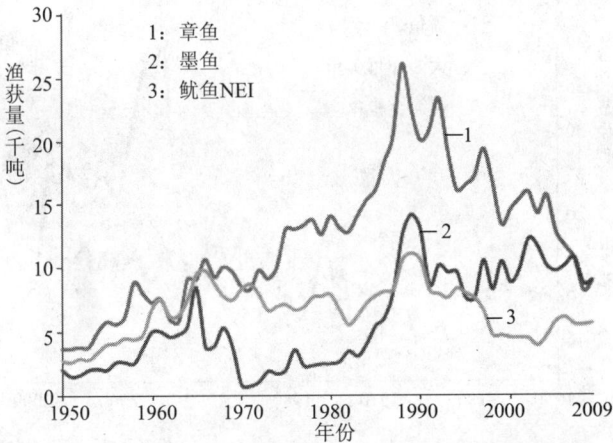

图 3‑42 非洲北部渔区 ISSCAAP 57 组的年渔获量变化

注:NEI＝其他处未包含

但其经济价值远大于此。高价带动了远洋船队和新型捕捞技术的发展,一些沿海国家也使用了延绳钓和国际水域禁用的大型流网,一些大型中上层种类储量均有不同程度的下降。蓝鳍金枪鱼的渔获量自 20 世纪 60 年代中期开始增长,到 90 年代中期达到 4 万吨,之后略有下降并保持相对稳定,直到 2008 年降到 1.5 万吨。最近十年以来野生鱼养殖业快速发展,但其渔业产量划归在水产养殖业产量中,所以这些公布的数据可能并不是所有渔业部门的渔业产量。

地中海最近几年在不同情形下维持着总体产量的稳定。欧洲无须鳕和羊鱼种群遭到过度开发,鳕鱼主要种群和多数鲷鱼也可能如此。小型中上层鱼类(沙丁鱼和凤尾鱼)主要种群被评估为完全开发或过度开发。外来的红海物种的入侵似乎有

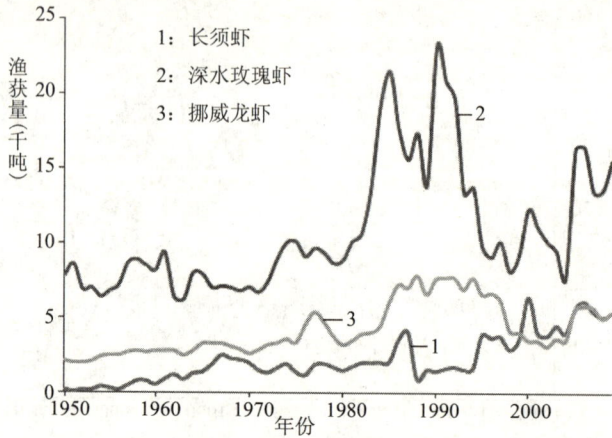

图 3‑43 非洲北部渔区 ISSCAAP 43、45 组的年渔获量变化

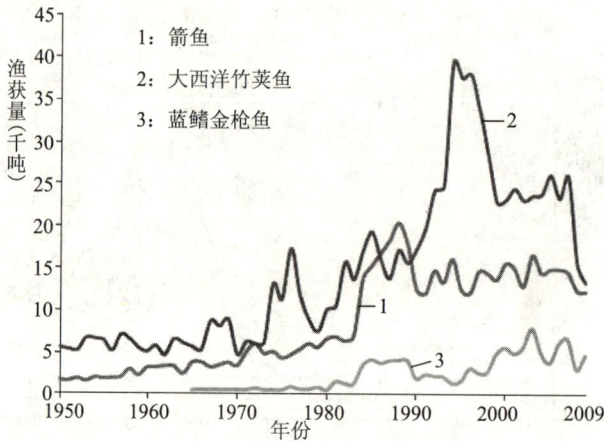

图 3‑44 非洲北部渔区 ISSCAAP 36 组的年渔获量变化

取代当地物种的趋势,特别是在东地中海。在地中海海域发展渔业的非洲国家主要是埃及和阿尔及利亚,利比亚和摩洛哥在该海域的渔业产量较低。

三、主要渔业国渔业发展概况

(一)埃及

埃及地跨亚、非两洲,大部分位于非洲东北部,海岸线长约 2420 千米,约 87120 平方千米的连续大陆架使其北接地中海,东临红海、苏伊士运河和亚喀巴湾。埃及在地中海沿岸、红海沿岸和内陆水系沿岸均发展有渔业,政府对渔业的发展十分重视,渔业增产量增长较快,其中内陆渔业渔获量最高。2001 年捕捞业和水产养殖业食用鱼产量为 771515 吨,其中进口量 260831 吨,出口量 2012 吨。另外,埃及内陆资源十分丰富,包括有很多灌溉渠的尼罗河,北部与地中海连通的六条滨海潟湖,两条流向苏伊士运河的滨海潟湖,两个封闭湖是阿斯旺水坝巨大的蓄水池。最近,西部沙漠一些小型水体被重新开发进行渔业生产。

2001 年埃及初级渔业部门的从业人数为 65000 人,次级部门约 300000 人。外籍渔船的渔业生产总值为 30 亿美元,进口总额 1.625 亿美元,出口总额 129 万美元。2003 年埃及食用水产品的产量为 875990 吨,进口量 208296 吨,出口量 4031 吨。动物饲料和其他用途的水产品产量为 543 吨,相对较少。

1. 渔船类型

2001 年,埃及在地中海－红海海域注册了由 6388 艘渔船组成的捕捞船队,其中,有 3954 艘机动船,其余为非机动船。非机动船渔获量占总上岸量的 21%,大部分机动船(62%)为长度小于 10 米、马力不足 100 匹的小型木壳船,只有 3% 为动力超过 500 马力的大型铁壳船。海事人员有 27550 人。

2. 海洋渔业发展概况

埃及渔船主要在尼罗河三角洲沿岸的大陆架作业,少数在塞得港和亚历山大港西部。和中央宽阔的三角洲地区相比,大陆架的东部和西部都较狭窄,海底平坦,底泥多为泥质或砂质,拖网捕鱼受限。埃及在地中海沿岸的四个沿海省亚历山大、杜姆亚特、塞得和迈德共建有 9 个渔港,其中 4 个非常发达。这些港口城市拥有埃及在地中海 50% 的捕捞船队和 60% 的渔民。2001 年埃及的渔船船队由 137 艘拖网渔船、937 艘配有多钩长线和鱼钩的渔船、632 艘刺网渔船和 238 艘围网渔船组成。

埃及在地中海海域的渔业活动在 20 世纪 50 年代就有所发展,捕捞量甚至大于其在红海沿岸的渔业,70 年代渔获量有所下降并保持在较低水平。80 年代迅速发展,渔获量最大时超过 8.8 万吨,最近十年埃及在地中海海域的渔业产量有所波动(图 3-45)。

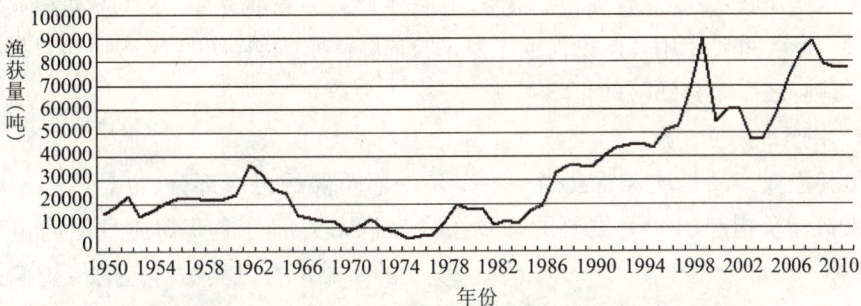

图 3-45　埃及在地中海海域的年渔获量变化

埃及在地中海海域的渔获量占其海洋总渔获量的 45%,上岸量的 40% 来自围网渔船。沙丁鱼占埃及上市量的 30%，其次是凤尾鱼(6%)和牛眼鲷(3%)。其他捕捞方式的渔获物种也有 30 种之多，但是这些物种的渔获量只有总渔获量的 2%，主要为对虾、乌贼、羊鱼、鲻鱼、海鲷、箭鱼等。上岸量的约 75% 来自亚历山大、杜姆亚特、塞得港和迈德港。沙丁鱼捕捞量在 20 世纪 90 年代后期迅速增加，到 2000 年达到近 4 万吨，之后又回落到较低水平。海洋鱼类的渔获量在 80 年代后期略有提高，之后在波动中保持平稳，其他经济鱼类的渔获量自 1950 年至今一直保持在 1 万吨以下(图 3-46)。海绵捕捞曾是一项重要的经济活动，但自 1999 年起已经被禁止，在一定程度上被蜗牛和蛤所取代。

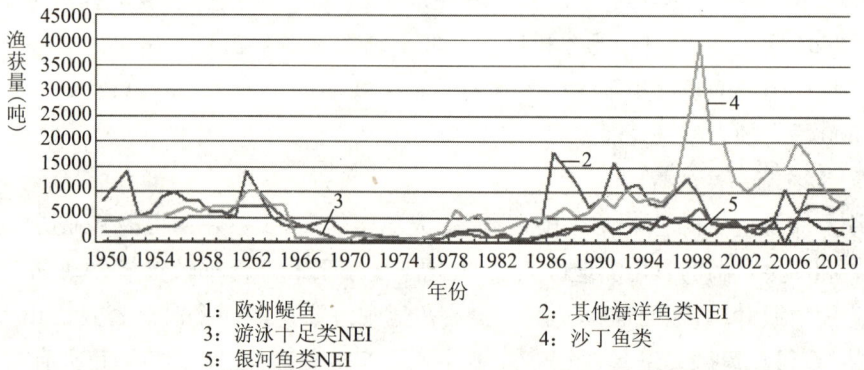

1: 欧洲鳀鱼
3: 游泳十足类NEI
5: 银河鱼类NEI
2: 其他海洋鱼类NEI
4: 沙丁鱼类

图 3-46　埃及在地中海海域各主要经济鱼类的年渔获量变化

注:NEI=其他处未包含

虽然休闲渔业在地中海沿岸广泛分布，但目前尚无该渔业类型的渔获量记录。值得注意的是，在地中海沿岸，部分有渔业传统的国家在埃及专属经济区(EEZ)进行非法捕捞。

埃及渔业原以咸淡水捕捞为主，20 世纪 70 年代开始发展水产养殖业。埃及淡水渔业虽起步晚，但起点较高，技术推广和科学研究紧密联系生产，在推动渔业生产的发展中起着重要作用。国家渔业主要来自内陆淡水水域，2004 年达到渔获量峰值近 32 万吨，之后略有回落(图 3-47)。

3. 水产品类型

鱼和渔业产品是埃及饮食当中一个传统而重要的组成部分，也是国内不断增长的人口能负担起的一个重要的动物蛋白来源。大部分渔获物通过国内市场销售，只有一小部分用于出口(2000 吨)。埃及的鱼类消费以其对鲜鱼的传统偏好为特征。随着鱼类出口贸易的增加和冷冻设备的使用，冷冻鱼也逐渐被人们所接受。离渔场较远的地区多食用咸鱼，如来自地中海-红海海域的部分沙丁鱼和鲻鱼。虽然随着市场内部运输和营销水平的提高以及各种冷冻及罐装设备的使用，

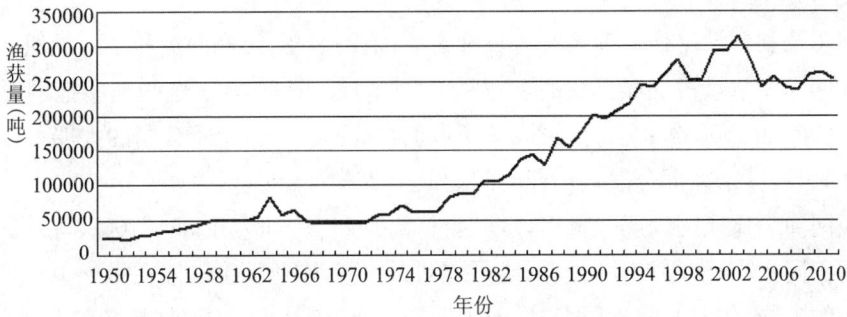

图 3-47　埃及内陆淡水鱼类年渔获量变化

咸鱼的盐浓度可能降低。此外,部分国内市场的供应还依赖于对全鱼、鱼片、咸鱼和熏鱼的大量进口。

4.行业现状及发展前景

埃及海洋渔业发展迅速,目前正在逐步实现现代化,很多私营企业的船队使用了先进的导航助渔设备,埃及还在领海以外开发了新的渔场。尽管如此,埃及海洋渔业的总体发展形势仍不容乐观。2001 年的海洋总渔获量只有 17.2 万吨,而且大部分来自大陆架上部海岸带。地中海的海洋资源相对匮乏,但自尼罗河三角洲的排水系统排出的含丰富营养物质的污水又使得沿海地区的生产力有所提高。虽然部分渔场(如萨鲁姆海湾)以及某些鱼类如虾米、鲨鱼和大陆架以外的大型中上层鱼类尚有一定捕捞潜力,但大陆架地区海洋资源已处于过度捕捞状态。

埃及现行立法并没有对拖网捕鱼在地中海沿岸任何季节和地区的捕捞进行限制,但目前看来,限定禁渔期迫在眉睫。声学调查显示,深度大于 150 米的远洋渔业尚有可发展空间,然而需要引进更多现代化渔船、设备和渔具(如中层拖网)。埃及传统渔业发展前景良好,但岸基的基础设施尤其是渔船的修理维护设施及冷冻设备等也有待改善。政府财政对传统渔业的支持会为这个社会经济部门带来新的发展前景。

(二)阿尔及利亚

阿尔及利亚位于地中海南岸,大陆架面积 13700 平方千米,专属经济区面积137200 平方千米,海岸线长约 1280 千米,阿尔及利亚海岸形式、数量和性质多样化,有海湾、沿海湿地,淡水或半咸水,也有泥沙和砾石、岩石和沙质海岸或悬崖,渔业资源非常丰富。2003 年食用水产品产量为 142004 吨,进口量 25934 吨,出口量 2318吨。动物饲料及其他用途水产品产量极少,2003 年只有 17 吨。2000 年渔业初级部门从业人数有 28225 人,次级部门 84675 人,进口总值 12451 美元,出口总值 4205美元。

1. 渔船类型及主要经济鱼类

阿尔及利亚沿岸作业渔船共有三种类型:拖网渔船、拉网渔船和手工渔船。

拖网渔船数量占渔船总数的 13.78%,马力 180～860 匹。这些渔船拖网形式各异,深度在 50～500 米,主要捕捞鲤科淡水鱼和虾。除一些合资公司的大船可以出海作业 5 天外,其余大部分船只作业时间均低于 24 小时。

拉网渔船比拖网渔船数量多,占渔船总数的 27%,动力在 35～1000 马力。根据船只的不同大小,使用滑动底拖网或不滑动大拉网,作业深度一般在 50～100 米。根据季节的不同,作业时间有所变动,但主要在 10～16 小时,主要捕捞鱼类是沙丁鱼、竹荚鱼、凤尾鱼、金枪鱼等。

手工渔船占总渔船数的 59%,主要使用的渔具为渔线、鱼网等,作业时间在 12～16 小时,主要捕捞商业价值高的箭鱼、金枪鱼、石斑鱼等鱼类。

2. 海洋渔业发展概况

阿尔及利亚渔业主要作业区从与摩洛哥交界的海岸一直延伸到与突尼斯交界的海岸,从东到西 14 个海岸省均有自己一定量的渔港、渔棚和搁浅外港,共有 60 多个,其中 32 个渔港、23 个浅滩、7 个渔棚。

阿尔及利亚水域分为三个渔业作业区:沿海渔区、近海渔区和深海渔区,各个渔区规定了具体的捕捞条件及方式。20 世纪 90 年代以前,其在地中海海沿岸的渔业产量一直处于平稳增长状态,但 90 年代以来阿尔及利亚渔业产量波动较大且发展滞缓(图 3 - 48),该现象可能是由捕鱼技术落后、渔业设备陈旧、熟练渔工短缺、鱼市交易混杂等多种弊端所造成的。另外,由于远洋渔业耗油量大、燃料成本高,普通渔民难以承受,所以阿尔及利亚捕鱼作业多为民间行为,且渔船多依赖进口,渔船配件昂贵、维修费用高,这在一定程度上也影响了阿尔及利亚渔业的发展。主要经济鱼类是沙丁鱼,地中海红鱼、金枪鱼、石斑鱼价格不菲,淡季价格更高,工薪阶层难以承受,因此,多选择营养少、价格低的沙丁鱼食用。沙丁鱼的捕捞量自 20 世纪 90 年代以来一直处于较高水平,2004 年后略有下降(图 3 - 49)。

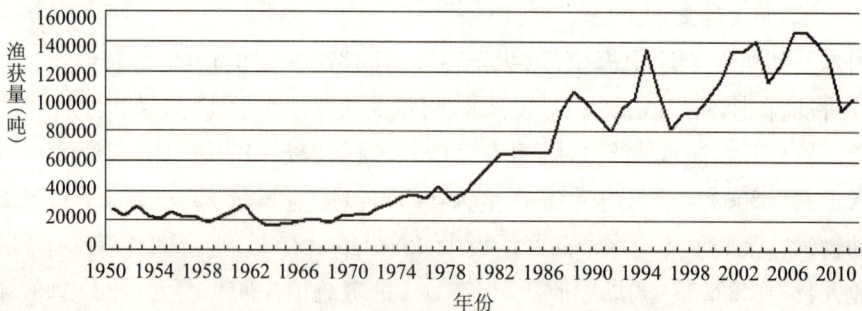

图 3 - 48　阿尔及利亚在地中海海域的年渔获量变化

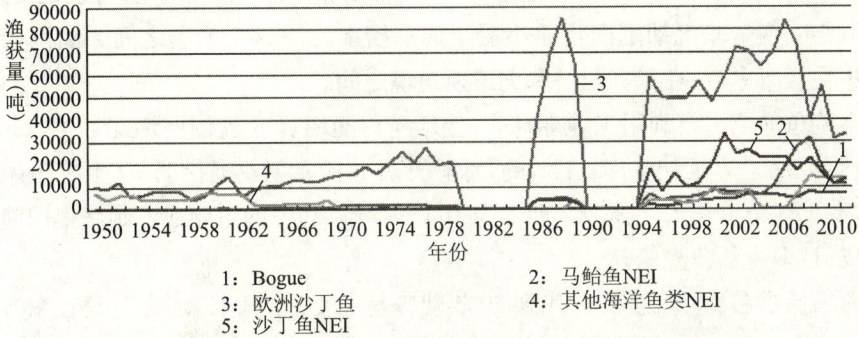

1：Bogue　　　　　　　2：马鲅鱼NEI
3：欧洲沙丁鱼　　　　4：其他海洋鱼类NEI
5：沙丁鱼NEI

图 3-49　阿尔及利亚在地中海海域各主要经济鱼类的年渔获量变化

注：NEI＝其他处未包含

渔业和海洋资源部在国家渔业和水产养殖发展计划下建立了区域组织,其中海洋部主要负责海洋和谐均衡发展的政策实施,同时对渔港、渔棚和搁浅外港等基础设施进行管理。

3.行业现状及发展前景

阿尔及利亚政府对渔业和水产品的发展十分重视,除满足民生外,渔业和水产品养殖业还是阿尔及利亚促进出口最重要的领域之一。阿尔及利亚在 2005～2009年的五年计划中就已投入大量资金发展关系国计民生的农业和渔业,2010～2014 年的五年计划中国家将继续支持渔业和水产养殖业的生产性投资并改善基础设施和渔业、水产养殖业专用设施,其中包括建设渔港、增加海事人员、创建研究部门等。

（三）利比亚

利比亚位于北非中部,北临地中海,大陆架面积约 50000 平方千米。沿海岛屿很少,海岸线较平直,海岸线长约 1970 千米。200 海里经济区面积为 338200 平方千米。2001 年食用水产品产量为 33339 吨,进口量为 8081 吨,出口量为 1405 吨。2003 年渔业初级部门从业人数为 11500 人,次级部门为 3500 人。2003 年渔业生产总值为 1 亿美元。

1.海洋渔业发展概况

利比亚海洋渔业部门共有四类:沿岸传统渔业、围网捕捞业、沿岸拖网捕捞业和金枪鱼渔业,对海绵捕捞面积尚小。大多数捕捞都来自配备网(鱼网和刺网)或钩(多钩长线和钓丝)的手工渔船和以中上层鱼类为目标鱼类的围网船队。2000 年国家上岸点调查报告显示作业中的手工渔船共有 1866 艘。这些渔船共在沿岸 135 个浅滩和海港搁浅,并向西密集分布,其中 76 个登陆点是永久性的(全年开放),59 个是季节性的。手工船队由 1300 艘总长 10 米和 566 艘总长大于 10 米的渔船组成。

约 2/3 的小型渔船是配有 10～35 匹马力挂机的机动船,大型船队则是配有挂机的甲板船,围网舰队由约135艘长达18米的机动船组成。在鱼汛期,特别是夏天,每个舰队与一两个非机动围网作业小船组成捕捞单元往返于渔场之间。围网船队主要集中在西海岸带,在米苏拉塔和突尼斯边境之间。

金枪鱼渔业主要利用工业船队(9艘延绳钓渔船和6艘围网渔船)和Tonnaras(一套可以从岸边延伸3~5千米的鱼网)开展捕捞。工业捕捞船队(金枪鱼船队除外)共有123个总长13~33米、动力为165~950匹马力的钢制或木制尾拖网渔船单位组成,且多为私营渔船。

海绵捕捞在20世纪50年代到60年代曾是主要的渔业活动,尤其是在东海岸班加西和托布鲁克之间,后由于疾病爆发导致渔民数量大减,在经历一段萧条期后,海绵捕捞才逐渐回升。

2000年利比亚海域总产量为50000吨,总价值为1亿美元。产量包括21000吨小型中上层鱼类(沙丁鱼、鲭鱼、竹荚鱼等),约2000吨蓝鳍金枪鱼,约24000吨混杂深海鱼类(主要有红鲣、鲷鱼、石斑鱼、琥珀鱼等)和3000吨其他鱼类。

利比亚沿岸主要有24个海洋渔业合作社,其职责是为传统渔业部门提供基本设施。合作社对所有持有当地有效官方渔业船只许可证的渔船开放。

1988~2000年,渔业部门的中央机构是海洋财富秘书处(SMW),一个具有管理和发展渔业所需的行政和技术职能的强有力的政府机构。在此期间,秘书处通过多项国家重要举措的实施促进了产业的健康发展,渔业产量从1988年的600吨增加到2000年的约50000吨。在2000年,由于分权政策,海洋财富秘书处开始分解,部分职权(渔船管理、法规执行和港口管理等)下放到地方当局。

2. 渔业产品利用

在生产高峰期,利比亚所有渔业产品当中,除了小型中上层鱼类通过制成罐头或鱼粉进入国内市场外,其他大多以鲜鱼形式在各大城市的大型渔产品市场销售。就商品化而言,利比亚渔产品接收、处理和分发设施均已有较大改善,尤其是在最近几年建立私有化营销链之后,主要登陆点和销售市场均已配备冷藏设施。利比亚渔业产品出口量很低,每年只有约2000吨蓝鳍金枪鱼出口到国际市场(主要是日本),少量的高价鱼出口到突尼斯。

7个国有金枪鱼和小型中上层鱼类的罐头工厂在过去的20年陆续建成投产,日产量为85吨金枪鱼,51吨小型中上层鱼类和130吨鱼粉。但由于其中一些工厂存在原材料供应不足和设备状况不佳等问题,7个工厂的运营状况都不令人满意。尽管利比亚政府在20世纪90年代就决定实施私有化政策,逐步从整个生产部门撤离国有成分,但自2003年以来,私有化在这些罐头工厂的实施仍在进行中。

3. 行业现状及发展前景

虽然利比亚渔业当局已投入大量资源改善捕捞和加工部门,尤其是在登陆点、渔港和加工厂,但其渔业发展状况仍然低于它们真正的潜力。海事人口只占全国劳动力总数的 1%,渔业生产总值占农业生产总值的约 9%。

利比亚 1993~1994 年的科学调查显示在西部突尼斯边界和米苏拉塔之间的水域,水底鱼类资源已接近充分捕捞状态,捕捞力度不宜再增加。2003 年 8 月,海洋生物学研究中心对利比亚中部和东部海域(从米苏拉塔到埃及边境)进行了科学巡航,发现水底渔业资源储量状态良好,仍有捕捞潜力。

总之,利比亚渔业资源开发潜力较大,其水域存在大量蓝鳍金枪鱼。2001 年,利比亚人均渔产品消费量约 7 千克,一般来说,人们对食用鱼的需求会持续增加。这一趋势可通过产品质量升级和营销提升加以促进。为缓解动物饲料厂面临的为满足家禽业的需求而急需增加产量的压力,鱼粉的需求量也很有可能持续增长。

第五节　海洋渔业生产中存在的问题

自 20 世纪 50 年代以来世界海洋渔业经历了巨大的变化,因此,鱼类资源开发水平和上岸量也随之改变。上岸量的时间模式因区域而异,主要取决于围绕特定统计区的国家的城市发展水平。按照联合国粮农组织(FAO)对世界各大渔区的分类,非洲毗邻海域中,东大西洋中部(34 区)产量具有高度自然波动的特征,地中海—黑海渔区(37 区)和东南大西洋渔区(47 区)产量从历史高峰呈总体下降趋势,而印度洋西部渔区(51 区)产量总体呈增加趋势。

非洲海洋渔业分为传统渔业和工业化捕捞业两部分,其中大部分国家的海洋渔获量主要由传统渔业提供,而且非洲海洋渔业的加工设备、冷藏设备和港口条件等都不完善。

一、传统渔业

传统渔业通常以渔民或者几户家庭组成一个单位进行作业,多数国家均使用大树干挖空制成的独木舟,渔具简陋,主要用小型刺网、延绳钓和手拖网,一般由渔民自己制作。因独木舟不耐巨浪,作业范围最多只能离岸 3~5 千米,而且只能在夜间作业[1],因此,产量低下,有明显季节性。在西非一些主要渔业生产国,雨季时盛行的西南风常引起巨浪,使独木舟下水和靠岸困难,因此,在专属经济区大部分海域的渔业资源都要与外国合作才能进行开发利用。传统渔业的另一个不足是商品率低,渔民及其家庭的消费量超过出售量。

---

[1]　曾尊固:《非洲农业地理》,北京:商务印书馆,1984 年。

西印度洋的渔获量只占到资源蕴藏量的 10％。沿海渔业主要是由沿海国家收获,高利润的海洋渔业则被欧洲和东亚国家的远海舰队包揽。在大西洋中东部海域开展捕捞的欧盟的大型拖船每艘都超过 100 米长,拖网达 700 多米长、50 米宽,一天作业能捕捞 250 吨鱼,几乎可将附近海域清空。欧盟渔船的过度捕捞已经严重威胁到非洲沿海地区居民的生活,塞内加尔、毛里塔尼亚和加纳沿岸的居民生活因此越来越艰难。虽然欧盟与七个西非国家成立了所谓的渔业合作协议(FPAs),其中包括佛得角、科特迪瓦、加蓬、几内亚、几内亚比绍、毛里塔尼亚、圣多美和普林西比。在 2006 年,欧盟与塞内加尔也达成了渔业合作协议(FPAs),但这使塞内加尔自己的渔业产量停滞不前,并且其渔业资源总量减少。

二、工业渔业

工业化捕捞包括建立现代化渔船船队和加工、储藏、冷冻、码头等相关设施,捕捞的鱼类多用于工业加工。目前只有安哥拉、塞内加尔、尼日利亚、摩洛哥和埃及等国的现代化技术装备较好,可以到深海地区进行捕捞,这些国家捕捞到的鱼类大多用于加工工业,而多数非洲国家的工业性捕捞规模很小或处于工业性捕捞的初级阶段。纳米比亚是非洲工业性捕捞规模最大、渔获量最多的国家,其次是安哥拉、摩洛哥等。

摩洛哥为非洲第一大渔业生产国,海洋渔业的捕捞渔船大致可分为三类:远洋渔船、近海渔船和小型渔船。现拥有近海渔船约 3000 多艘、远洋渔船 400 多艘,另有数千艘小型渔船,渔民达 45000 人。远洋渔业主要生产价值较高的出口产品,最近三十年,摩洛哥远洋渔业得到空前的发展,成为国内渔业中经济效益最好的部分。近海渔业主要为国内市场和罐头加工厂提供价值较低的鲜鱼和原料鱼。两者合计产量约为 100 万吨,加上其他国家渔船在摩洛哥港口的卸货,渔获物上岸量超过 100 万吨。数据显示,2008 年,摩洛哥渔业总产值约为 79 亿迪拉姆(8.5 迪拉姆约合 1 美元),较上年增长 24％。其中,近海渔业船队的捕鱼总量约为 94.3 万吨,比上年增长 15％,收入约为 45 亿迪拉姆,比上年增长 22％;远洋船队捕鱼总量约为 5 万吨,比上年增长 24％,收入约为 34 亿迪拉姆,比上年增长 38％[1]。

非洲海洋渔业的发展水平很低,多数国家以传统渔业为主,不能充分开发利用周边海域的渔业资源,导致这一区域的渔业资源遭到超级大国和发达资本主义国家的掠捕。如 2007 年西印度洋捕获区渔获量仅 84.1 万吨,与印度相比,只是印度渔获量的 1/5。

非洲国家独立以前,没有也无法建立自己独立自主的渔业经济,其沿海的渔业

---

① 姜忠尽主编:《非洲农业图志》,南京:南京大学出版社,2012 年。

资源基本被西方国家所垄断。政治独立后,渔业在部分非洲国家的国民经济中占有重要地位。海港作为国家发展民族经济的重要工具之一,设施条件才有了较大改善。非洲目前有海港 310 个,平均每 98 千米就有一个港口,但大多数港口的泊位数不超过 30 个,许多较为出名的港口泊位也在 10 个以下,例如,班加西、普拉亚、博博拉等(表 3 - 6)。

表 3 - 6　非洲部分重要海港泊位数统计表

区域	港口名	泊位数	区域	港口名	泊位数	区域	港口名	泊位数
南非	德班	60	西非	科托努	13	西非	弗里敦	7
南非	开普敦	40	东非	吉布提	12	南非	蒂斯格勒特斯	7
西非	拉各斯	31	西非	考拉克	6	东非	达累斯萨拉姆	11
西非	达喀尔	≥30	北非	苏丹港	10	东非	摩加迪沙	6
北非	阿尔及尔	18	东非	蒙巴萨	10	北非	班加西	4
南非	路易斯港	16	西非	科纳克里	10	东非	博博拉	3
中非	黑角	15	西非	荣罗维亚	10	西非	普拉亚	3
中非	杜阿拉	14	南非	沃尔维斯	8	中非	马拉博	2

资料来源:世贸人才网,www.wtojob.com.

摩洛哥沿海渔港密布,各类渔船可在国内 28 个渔港装卸渔获物和物资,另外还有 170 多个专供小型渔船使用的卸货点。摩洛哥最大的港口卡萨布兰卡港总占地 605 公顷,可同时容纳 35 艘船进出港作业,每年吞吐量超过 2400 万吨,相当于摩全国港口总吞吐量的 38%。

非洲港口分布不均,北非 90 个、南非 82 个、西非 74 个、中非 43 个、东非 21 个。这种格局的形成与各地的历史发展、资源储量、国家经济发展有关。非洲港口中,有一些重要的商港,例如,亚历山大、达尔贝达、蒙巴萨、德班港等,还有些重要的专用港,如利伯维尔、布鲁图等。

三、海洋渔业的加工、冷藏设备条件

此外,加工、冷冻设备不足是非洲海洋渔业的突出问题之一,尤其是工业渔业。只有少数国家有先进的渔业加工和冷冻设备,许多国家由于船只装备落后,大多数的渔业资源被非洲以外的国家所捕捞。

渔业产量在物种和产品类型方面非常多样。由于鱼很容易腐烂,需要及时捕捞和采购、高效运输、预先储存、加工和包装以进行销售。特别是需要先进的保存技术,以保全营养质量、延长货架期,使腐败细菌活动最小化并避免因糟糕的处理导致

的损失。鱼也是用途很广的原料,可加工成多类产品,提高经济价值。鱼通常以活体、冷藏、冷冻、热处理、发酵、干制、熏制、盐腌、腌渍、蒸煮、油炸、冷干、碎肉、肉粉或罐制的形式销售,或以两个及更多类型组合的方式销售,也可将鱼以其他许多方法保存,用于食用或非食用目的。

在非洲,许多国家依然缺乏充足的基础设施和服务,包括具备一定卫生条件的上岸中心、电力供应、饮用水、道路、制冰场、冷库和冷冻运输。这些因素,再加上热带的温度,导致高比例的捕捞后处理损失和质量恶化,对消费者健康有后续风险。此外,因有限和拥挤的市场基础设施和设施,销售鱼也更为困难。由于这些不足,加上消费者已有的习惯,非洲许多国家主要在上岸或捕捞后不久以活体或新鲜方式销售鱼。腌制类型(干制、熏制或发酵)依然是零售和消费鱼的传统方式,非洲腌制鱼的比例(总产量的14%)高于世界平均数。

鱼类产品易腐烂变质,水产品作为食品的这一特性是与农产品、林产品不同的。鱼类产品容易变质,必须用现代化的保鲜和加工技术以保质和提高其产值。但对于大多数非洲国家而言,由于加工技术成本较大,目前还缺乏广泛实施的可能性。因缺乏冷冻设备,渔产收益大大减少。非洲如要实现捕鱼的工业化,就必须引入一系列冷藏设备,才可使渔业淡旺季平衡生产。

第四章

非洲内陆渔业资源开发

本章导读：本章扼要介绍了非洲内陆渔业发展的自然条件及整体发展概况，并整理了 2012 年联合国粮农组织（FAO）对非洲各国内陆渔业的捕捞数据（1950～2007）。数据显示，非洲各国的统计数据整体质量高低不一，许多国家内陆渔业基础设施建设缺乏政府支持，数据收集和报告受阻，数据可信度低。

第一节　非洲内陆渔业发展的自然条件

一、生态环境

非洲内陆渔业包括 25 个大型的河流流域和许多小型的流域（主要是沿海），这些地区地理和气候多种多样。河流流域分属于不同的河滨国家。河流长度、大小差异显著，从最大的河流（尼罗河、刚果河、尼日尔河）到小河流和支流的源头，河流与季节性流动相关并创造冲积平原（对繁殖时期的鱼类很重要）和复杂的河流机制。湖泊的大小或形状也变化大，既有面积大、稳定的湖泊，如维多利亚湖和其他裂谷湖，水量变化大的湖泊，如乍得湖，也有水体面积小的湖泊和泛滥平原湖，这些水生生态系统尤其是河流生产力很高，并受阵雨变化的影响展现出重要的季节性。阵雨使河流出现洪水脉冲的特点（或多或少），导致了临时出现的洪泛区。这些为渔业提供了饲养和繁殖的栖息地，也造成四周肥沃泥土的沉积（在干旱季节通常用于农业耕种）[1]。

---

[1]　Abuja,"Nigeria Inland Fisheries in Africa,"in *Key Issues and Future Investment Opportunities for Sustainable Development Technical Review Paper*,Inland Fisheries NEPAD-Fish for All Summit,2005,22—25 August.

（一）非洲河流

非洲大陆有东南向西北倾斜的地势特征，决定其水系多流入大西洋（包括地中海）。干旱地区面积大和大陆边缘多山的地形特征，形成了大陆内流区和无流区面积广大及沿海河流相对短小的水系特点。大陆东部南北纵贯的主要分水岭，把全洲水系分为大西洋流域和印度洋流域两大部分（图4-1）。外流流域面积2030万平方千米，其中印度洋流域约占1/4，大河较少；大西洋流域占3/4，地势低平，较大河流多分布于此。内流区与无流区面积约900多万平方千米，包括撒哈拉沙漠、卡拉哈迪沙漠、纳米布沙漠以及东非大裂谷湖区等。

降水地区差异显著决定了非洲水系的分布格局。赤道地区终年多雨，水源充足，地表起伏不大，河流众多，形成著名的刚果水系。大陆东南部地区终年受印度洋暖湿气流影响，降水充沛，地表径流充足，形成赞比西河等较大水系。广大干旱地区降水稀少，蒸发旺盛，因此，河流稀少，河网密度很小。

全洲流域面积超过100万平方千米的大河有刚果河、尼罗河、尼日尔河和赞比西河，4条河的流域总面积约占全洲流域面积的一半。此外，还有塞内加尔河、沃尔特河、奥兰治河和林波波河等较大的河流。

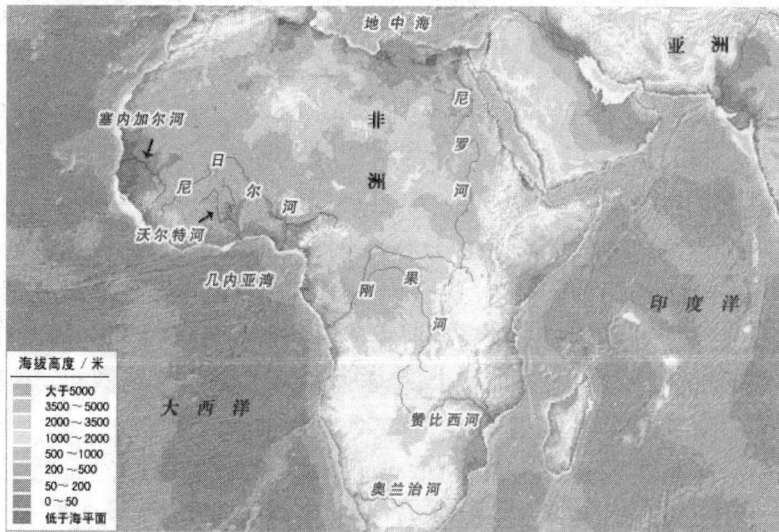

图4-1 非洲主要河流示意图[①]

（二）非洲的湖泊

非洲湖泊较多，面积大小悬殊，湖水深浅各异（图4-2）。较大的湖泊多为断层湖，集中分布在东非裂谷带内，一般湖形狭长，湖底深陷，湖岸多陡崖峭壁，如坦噶尼

---

① 资料来源：中国数字科技馆，科普专栏，非洲河流。

喀湖和马拉维湖,面积较小的还有图尔卡纳湖和艾伯特湖等。

　　内陆盆地和高原洼地还分布着一些凹陷湖,它们是由于地表升降或挠曲作用先形成洼地而后积水形成的湖泊。这类湖泊多为圆形,一般深度不大,面积最大的凹陷湖是维多利亚湖,平均水深 40 米,面积 69000 平方千米,为非洲最大的湖泊。撒哈拉沙漠南缘的乍得湖是一个典型的海迹湖,因地处干旱地区,蒸发强烈,湖面面积随季节而有较大变化。

　　诸如季节性缺水(如坝区的缺水)、增加农业生产效率(如大坝的灌溉方案)、发电(水电大坝)和提升航运水平(如疏通河道)等因素已经使决策者开始关注主要河流系统的管理。所有方案和计划都会对牵制鱼类资源的水生生态系统产生巨大影响。虽然目前没有充足的、不断更新的调查给出精确的评估,但其负面影响(如栖息地的消失和鱼类储量的减少)仍令人担忧。

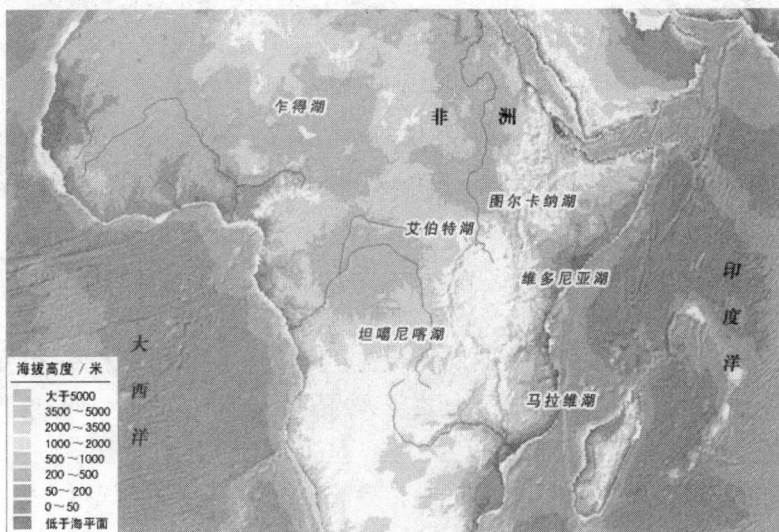

图 4-2　非洲主要湖泊示意图①

二、渔业资源概况

　　非洲内陆地区拥有大量淡水湖、河流以及其他水生环境,如沼泽、泛滥平原等,鱼类资源丰富,在近几个世纪内,为人们提供了大量的渔产品,很多人以此为生。鱼类、捕鱼业和渔场已经成为非洲许多民族和国家经济、文明的重要组成部分,为近些年来一些以政府为主导的渔业发展规划提供了重要的历史背景支持。例如,埃及保存有大量关于尼罗河地区如何捕鱼的雕刻。现今埃及是非洲最大的内陆渔业生产

---

　　①　资料来源:中国数字科技馆,科普专栏,非洲湖泊。

国（19.3 万吨）。尼日利亚和乍得湖流域地区的其他国家的资料显示，2000 年以前的当地经济是以河流沿岸和泛滥平原地区的种植业和渔业为中心建立起来的综合系统。如今乍得湖流域产出的鱼量超过了 10 万吨，价值 5000 万美元，供养着当地成千上万的居民。

据估计，现今非洲地区的内陆渔场产鱼量为 210 万吨，占世界内陆水体鱼量产出的 24%[①]。与海洋渔业相比，内陆水体渔业产量小，仅为世界产鱼量的 6%。非洲的海洋渔业产量（470 万吨）也远高于其内陆地区的产鱼量（210 万吨）。然而，这种海洋渔业和内陆渔业总量之间的单一比较具有误导性，因为非洲地区的内陆渔业具有巨大的效益（如收入和食物来源），为成千上万的人们提供了生计。非洲内陆渔业形式多样且分布广泛，人们能够利用简单的技术进行捕捞。也就是说，内陆渔业价值巨大，是非洲许多居民赖以生存的生活方式，对可持续发展（包括经济发展和减少贫穷）具有重要的贡献。

FAO 自 1980 年以来就对世界渔业资源状况进行定期调查，2002 年，超过 50% 的世界渔场存在过度捕捞的问题，趋势表明海洋渔业产出在持续降低。内陆渔业资源受到环境变化和过度捕捞的威胁（精确的评估未被广泛采用）。非洲渔业产值在 1985~1996 年的近十年里翻了一番，大多数内陆渔场捕捞强度较大，水产养殖业持续发展与扩张[①]。

非洲内陆渔业捕捞多种鱼类资源，其中包括一些特定的迁徙物种。湖泊、河流、泛滥平原之间渔产品的生产率存在较大差异。自然（干旱）和人为（筑坝、污染）因素造成的水生生态系统的改变对渔业发展产生重要影响，但总体上来说，相关研究还比较匮乏。目前，非洲内陆渔业发展面临巨大的压力，1985~1996 年间，鱼类的捕捞量翻倍，大部分内陆渔业资源受到过度捕捞。非洲是受到生物入侵影响最小的地区（仅 430 例被记录），但是入侵生物对当地鱼类资源的影响目前还不得而知。

生态系统和鱼类资源组成了非洲内陆渔业，非洲内陆渔业的研究高峰期在 70 和 80 年代。国际上文献对此的普遍记录是相关调查和信息都具有一定的局限性。现今针对湖泊和河流的一些双边协作和 GEF 项目均缺乏连续性记录。

然而，值得注意的是，非洲内陆渔业的产量在多种因素（如环境变化和过度捕捞）的威胁下不断增长，社会和各级政府都应该采取必要的措施来控制内陆渔业的产出。首要一步是，所有的利益相关者达成协议，并通过各种战略投资来协调内陆渔业，解决面临的主要挑战。

---

① FAO 统计。

第二节　非洲内陆渔业概况

一、技术和产业结构

（一）渔业类型

渔业和渔业技术在世界范围内广泛存在，包括工业、半工业以及手工业或非工业领域，其利用率随市场的需求而发生变化，主要满足人类消费需求，尤其是在发展中国家[①]。

非洲内陆渔业大部分属于手工业或非工业，资本投资水平低、技术水平低、现代化水平低、劳动力输入量大、能源消耗少。渔业和其他滨岸活动通常是农业与其他生产活动的结合，大多数渔民是业余的，很少有以捕鱼为生的纯渔民。

部门结构多样，渔民的捕鱼方式、捕鱼工具、卖鱼者、买鱼者存在差异，其他方面并不是如此，男人趋向于捕鱼，女人倾向于做一些岸上活动。捕鱼网具的多样性和捕鱼行为适应渔业环境，目标鱼种丰富多样且具有季节性特点。传统的渔业通常组织有序，以当地积累的知识为基础，并综合当地文化，利用传统渔具，捕捞方式、运输方式和贸易形式都与较低的生产条件相适应（交易主要是晾干或熏制的产品，本地则是新鲜鱼）。

在非洲许多地区的传统渔业很容易发生变化。现代捕鱼工具、商业化改变了社会关系（集中捕捞是最普遍的方式），除了维多利亚湖到尼罗河有一些国际商业贸易外，很少有渔业加工[①]。虽然存在一些局部研究较深、调查详细的渔业，但整体上来看水平有限，尤其是缺乏对于渔业的自然特征和变化的研究。

（二）渔船类型及设备

非洲内陆渔业几乎都是传统渔业，主要由渔民单独驾驶渔船捕鱼，而且渔具、捕捞设备等都比较落后，现代化的捕捞仅见于维多利亚湖、坦噶尼喀湖及尼罗河等少数地区，生产规模有限。至今，有些大湖和大型水库的鱼类资源开发较为充分，但其他内陆渔业资源有较大开发潜力，如大片沼泽、宽阔的大湖泊水域等难以到达的湿地水域亦尚未充分开发利用[②]。

全球的捕捞船只 2/3 为无甲板船，吃水深度小于 10 米，非洲 80% 的船只是无甲板船，船只吨位不大。非洲内陆的捕鱼船主要是舟（尺寸多样），一些为动力带动（主要为船外机动），甲板船只少。许多渔场不用捕捞的小舟，主要依靠可在河

[①]　FAO 统计。

[②]　姜忠尽主编:《非洲农业图志》，南京：南京大学出版社，2012 年。

湖堤坝上操作的渔具(如障碍型捕捞渔具)①。现代材料不断得到使用,以适用于当地的竹筏和捕捞工具(如 GRP 船、尼龙网),政府对渔民给予一些补贴,用以增加渔业产量。

非洲内陆渔业普遍缺乏专门的加工和冷冻设备,当地妇女只能将腐败的鱼制成鱼干和鱼粉,这样就大大影响了鱼的质量和价值,因此,改善加工方法,对非洲渔业的经济发展将有很大的促进作用。

二、内陆渔业资源分布及开发

非洲面积辽阔,高原山地发源有众多的入海河流与湖泊,为非洲内陆渔业发展奠定了很好的基础。非洲的内陆渔业发展水平很不平衡,地区差异明显,有十分落后的原始渔业捕捞,也有现代化的渔业捕捞和养殖业。传统渔业历史悠久,现在仍然占有重要的地位,商业捕捞从 20 世纪 70 年代之后开始发展,同时,养殖渔业在 70 年代之后迅速发展。

世界第二大淡水湖维多利亚湖是非洲重要的淡水渔业捕捞区。维多利亚湖长期以来是以传统的小型渔业捕捞方式为主,独木舟用人力划桨做动力,有简单的网具或者鱼钩、鱼叉,多在湖滨地带捕鱼。这种简单的渔业捕捞方式一直延续到 20 世纪 50 年代才发生变化,出现了商业化的现代捕捞方式,但这种简单的渔业方式还有保留。维多利亚湖商业化的捕捞最早可以追溯到 1950 年,当时东非淡水渔业研究组织(EAFFRO)的科学家发现,维多利亚湖有大量鲷属鱼类(Haplochromis spp.),科学家建议可以用拖网的方式捕获该鱼类②。

非洲的渔业主要以捕捞为主,水产养殖极少,且渔业养殖产量低,甚至非洲的本土鱼——罗非鱼的产量都不高。水产养殖具有较大的发展潜力,例如莫桑比克、南非都有养虾的潜力。在南非的淡水水域,养殖牡蛎和蚌类也有潜力,发展养殖业需要大量的投资,因此,尽管纳米比亚、南非、赞比亚、莫桑比克、津巴布韦、马拉维的水产养殖业发展取得了一定的成功,但仍然比较落后。在全世界范围内,水产养殖业生产量占整个渔业生产的 38%,但非洲水产养殖业生产量在全球渔获量所占的比例还不到 2%③。非洲水产养殖业主要是生产蛋白质供人类消费,而水产养殖业产量占渔业总产量的比例因国家而异。

水产养殖业能补充农产品的不足,提供可供消费的替代品,其对收入、就业和粮

---

① FAO 统计。

② Jackson,P. B. N.,"The need for a trawl fishery on Lake Victoria,"in *Occasional Paper* No. 4. Fisheries Department,Ministry of Animal Resources. Entebbe,Government Printer,1972,pp.8—10.

③ 姜忠尽主编:《非洲农业图志》,南京:南京大学出版社,2012 年。

食供应方面的贡献已被公认并且不断提升。目前,尼日利亚鲶鱼、罗非鱼等淡水鱼的产量达到 4.4 万吨。非洲北部则是埃及的产量最高,埃及现在是世界上第二大罗非鱼生产大国、最大的胭脂鱼生产国。然而,非洲大部分地区近几十年来水产养殖的发展却十分缓慢。内部发展机构、政府和私人部门投资者的努力均受挫。令人欣慰的是,随着人们对市场作用的认识不断加深和对水产养殖产品的需求上升,水产养殖业的前景似乎在改变,许多地区的产量增长形势令人鼓舞。据专家估计,非洲水产养殖业的潜力只要开发到 5%,就能解决现存的很多渔业问题。而全球鲶鱼和罗非鱼都很紧俏,可能成为非洲的主要养殖鱼种。另外,在马达加斯加岛养殖黑虎虾,在坦桑尼亚养殖海藻、麒麟菜,在南非养殖鲍鱼等都大有潜力[1]。

总之,鉴于捕捞渔业的缺陷可能会越来越常见,水产养殖生产将会在地区食品供应中发挥更为重要的作用[1]。

(一)非洲大湖区的渔业和水产养殖[2]

非洲主要有 7 大天然湖泊,即维多利亚湖(Victoria)、艾伯特湖(Albert)、爱德华湖(Edouard),这三个湖泊均属于尼罗河水系;还有坦噶尼喀湖(Tanganyka)、图尔卡纳湖(Turkana Lake)、马拉维湖(Malawi)和乍得湖(Chad Lake)。近 50 年来,热带非洲内陆水域向当地居民供应越来越多的鱼品蛋白。下面以维多利亚湖为例来介绍。

维多利亚湖(图 4 - 3)位于非洲中东部,面积 68800 平方千米,平均水深 40 米,最深为 80 米,岸线曲折,长达 7000 多千米,是非洲最大、世界第二大的淡水湖泊,也是世界第一长河尼罗河的源头之一。维多利亚湖风光秀丽,物产富饶,分属肯尼亚、乌干达和坦桑尼亚三国,有很多优良港湾,养育着周边数千万人口,是全球最大的淡水湖泊渔业基地之一。湖内生物种群以丽鱼科为主。20 世纪 40 年代之前,湖泊渔业资源稳定,偶尔受到鱼类市场变化和交通状况改善以及渔业捕捞技术进步带来的影响,对大型掠食动物——尼罗河尖吻鲈的引进大大提高了渔业产量。

维多利亚湖的土著鱼种主要是慈鲷,属于丽鱼科(Cichlaidae),又称慈鲷科,是辐鳍鱼纲鲈形目的一种,底栖,多为卵生口孵,肉食、杂食或草食。这种鱼的显著特色是拥有漂亮醒目的色彩以及光滑的身体,在 20 世纪 50 年代引入尼罗河鲈鱼等几种鲤科鱼之前,慈鲷的渔业资源在维多利亚湖占到 90%,湖中以慈鲷最具优势,原因有几个:

(1)维多利亚湖周围是火山岩地区,湖中含有大量盐类物质,具有对盐类容忍度

---

① http://www.nepad.org/foodsecurity/fisheries/aquaculture

② Geheb K,Kalloch S,Medard M etal,"Nile perch and the hungry of Lake Victoria:Gender,status and food in an East African fishery,"in *Food Policy*,2008,33:pp.85—98.

较高的次级淡水鱼类(慈鲷)反而容易被保留。

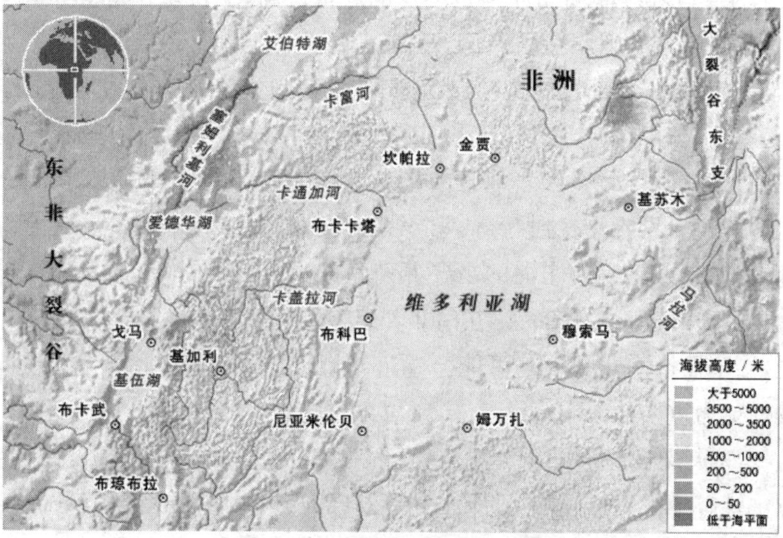

图4-3　维多利亚湖位置示意图①

(2) 慈鲷鱼具有封闭式泳鳔,可以在血液中积存空气而不必到水面吸取空气,如此一来,幼鱼在无水生植物遮蔽的湖中,就不必为了吸取空气而冒险游至水面,遭到掠食者的攻击。

(3) 慈鲷会完善地照顾它们的后代,这是最重要的一点,多数慈鲷会保护卵,甚至以口孵方式进行,这些行为能提供完善的保护及充分供应氧气,这也是它们至今仍能好好存在于此的原因。根据对卵的照顾方式可以将坦湖慈鲷分两大类:基质繁殖及口孵繁殖。基质繁殖是比口孵原始的类型,但在演化上它们仍没有太大改变,岩石基质或贝壳是它们栖息、产卵孵化之处,代表性鱼种是新锦丽鱼属,如黄天堂鸟。口孵慈鲷是以口当作孵卵的场所,如此可以避开众多掠食者的觊觎而增加存活率,但它们必须具备特别的倒退技巧才行。

(4) 摄食行为也是慈鲷生存的要件,最基本的是底食性鱼,它们通常靠近底部生活、觅食或躲避敌害,慈鲷的摄食器官通常和它们的食物息息相关,在某些地区这是它们成功演化的主要关键,像大颚可以攫取食物,而慈鲷通常在食道有第二副颚,称为咽喉齿,是由骨板及齿组成的,能进一步处理食物。

慈鲷的食性也是特别值得一提,因为一般河产慈鲷大概只有无脊椎摄食者、藻食者、碎食性者而已,但在湖中的慈鲷却不只如此,还有更特殊的食性,如食鳞性、食

---

① 资料来源:中国数字科技馆科普专栏 http://amuseum.cdstm.cn/AMuseum/shuiziyuan/water/02/w02_c06_05.html

海绵性、卵食性、藻类刮食性、泥食性等,这种高度分化的食性是慈鲷生长环境的特定的生物基底及特定栖地的原因,因为栖地常是限定慈鲷生存的要素,故 Ad Konings(2007)在 *Malawi Cichlids in their natural habitat* 书中就以栖地类型介绍慈鲷种类。

20 世纪 90 年代以来,伴随对非渔业国际合作项目的开展,西方渔业生物学者开展了大量非洲东部高原湖泊中优势鱼种非洲慈鲷的研究,出版发行了一系列的专著(表 4－1)。

表 4－1　20 世纪 90 年代以来关于非洲慈鲷研究的著作

书　　名	作　　者	出版年代	出版社	页数
Lake Tanganyika Cichlids	Mark Smith	2007	Barron's Educational Series；2nd edition	96
Malawi Cichlida in their Nature Habitat	Ad Konings	2007	Cichlid Press；4 edition	424
Back to Nature：Guide to Tananyika Cichlids	Ad Konings	2005	Cichlid Press；2 edition	192
Aqualog：African Cichlids Ⅲ Malawi Ⅱ Peacocks	Erwin Schraml	2005	Hollywood Import & Export，Inc.	128
Aqualog：African Cichlids Ⅱ Tanganyika Ⅰ Tropheus	Peter Schupke	2003	Verlag A.C.S. GmbH	190
Back to Nature：Malawi Cichlids	Ad Konings	2003	Cichlid Press	208
Lake Malawi Cichlids	Mark Smith Erwin Schraml	2000	Barron's Educational Series	96
Aqualog：African Cichlids Ⅰ Malawi-Mbuna		1998	Aquaristik—Consulting & Service GmbH；1 edition	240
African Cichlids Ⅱ：Cichlids from Eastern Africa	Wolfgang Staeck and Horst Linke	1995	Tetra Press	200

维多利亚湖渔业组织近日发表的一份调查报告称,近年来,维多利亚湖年产鱼量平均约为 80 万吨,价值超过 5.9 亿美元,其中,仅尼罗河鲈鱼出口一项就能带来约2.5 亿美元的收入。渔业为大约 200 万人直接或间接创造了就业岗位。

2000 年至 2006 年间,维多利亚湖渔业呈稳步发展的态势。2001 年,该湖鱼产量为 62 万吨,到 2005 年上升为 80.4 万吨,2006 年产量则为 106 万吨。渔民的人数也有显著增长,从 2000 年的 12 万人增长到目前的约 20 万人,渔船数量则从 4 万条增加到了约 7 万条,其中有很多都是装有马达的渔船,这意味着渔民们可以到离岸更远的地方作业。

维多利亚湖鱼类的长期储量约为 212 万吨,与 2000 年相比有所下降。相关部门正在采取控制和管理措施,并在联合国粮农组织的帮助下制定了地区渔业管理行动计划,以防止过度捕捞造成鱼类资源枯竭。

（二）河流、海岸和三角洲地区渔业和水产养殖

非洲穿越不同地质条件和气候带的 12 条大河由多个国家共享河流流域,撒哈拉沙漠和其他沙漠地区除外。河流长度、大小差异显著,从最大的河流(尼罗河、刚果河、尼日尔河)到小河流和支流的源头,这些河流也哺育了沿岸国家和人民。以下以非洲主要河流流域的渔业以及埃及养殖业为例来加以介绍。

1. 尼日尔河流域

这个流域位于撒哈拉地区,全年绝大部分时间气候干燥,只有一个短暂的暴雨季节。雨季许多土地被淹没,鱼类在泛滥的洪水中摄食和繁殖。随着洪水的消退,鱼类重新回到浅河中或少数常年有水的潟湖中。捕捞是在泄洪期和干旱季节进行的,所用的方法依环境而异:如鲑脂鲤属的 Alestes dentex 和 Alestes baremose 向上游洄游时张网捕捞;泄洪时靠水坝拦截鱼类;有时甚至用锄头挖掘潜埋在泥中的鱼类。由于生产分散,销售渠道不同,所以很难对产量作出准确评估,初步认为尼日尔河流域的产量为 10 万吨。

2. 刚果河流域

刚果河流域为 350 万平方千米,年度洪水高度 2.5 米。刚果河在通往大西洋的途中形成很多瀑布,瀑布下游不能行船,船舶从金沙萨和布拉柴维尔河港出发到达海港的中途需要通过铁路转运。在北部的布拉柴维尔和南部的金沙萨之间,斯坦利湖(Le Stanley Poul)将刚果河加宽,将两个城市分开,这一带水域受到过度捕捞。西面部分河段每年洪水泛滥时,有的鱼类能够进入被淹的森林环境中摄食繁殖,洪水消退,季节性捕鱼随即开始,一直延续贯穿整个旱季。储存和运输问题是鱼品经销中最大的困难。早些年,刚果共和国政府把从首都出发通向东北部的公路加长到刚果南部的马科谭博克(Makotimpoko),渔业产品可以在这里卸货,并且由于采用了冷冻运输技术,渔产品能够方便地进入城市市场。

3. 尼罗河流域

尼罗河在非洲东北部,是世界最大河流之一。干流流经布隆迪、坦桑尼亚、卢旺达、乌干达、苏丹和埃及,长 6670 千米,流域面积 287 万平方千米,包括埃塞俄比亚、肯尼亚和刚果的部分地区。该河的源头在维多利亚湖西的群山中,流经维多利亚湖、艾伯特湖,向北流出,称为白尼罗河,在喀土穆与青尼罗河交汇,形成尼罗河主流。由于尼罗河漫长,途经众多湖泊,鱼类资源丰富,是东非渔业产品的重要来源[①]。

4. 埃及水产养殖业

埃及大多数鱼类养殖场可以被列为咸淡水半精养池塘养殖场,由于农业土地开垦活动对土地和水的竞争,这种类型的养殖在 20 世纪 90 年代数量骤减。在土池和

---

① 张进宝:《热带非洲内陆水域与捕鱼业》,载《中国渔业经济》,2001(5),第 42—43 页。

水槽开展的精养水产养殖目前正在迅速发展,以弥补水产养殖可用土地总面积的减少。

目前生产的发展集中在现代化技术的应用上,这是养鱼社区结构变化的结果。水产养殖投资的高回报率吸引了大量中小投资者,他们大多比传统养殖渔民拥有更多的科学知识。这一部门正在变得更为完善和多样化,而且这与诸如地方饲料工厂和孵化场等支持活动的迅速发展相关。孵化场的数量从 1998 年的 14 个[1]增加到230 多个[2]。

（1）历史和总览

自埃及历史上有文字记载开始,水产养殖便已存在。公元前 2500 年的墓穴门楣描述了从池塘收获罗非鱼的情景,被称为"hosha"的传统水产养殖形式在北方三角洲湖区存在了数个世纪[3]。

现代水产养殖始于 20 世纪 30 年代中期,即在两个研究养殖场引进鲤鱼（Cyprinus carpio）之后,自那时起到 60 年代初,鲤鱼养殖完全用于研究目的。1961年由政府建立了第一个现代化半精养商业养殖场。该养殖场拥有总面积为 120 公顷的土池,用来养殖尼罗罗非鱼、鲤鱼和鲻鱼。

20 世纪 70 年代末为促进该部门的发展提出了一项水产养殖发展计划。到计划完成时的 80 年代中期,水产养殖的年产量已经从不到 1.7 万吨猛增至 4.5 万吨。在这段时间里,政府修建了四个大型孵化场、六个养殖场和五个鱼苗收集站。由于大规模推广水产养殖和易于获得土地,私营部门对水产养殖的参与迅速扩大。这段时期还引进了新的水产养殖系统。1984 年在尼罗河开展了首次罗非鱼网箱养殖试验,而稻田养殖鲤鱼也作为政府推广计划的组成部分而得到实施。

在 20 世纪 80 年代中期之前,水产养殖仅限于东部和北部三角洲地区。所有产品均出自淡水和低盐度咸淡水的半粗养和半精养池塘系统。从传统上讲,私人水产养殖的种类大多是罗非鱼和鲻鱼,采用最大为 25 公顷的大型浅水池塘,单位面积产量较低（250～400 千克/公顷）。这种类型的生产在很大程度上依靠额外施用天然肥料（粪肥）和有限的人工饲料（通常是稻糠）来提高自然生产能力。

半精养水产养殖方式一般更多地用于政府经营的养殖场,在那里,2～6 公顷的较小池塘采用混养方式,使用肥料和补充饲料。这些半精养系统的年平均产量为

---

① Barrania, A., Rackowe, R., Gleason, J., Hussein, S. & Abdelaal, M., "Identifying Policy Barriers for Fisheries Development, Agriculture Policy Reform Program,"in *Ministry of Agriculture and Land Reclamation*, *Report* No.76,1999.

② General Authority for Fish Resources Development,*The* 2003 *Statistics Yearbook*, Ministry of Agriculture Publications,2004.

③ Eisawy, A.M. & El—Bolok, A., "Status of aquaculture in the Arab Republic of Egypt,"in *CIFA Tech. Pap.*(4. Suppl. 1), 1975.

1.5～2.5 吨/公顷。

诸如舌齿鲈、银头鲷、庸鲽、大西洋白姑鱼和对虾等海水种类的养殖始于 20 世纪 80 年代末期和 90 年代初期。大部分海水鱼类的养殖仍依靠从野生环境收集的鱼种。埃及的海水水产养殖依然远没有淡水养殖那样成功。

在 20 世纪 90 年代中期,采用了池塘精养方法,目的是替代半精养和传统养殖场。由于投资回报率很高,精养的范围正在扩大。这些系统使用较小但较深的池塘,放养密度较高并且需要集约化喂养。所获得的年平均产量为 17.5～30 吨/公顷。沙漠农业——水产养殖综合活动开始于 90 年代末期,通常采用集约化水池养殖方式。这种形式的水产养殖也正在迅速扩大,特别是在西部沙漠地区。2003 年,埃及的水产养殖总产量达到 44.51 万吨,总产值为 584662000 美元(1 美元＝5.78 埃及镑)[①]。

（2）人力资源

虽然没有对参与水产养殖及相关活动人数的准确统计数据,但是参与水产养殖的人员可以分为四类:

第一类是土地所有者和那些拥有政府签发的传统养鱼场土地租赁合同的人员。这些人通常从事家庭式经营,全部或大部分家庭成员(有时是两代人)在养殖场或为养殖场工作。这些类型的养殖场一般为劳动密集型,拥有简单的设施和生产技术。大部分养殖渔民受教育的程度有限,所采用的生产技术是祖传的。参与这类活动的总人数估计在 35000 到 40000 人之间。

第二类包括在鱼类孵化场、网箱养殖场和池塘精养系统工作的人员。在这一部门工作的大多是雇员并且包括接受过培训的技术员和熟练工。根据渔业资源发展局(GAFRD)的官方文件,总人数估计为 22000 人。

第三类包括在国营孵化场、鱼种收集站、幼鱼生产设施和养鱼场工作的员工。他们接受过不同程度的教育和培训,包括训练有素的专家和非熟练工。在实地水产养殖领域工作的政府雇员总数大约有 780 人。

第四类包括专家、饲料厂的员工、工程师,以及运输、加工和其他辅助活动方面的人员。注册专家的数量是 128 人,而鱼饲料生产领域的工作人员数量估计为 380 人。

在第一、第三和第四类人员中,劳动力包括男性和女性,而在第二类人员中则以男性为主,仅有个别私营孵化场例外。

（3）养殖的分布

一般来讲,大多数水产养殖活动集中在北部尼罗河三角洲地区,养鱼场一般分

---

① General Authority for Fish Resources Development, *The 2003 Statistics Yearbook*, Ministry of Agriculture Publications, 2004.

布在四个三角洲湖周围。除了政府所有的五个大型孵化场分散在埃及南部尼罗河沿岸地区以外,鱼类孵化场通常位于养鱼场附近。

(4) 养殖种类

目前,在埃及养殖的有 14 种有鳍鱼类和 2 种甲壳类。其中 10 种是本地种,6 种为引进种。本地种是:尼罗罗非鱼(Oreochromis niloticus)、奥利亚罗非鱼(Oreochromis aureus)、尖齿胡鲇(Clarias gariepinus)、鲻鱼(Mugil cephalus)、薄唇梭(Liza ramado)、圆吻凡鲻(Valamugil seheli)、舌齿鲈(Dicentrarchus labrax)、银头鲷(Sparus aurata)、大西洋白姑鱼(Argyrosomus regius)及对虾。引进的种类是:鲤鱼(Cyprinus carpio)、草鱼(Ctenopharyngodon idellus)、白鲢(Hypophthalmichthys molitrix)、鳙鱼(Aristichthys nobilis)、青鱼(Mylopharyngodon piceus)和罗氏沼虾(Macrobrachium rosenbergii)。

鲤鱼和鲻鱼是该国最早养殖的种类,而鲤鱼是出于试验目的于 1936 年引进的。随着 70 年代末期和 80 年代初期实行现代化商业水产养殖,埃及修建了四座鲤鱼孵化场并从前德意志民主共和国和匈牙利进口了鲤鱼。鲤鱼还大量用于政府资助的国家稻鱼兼作计划。2003 年鲤鱼的总产量为 1.7 万吨,约占水产养殖总产量的 4%,它们大多出自稻田的混养系统。

试验养殖场自 20 世纪 30 年代中期便开始养殖鲻鱼。这一种类的产量常常要取决于从河口采集的野生鱼苗。随着 80 年代中期水产养殖的扩大,埃及建立了六个鱼苗站,收集了数百万尾具有商业价值的海水种类鱼苗。目前鲻鱼养殖的年产量约为 13.6 万吨,占 2003 年水产养殖总产量的大约 30%。

草鱼、鲢鱼和鳙鱼是在 80 年代末期从匈牙利引进的。草鱼主要用于排灌系统杂草生物防治的全国性计划,来自该项计划的生产数据未被包括在水产养殖的统计数据中。尽管鲢鱼一般用于池塘养殖,但在埃及它主要用于尼罗河的网箱养殖。三种鲤科鱼的总产量是 88500 吨,占 2003 年总收获量的约 20%。

尽管罗非鱼是埃及的本地种,但是直到 20 世纪 80 年代末期,在池塘收获的鱼中出现罗非鱼则是池塘管理不善的征兆。在水产养殖发展的初期,罗非鱼并不用于池塘放养,如果在收获时出现,则被视为次要品种。直到 90 年代,罗非鱼才作为一个重要的养殖种类被重新发现。这一重新发现与开始池塘精养相关。精养罗非鱼范围的扩大导致私有孵化场和饲料加工厂建设的迅速发展。尼罗罗非鱼养殖活动的扩展也与全雄性罗非鱼的生产有关,自此罗非鱼成为最重要的水产养殖种类,总收获量达到约 20 万吨,相当于 2003 年水产养殖总收获量的 48%[①]。

---

① General Authority for Fish Resources Development, *The 2003 Statistics Yearbook*, Ministry of Agriculture Publications, 2004.

1989年罗氏沼虾从泰国引入到埃及,但是该品种尚未被埃及市场接受,因此它的产量依然有限(年产10～12吨)。

在海水养殖场中,舌齿鲈、银头鲷和大西洋白姑鱼的产量也很有限。尽管有两座孵化场(一座私营,一座为政府所有)生产鱼苗,但是大部分生产仍然依靠从野生环境中采集的鱼苗。2003年舌齿鲈和银头鲷的总产量分别为2400吨和1800吨。大西洋白姑鱼、鲇鱼和虾类的产量总计仅为数百吨。

(5)养殖方式和系统

池塘半精养水产养殖系统是该国所采用的基本养殖方式,大多数池塘都很大(2～8公顷),2003年记录的总产量为24万吨,约占水产养殖总产量的54%。大部分养殖场坐落在尼罗河三角洲北部和东部地区,使用咸淡水和淡水。不同的养殖场在放养密度、能源投入、管理水平及基础设施的规模和类型方面差异很大。这种类型的水产养殖占用土地总面积为64100公顷,每公顷年产量为0.7～6吨。

池塘精养的范围目前正在扩大,以取代面积很大的半精养池塘。池塘精养系统取决于良好的设计和土池的建造(有时采用聚乙烯薄膜衬砌)。它们的规模较小(0.3～0.6公顷),具有较高的堤坝,以便水深达到1.5～1.75米。池塘采用电动叶轮,换水率较高(每日更换2%～10%)。2003年池塘精养系统的总产量是155 000吨,占全年总产量的35%。这种类型的水产养殖占地总面积为7050公顷,平均每公顷产量达17.5～30吨(大部分是罗非鱼)。

水池精养系统是过去五年中发展迅速的另一个部门。综合性水产养殖和沙漠农业系统采用混凝土池,由于用水回报率很高,这种类型的生产越来越为人们所接受。目前注册养殖场的总数为120个,年产量3500吨。使用水池在陆地从事其他鱼类精养活动的仅限于另外五个养殖场,年总产量为500吨,主要生产罗非鱼。网箱养殖很普遍,特别是在尼罗河三角洲北部支流地区。目前所使用的网箱超过4428个,总容积130万立方米,2003年来自这些网箱的总产量为3.2万吨。

埃及自20世纪80年代中期便开始采用稻田混养方式。这种养殖活动随着水稻种植面积的变化而变化,而水稻种植面积取决于用水预算,但是随着农业和农垦部对鱼种实行价格补贴,混养规模再次扩大,2003年的总产量为1.7万吨①。

(6)渔业产量

在埃及,水产养殖被视为是增加鱼产量的唯一可行办法。在其发展战略中,农业和农垦部计划到2017年将埃及的鱼类总产量提高到150万吨,其中水产养殖产量的目标是100万吨。该部门正在以超过这一规划目标的水平发展,这一预期的增长

---

① General Authority for Fish Resources Development, *The 2003 Statistics Yearbook*, Ministry of Agriculture Publications, 2004.

与规划的禽类发展一起将有助于提高人均动物蛋白消费量。水产养殖还为大量失业的大学毕业生创造了就业机会。

与水稻生产相结合的水产养殖被政府视为对较贫困人口动物蛋白消费量的一种直接补贴。政府将从各个孵化场购买的鱼苗(每年约 2000 万尾)免费分配给稻农,这样可以确保农民获得动物蛋白供应,因为所收获的鱼不是用于销售,而是由农民直接消费。

在 2003 年,埃及水产养殖总产量达到了 445100 吨,市场总值为 584662000 美元(1 美元＝5.78 埃及镑)。这一生产数据包括各种水产养殖系统,但不含养殖渔业的渔获量(1200 吨)、再放养计划的捕捞量(2600 吨)及利用草鱼开展杂草防治计划的渔获量(18060 吨)。这后三项活动依靠生产和放养到天然水体的鱼苗和幼鱼。

根据联合国粮农组织的统计数据,图 4-4 显示了埃及水产养殖的总产量:

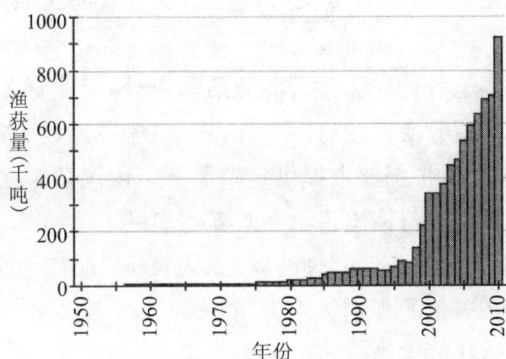

图 4-4　埃及水产养殖的报告产量

(7) 市场和贸易

在零售方面,水产养殖产品与野生捕捞产品一起出售。尽管大多数消费者对同一种类不能区分是养殖产品还是捕捞产品,但是他们认为养殖鱼类在质量上不如捕捞鱼类。目前没有任何规定要求零售商明示鱼品来源及它们是养殖还是捕捞鱼类。

鱼品销售系统简单而有效。市场由数量有限的大型批发商控制,他们主要根据供求情况来确定市场价格。养殖渔民可以自由选择通过批发商出售其产品或将产品直接卖给零售商。各大城市都有一个正式的蔬菜水果批发市场,生产者可将其产品送到那里。这些市场每天对鱼品进行拍卖。养殖渔民也可与批发商签订合同,由他们在养殖场直接收购其产品。合同通常都是非正式的,在许多情况下批发商为生产活动提供资金并按预先确定的价格收购产品。

水产养殖是该国鱼类产量的最重要来源,被政府视为可满足日益增长的鱼品需求的唯一渔业部门。水产养殖产品一般供国内市场消费,因为埃及在鱼品供应方面尚未自给(每年进口 15 万吨以确保人均年消费量达到 15 千克)。水产养殖正在从传统的家庭式经营向现代化产业迅速发展。因此,传统的家庭式养殖场数量正在减少并被鱼类半精养和精养系统所替代。

水产养殖的迅速发展为养殖场技术人员和熟练工人创造了大量的工作岗位。此外,还为支持水产养殖的新的行业和金融服务业提供了就业机会。水产养殖的成功扩展降低并稳定了埃及在鱼品方面的成本,使农村较贫困人口可以获得健康和买得起的动物蛋白。

(8) 管理机制框架

渔业资源发展局(GAFRD)是农业和农垦部的一个下属机构,负责有关鱼类生产的全部规划和管理活动,是负责实施 1983 年第 124 号渔业法的主管当局。该机构的主席具有与副部长相同的职权,因此,有权发布有关渔业和水产养殖的法令和规定。该组织的总部设在开罗,三个分支机构分布在主要渔业地区,七个总务管理局负责其余地区的业务。

除了负责在该国实施各种立法管理渔业活动以外,渔业资源发展局还负责推广和支持活动。每一个主要分支机构有一个配备了试验养殖场、孵化场和水土分析实验室的推广中心,它们可以根据要求提供免费服务。由国营孵化场生产的或由其鱼苗采集站收集的苗种按名义价格出售给私营养殖渔民。

有关捕鱼、水生生物和养鱼场管理的第 124/1983 号法律是渔业立法的主体。该法案包括数项有关水产养殖的规定。根据第 190/1983 号总统令在农业部内设立的渔业资源发展局负责该法的实施。

(9) 应用研究教育培训

大量的政府研究机构和大学(如开罗、艾因·夏姆斯、亚历山大、苏伊士运河、爱资哈尔、坦塔、艾斯尤特、宰加济格等地的大学)专门开展渔业研究和教育活动。研究通常以应用需求为重点,旨在提高生产效率。具体的研究课题一般通过研究机构、渔业资源发展局、埃及水产养殖学会和生产者之间的密切对话予以确定。渔业机构经常召开大会、研讨会和一般会议,邀请生产者参加,与科学家讨论生产问题。

国营和私营公司普遍开展实地研究活动,研究结果刊登在科学期刊上,但是简化后的文章可以刊登在渔民、专家和技术人员易于获得的,由地方水产养殖学会主办的杂志和其他刊物上。渔业资源发展局的推广和培训机构负责通过出版简单的推广材料,向文化水平较低的养殖渔民传播信息。渔业资源发展局还组织并开展免费水产养殖培训。

(10) 趋势、问题和发展

随着池塘精养技术的引进和应用的日益扩大,水产养殖在 20 世纪 90 年代的后期得到了迅速发展。到 1999 年,采用池塘精养技术的养鱼场增加到 68 个,总面积达

1088 公顷。这种发展造成了对幼体(特别是单性罗非鱼)、颗粒饲料(挤压饲料和膨化饲料)以及对熟练工需求的增长。因此,在不到六年的时间里孵化场的数量从原先的 28 个淡水孵化场增加到 2004 年的 230 个。私人经营的孵化场主要生产全雄性罗非鱼和鲢鱼。同样,饲料加工厂在同一时间内从原先的 2 个增加到 14 个,而且还生产浮性颗粒饲料。

在水产养殖技术改革初期的 1997 年,产量总计 73500 吨,仅占鱼类总产量的 16%。在这一总数中,淡水和咸淡水池塘养殖产量为 64500 吨,网箱养殖产量 2100 吨,稻田混养产量 6900 吨。在 64500 吨的池塘养殖产量中,56600 吨由私营养殖场生产,7900 吨来自政府经营的实验养殖场。池塘收获量中大约 41% 是罗非鱼,30% 是鲤鱼,22% 是鲻鱼。

2003 年埃及水产养殖收获量达到 445100 吨,占埃及鱼类总产量的大约 51%。其中,淡水和咸淡水池塘养殖产量为 394770 吨,网箱养殖产量 32050 吨,稻田养殖产量 17010 吨,水池精养产量 1344 吨。在 394770 吨的池塘养殖产量中,387520 吨由私营养殖场生产,7300 吨来自政府经营的养殖场。淡水和咸淡水池塘养殖收获量中 42% 是罗非鱼,22% 是鲤鱼,34% 是鲻鱼。

在 2003 年池塘养殖总产量中,池塘精养系统的占地面积为池塘养殖总面积的 10%,其产量为 15.5 万吨[1],占淡水和咸淡水池塘养殖总收获量的大约 39%。罗非鱼占总产量的 78%,鲻鱼占 12%,鲤鱼占 10%。

传统水产养殖业在生产系统方面也得到了巨大的改进,传统的粗养和半精养方式向半精养系统发展,定期使用补充饲料。每公顷的年产量从平均 250~400 千克提高到 0.7~6 吨。在专家和技术人员的支持下,网箱养殖迅速盛行起来。作为向毕业生提供就业的一种手段(50000 埃及镑的软贷款),渔业资源发展局还对网箱养殖的发展提供支持。

1999 年开始在罗塞塔附近的尼罗河支流肥沃的淡水中利用网箱养殖鲢鱼,此前罗非鱼曾是淡水网箱养殖的唯一品种。在 20 世纪 90 年代后期,网箱养殖产量大幅增加。1993 年,网箱总数为 355 个,年产 340 吨,到 2003 年网箱数量达到 3753 个,产量 32060 吨。值得一提的是,在尼罗河开展的网箱养殖活动正受到环境保护团体的强烈反对,因此,该部门今后会面临网箱数量和产量大幅下降的可能。

尽管大部分适于池塘养殖的土地已经得到利用,但是依然需要对淡水和咸水养殖的进一步发展做出规划。根据渔业资源发展局的信息,水产养殖发展战略规定的增长目标,即到 2017 年产量增至 100 万吨,其中增长的大部分可以通过将传统养殖

---

[1]　General Authority for Fish Resources Development, *The 2003 Statistics Yearbook*, Ministry of Agriculture Publications, 2004.

场转换为池塘精养系统予以实现。为了鼓励传统养殖向精养系统转变,渔业资源发展局最近发布政令,将用于水产养殖的公共土地租赁范围限制在 10 公顷之内。此外,土地租赁合同有效期为五年,并将根据渔业资源发展局确定的条件决定是否延期。

自新千年开始以来,沙漠地区的综合性水产养殖和农业迅速发展。大量沙漠土地所有者都建立了使用地下水的养殖设施,沙漠地区水产养殖最初是利用储存灌溉用水的水池进行养鱼。成功的事例促使部分农场主寻求技术支持,以便将养鱼与其农业活动结合起来,已登记在册的产量是 1030 吨(主要是精养的罗非鱼)。农业部对这一发展趋势给予了支持。私营的罗非鱼和鲤鱼孵化场已经在这些地区建立起来,以便满足对幼体日益增加的需求。

在渔业资源发展局的发展战略中,海水养殖被视为淡水资源有限的国家增加鱼类产量的一个机会,但是该部门正在面临一系列技术(主要是鱼种生产)和立法问题。尽管受到潜在销售收入的吸引,但较高的投资成本及相关的风险使私人投资者不敢贸然行动。沿海地区土地租赁条例的复杂性以及与享有优先权的旅游业在土地使用上的竞争导致立法的复杂化。

(三) 大型人工湖泊(水库)渔业和水产养殖

非洲是高原大陆,撒哈拉以南地区降水充沛,河流纵横,入海河流比降大,山地和高原边缘的河流往往有比较大的落差,为了发电、灌溉和发展内陆渔业,非洲国家在 20 世纪 70 年代之后十分重视大坝修筑,形成了众多的水库——人工湖泊。适宜的气候条件、广阔的人工湖泊面积,为内陆渔业和水产养殖发展奠定了很好的基础。

以津巴布韦[①]为例,津巴布韦位于非洲东南部,是一个内陆国家,东邻莫桑比克,南接南非,西和西北与博茨瓦纳、赞比亚相连,面积 390800 平方千米,大部分是高原地形,平均海拔 1000 余米,水域面积 3910 平方千米。2005 年全国大约有 1290 万人,人均 GDP 为 340 美元,GDP 总量为 34 亿美元。2005 年农业占 GDP 的 22.4%,根据 FAO 的渔业统计数据,用于食用的渔业产量是 15600 吨,进口渔产品 1639 吨,出口 1267 吨,人均渔产品消费量为 1.2 千克/年,2004 年从事渔业(含养殖业)的劳动力大约为 4700 人;2005 年出口渔产品价格 2741000 美元,进口 179300 美元。

1. 渔场与渔业资源(如图 4-5)

津巴布韦境内河流众多,河网密布。赞比西河流经津、赞两国并经莫桑比克入海,它的支流遍及津巴布韦整个西部、北部和东北部地区,主要有马佐威河、马尼阿梅河、桑亚泰河、加瓦伊河等;林波波河是津巴布韦同南非的自然边界;东南部有萨

---

① 中国社会科学院西亚非洲研究所:津巴布韦. http://iwaas.cass.cn/gjgk/feizhou/2009-06-01/754.shtmlFAO,2007. Fishery Country Profile:The Republic of Zimbabwe(R).

比河和伦迪河经莫桑比克入海,只有赞比西河可以通航。20世纪后期,津巴布韦境内修筑了大量的水坝用于发电和灌溉,形成了大量的人工水库,其中卡里巴水库(Lake Kariba)是最大的人工湖泊,卡里巴水库或卡里巴湖是一个位于赞比亚首都东南约300千米处的水库,横跨赞比亚和津巴布韦两国边境。在卡里巴水坝竣工后,自1958年至1963年完成水库蓄水。卡里巴水库是该国重要的渔业产地,也是尼罗鳄、河马等动物的休憩地,现已成为赞比亚著名的旅游景点之一。

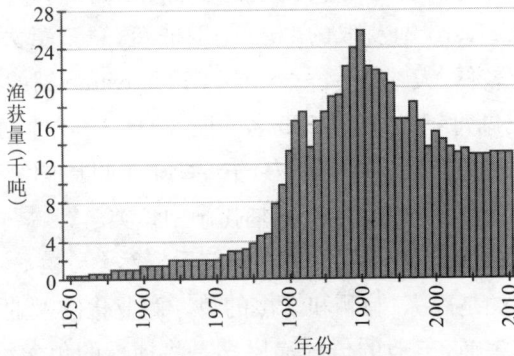

图4-5　津巴布韦渔业产量

2.津巴布韦的内陆渔业

津巴布韦的渔业属于内陆渔业,渔业资源主要分布在津巴布韦的5个大水库中:Kariba,Chivero,Manyame,Mutirikwi和Mazvikadei,其中最大的是大型人工湖泊Kariba(卡里巴)湖,地理纬度南纬16°26′~18°06′,东经26°40′~29°03′,提供了津巴布韦大约90%的渔产品,在湖泊的开阔水域主要是半工业化的渔业生产,主要捕捞中非湖鲱(Limnothrissa miodon),当地人称为Kapenta;在湖泊的近岸水域主要是当地传统的手工刺网捕鱼,满足湖滨居民的需要。津巴布韦的Chivero湖(南纬17°54′,东经30°48′,过去称为McIlwaine湖)是一个富营养化湖泊,位于Harare西南37千米,当地的渔业捕捞主要用围网在湖滨捕捞,用刺网在浅水和较深的湖水中进行捕捞。商业渔业捕捞在Manyame湖(过去称Darwndale大坝)进行,它位于Chivero湖的下游,Harare以西76千米处。在Mazvikadei大坝上游的水库中进行刺网捕捞,该水库位于Harare西北部,Mukwadzi河流经该人工湖泊。Mutirikwi湖(南纬20°14′,东经31°00′,过去称Kyle湖)是津巴布韦最大的内陆水体,渔业捕捞主要是刺网捕捞和围网捕捞,位于Masvingo镇的东南。2002年在新建成的水库,即Zhowe水库、Osborne水库、Muzhwi水库、Manyuchi水库中养殖鱼类,刺网捕捞是主要的渔业捕捞方式。

津巴布韦渔业资源丰富,有114种土著鱼种。在大规模水库建成之后,30种外来新的鱼种用于水产养殖业,其中尼罗河鲫鱼(Nile Tilapia)对津巴布韦的渔业产量有巨大的贡献。

津巴布韦的渔业统计工作起步很晚,2004 年卡里巴湖才有系统的渔业统计数据,Chivero 湖、Mutirikwi 湖 和 Manyame 水库等有渔业资源的观测,但很难统计渔业产量。卡里巴湖近岸带有九种鱼类被用作商业开发,主要是丽鱼科鱼、鲤科鱼和脂鲤科鱼以及长颌鱼和鲶鱼。2003 年在卡里巴湖的渔业资源调查显示,尼罗非鱼(O. niloticus)是主要的捕获鱼类,大约占渔业总渔获量的 17.8%。

2000 年估计从 Chivero 湖获取的 80% 是罗非鱼,总产量大约 113 吨/年;Mutirikwi 湖的渔获量比较低,大约是 14~20 吨/年;Manyame 湖的产量达到 160~400 吨/年;2004 年卡里巴湖每年大约有 1272 名渔民,网具 3198 件,船只 663 艘,主要是独木舟,只有 0.8% 的渔船装备有摩托动力,主要负责卡里巴湖鲜鱼的运输。2000 年在 Chivero 湖有四家渔业公司成立并开始捕捞湖中鱼类。

津巴布韦捕获的鲜鱼处理设备在 2005 年前后依然十分落后,主要是腌制、晾晒、烟熏,部分冷冻,出售的是冷冻、晾晒和烟熏的鱼。商业化的渔业公司多是出售新鲜的冷冻鱼给城市的零售商,当地的传统渔民多是将捕捞的鱼卖给鱼贩,鱼贩加工之后销往当地市场或者国内的农场和农村地区。

津巴布韦 2005 年估计的渔获量是 15452 吨(图 4-5),主要来自捕捞业(图 4-6),其中大约有 12000 吨来自卡里巴湖的捕捞,卡里巴湖的养殖鱼产量大约是 2400 吨,人均使用鱼的产量很低,只有 1.2 千克/年,低于非洲南部共同体(SADC)人均 6.7 千克/年的水平。2005 年津巴布韦出口的渔产品价值 270 万美元。2005 年津巴布韦劳动力有 394 万人,但从事渔业捕捞和加工的人数只有 4700 人,其中大约有 3000 人在卡里巴湖从事商业捕捞,卡里巴湖周边有传统渔民 1272 人。渔业在津巴布韦 GDP 中的贡献不大,就业人数也比较少。

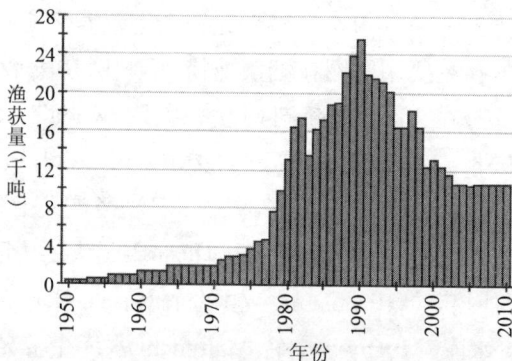

图 4-6　津巴布韦捕捞渔业产量

3. 津巴布韦的水产养殖和休闲渔业

养殖渔业在津巴布韦并不发达,小型的养殖场主要是家庭作业,在小池塘进行养殖,主要是为了生计和赚钱。水产养殖的种类主要是土著鱼类,年平均产量大约900 吨。大型的商业养殖场也很少,年产量大约 1600 吨。1997 年津巴布韦在卡里巴湖建立了哈维斯特养殖公司,主要养殖尼罗非鱼、彩虹鳟鱼,年产量占大型水产养殖总量的 80%。大型养殖场一般有小鱼塘养殖小鱼苗,等小鱼苗长到 20～25 克之后,投入卡里巴湖的网箱中养殖,一般长到 900 克出售,网箱养殖的产量每年大约是每立方米 50 千克罗非鱼,而彩虹鳟鱼和棕色鳟鱼十分适合高原气候,是津巴布韦积极养殖的鱼种。

津巴布韦水库众多,很多水库是垂钓的好去处,一般对垂钓者没有很好的管理,只有在国家公园或者是在东部高原的虹鳟鱼垂钓才要求垂钓者持有许可证。没有详细的统计数据显示垂钓者的数量和渔获量,在 Chivero 湖的垂钓收获量颇高,估计每公顷水面的垂钓量每天可以达到 120 千克,其中 49% 是商业渔业行为,27% 是休闲垂钓者,24% 的垂钓者是为了生计。津巴布韦气候宜人,是垂钓者的天堂,城市人口增加和对渔产品的需求的增加以及旅游者的增多,刺激休闲渔业快速发展。休闲渔业在津巴布韦十分流行,卡里巴湖每年有国际虎鱼垂钓锦标赛,来自世界各地的垂钓爱好者在此垂钓。

4. 津巴布韦渔业与水产养殖业趋势

近年来,津巴布韦的渔业和水产养殖业有较快的发展(图 4 - 7),因为津巴布韦发展渔业和水产养殖业的条件得天独厚,津巴布韦有大约 1000 个人工水库,可以供该国发展内陆渔业的水面广阔(3910 平方千米),发展内陆渔业潜力巨大。在包括与中国的其他国家进行渔业合作的基础上,津巴布韦的渔业与水产养殖业将会有较快的发展,特别是大型水库水产养殖业的发展更加值得关注。

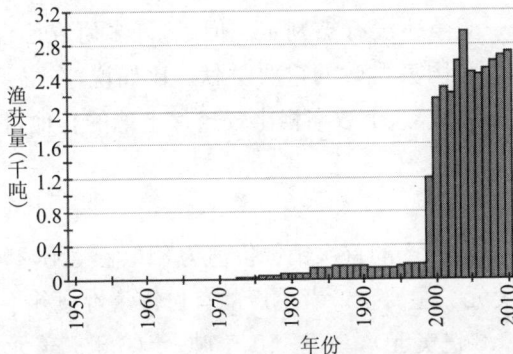

图 4 - 7　津巴布韦水产养殖业产量

三、经济贡献

(一) 渔业生产

就全球而言,2000年世界捕鱼量达948万吨(有史以来最高渔获量),内陆地区未来呈减少趋势。预计受到未来市场波动的影响,渔业最高产量来自发展中国家(620万吨),水产品总量不断增加(目前为460万吨)。现今内陆地区渔业产量为87万吨,2001年全球渔业捕捞量的整个价值(初次出售)估计有810亿美金,非洲内陆渔业捕捞量的整个价值(初次出售)大约1.823亿美金(1亿美金),等于全球价值的2%。

非洲内陆渔业的大部分渔业船是带有一些由外部引擎提供动力的独木舟(无甲板),且其数量和其他捕鱼装备的投入仍在增加。许多传统的装备设计已经混合了现代材料(如尼龙、塑料),也在许可下被私人公司所操纵。总体上讲,捕鱼设备的提升使得非洲内陆渔业捕鱼能力扩大,捕鱼压力增加(尤其是在脆弱的管理条件下)。

据统计,2001年非洲内陆渔业产量为21万吨(占全球内陆渔业产量的24%)。非洲主要渔业生产国家为:埃及(29.3万吨,3.3%)、坦桑尼亚(27.4万吨,3.1%)、乌干达(22.2万吨,2.5%)、刚果民主共和国、肯尼亚、尼日利亚、马里,主要渔场包括:维多利亚湖(50万吨)、刚果河流域(52万吨)、尼罗河流域、尼日尔-贝努埃流域(23.6万吨)、乍得湖(10万吨)。

预计渔业年产量增长率为2%(以1984~1996年数据为依据)。作为渔业总渔获量的一部分,内陆渔业产量由不到25%(1951年)增长到49%(1999年),这种趋势还将继续(联合国粮农组织指出,在非洲很多的内陆水体中产量仍有增长的潜力)。但是,非洲内陆渔业渔场的许多精确的捕捞数据还是不得而知,通常,在非洲许多国家,政府的渔业数据系统要么比较落后,要么没有可利用的价值。

对于非洲内陆渔业而言,几乎没有经济调查数据,因此,在政府官方文件和国际文献中找到真实的经济价值是很困难的。举个例子,主要内陆渔业的潜在经济财富——维多利亚湖——至今还没有被判定。但是,许多研究已经开始进行,去揭示内陆渔业对于当地经济和国家财政的重要贡献。比如说,在尼日利亚的南部,有可以产生90美元/公顷的湿地,这个数字相比较这片土地的其他可用用途要实惠得多(如谷物产量)。

(二) 渔产品价值

2000年全球捕捞渔业生产的首次销售价值为810亿美元,2001年非洲内陆地区渔业产品为18.23亿美元。主要生产者生产的首份销售价值并不全面,例子如下:尼日利亚130千吨/年(1.8亿美元),马里100千吨/年(3.5亿美元);维多利亚湖渔业产品出口价值分别为坦桑尼亚2亿美元(1998年)、肯尼亚8000万美元(1998年)、乌干达7700万美元(1994年)。由主要捕鱼者创造的首份销售价值也并不全面,实例如下:维多利亚湖 6 亿美元/年,尼日尔-贝努埃流域(9500 万美元/年),刚果河流域(2080 万美元/年)。

非洲内陆渔业相关的经济数据有限,西非/中非仅有两项研究:Hadejia-Jamare 湿地捕鱼业的经济收益达 900 万美元/年(或 90 美元/亩/年);尼日利亚东北内陆地区渔业价值为 600 万美元/年。东非/南非的案例研究较多。例如,鲁菲吉泛滥平原和三角洲地区,鱼虾产量(11 千吨/年)产生的经济价值达 7.4 亿美元;赞比西河三角洲鱼虾渔获量达 16 千吨/年,创造的经济价值达 5.37 亿美元。大多数国家渔业的 GDP 贡献不到 1%,非洲一些国家高于 1%,如加纳、毛里塔尼亚、马里、乍得、乌干达。

(三)渔业贸易

2000 年全球渔业贸易出口总价值达 5500 万美元(自 1998 年以来增长率为 8%),价格降低但产量增大了。主要的市场是日本、欧洲、北美,主要供应者为发展中国家。鱼产品是最有价值的出口商品和主要外汇的来源,将来的主要问题包括质量控制规章、公众对可持续发展的关注、追溯与标签问题。

非洲内陆渔业已经与渔业贸易系统相结合,在许多情况下具有显著的商业化水平。渔业贸易为很多人提供了谋生计的机会,并能够产出现金(通常可用作其他活动,如农业)。一些主要的渔场如维多利亚湖,进入到国际渔业贸易当中,尼罗河鲈鱼已进入欧洲、北美、日本等市场。非洲主要的内陆渔业参与区域、国家或地方贸易,经常出现在非正式的场合(一般不出现在国家的记录或政务上),通常是当地手工业者晾干或熏制的鱼产品,通过市场链来实现长距离的贸易。

区域/国家贸易近些年来发展的主要原因包括:不断扩展的城市市场的需求;其他蛋白质替代品价格昂贵;鱼产品输运方便;当地企业家和商人的投资。在地方层面,贸易主要在新鲜鱼产品和加工类产品间进行,道路设施条件好的地区贸易的范围更远。

一般来看,贸易营销和内陆渔产品之间有一定的关联。一些系统比其他系统更好(如维多利亚湖、尼日尔河的一段、乍得湖),这很大程度上依赖于外部研究和开发项目。除了一些关于产品、路径和趋势的详细观察,非洲非正式渔业贸易通常不被知晓,社会关系的本质、利益分配很难理解。

(四)鱼类供给和消费

从全球的角度出发,整个食用鱼类的供给(中国除外)自 1961 年以 2.4% 的速度在增长,而人口已经增长了 1.8%。人均供应量在低收入粮食短缺国家达到了每年 8.3 千克,在除低收入粮食短缺国家之外的发展中国家,供给上升到了 14.8 千克/年。总体上讲,内陆渔业国家的人均供给量小于 2.5 千克/人,但是在内陆渔业渔获量排在前 20 的国家中,有 13 个非洲国家,包括乍得、乌干达、刚果共和国、马里、加蓬、坦桑尼亚、赞比亚、肯尼亚、贝宁、埃及、中非共和国、刚果民主共和国和马拉维,人均鱼类的供应在 4.5~9 千克不等。

因此,对于非洲来讲,内陆渔业对于整个的食物供给起到了至关重要的作用。尽管亚洲拥有最大数量的内陆渔业供应,但是人均供应量对于非洲有着更重要的意义,尤其是在内陆国家,纵观非洲,内陆渔业已经很好地融于有序管理和较高的商业贸易系统中,这一系统将农村渔业和都市市场相联系。这也使农村渔民获得了从鱼类销售中获利的机会,也会反过来促进对其他农业活动的再投资,如农耕。他们的海鱼进口已经减少,该地区水产养殖产品还没有开发起来,尽管这些地区有着各种计划和投资。

通常来讲,因为缺乏非洲鱼类供给和消费的数据和情报,大部分的评估都是基于独立的调查和特殊的开发项目。假设大部分的内陆渔业捕捞量被用于人类消费,而非工业用途(如动物饲料生产),由此扩展到当地鱼类的家庭消费,他们的捕捞量也是在变化的,尤其是在非正式鱼类贸易网渗透以及提供销售获利机会增加的情况下。

从全球的角度讲,渔业对于整体 GDP 的贡献在多数国家相对比较小(小于1%)。在毛里塔尼亚、塞内加尔、马达加斯加、马里、纳米比亚、加纳、乍得、塞舌尔、乌干达和莫桑比克,渔业部门的贡献占 GDP 超过 5%,内陆渔业贡献超过 GDP 5%的有乍得、马里和乌干达。

四、社会层面

(一)就业和生计

2000 年全球有 3500 万人直接从事捕鱼和水产养殖业(1990 年为 2800 万人),包括全职和兼职,相当于全球农业劳动力的 2.6%。亚洲所占比例最大(3000 万人),之后为非洲(260 万人)、南美洲(100 万人)。

非洲内陆渔业(捕捞、加工、运输)是许多地区就业机会的主要来源。渔业活动也多与农业相结合,尤其是在泛滥平原和湿地地区(如尼日尔河三角洲、乍得湖流域)。

内陆渔业通常可以为农业生产等活动提供资金支持。非洲许多地区从事渔业活动的人口迁入不断增多,这是由于其他部门发展(尤其是农业)滞后的结果。这也导致了当地渔民为了尽可能地维护自身捕捞权利而与外来渔民发生冲突。在没有完善的渔业管理制度(源自传统或现代政府)解决这种类型的纠纷的情况下,可能会引发更严重的冲突和社会动乱。

非洲许多国家的经济日益疲软,就业空间有限,这使得渔业部门尤其是内陆渔业面临越来越多的就业压力。当然还有一些证据表明,在许多国家渔业和其他公共资源为穷人提供了就业安全网,并有效促进经济增长和发展。决策者需要了解关于渔业生计的更多信息,以及针对未来规划的相关的社会经济学,但目前这种类型的信息仍比较少(尽管目前非洲各种研发项目正在跟进这一议程)。

（二）营养

全球不同地区和国家的鱼类消费的类型、总量差异显著,反映了自然条件、饮食传统、需求和收入等的差异性。鱼类产品一般每斤每天能够提供 20~30 卡路里能量(在日本和冰岛为 180),世界上超过 10 亿人依靠吃鱼来获取动物蛋白,全球平均鱼产品蛋白供应量为 4.4 克/人/天[1]。相比南美(2.4 克/人/天)和亚洲(4.8 克/人/天),非洲平均鱼产品蛋白质供应为 2.4 克/人/天[1],与美洲相当。当然,这是平均数据,考虑的是鱼产品供应总量(国内生产和进口)。鱼类蛋白质在一些蛋白质摄入量少的国家的日常饮食中是必不可少的。在冈比亚、加纳、赤道几内亚、塞拉利昂、多哥、几内亚、刚果民主共和国,鱼产品(包括内陆和海洋)的贡献率超过了总蛋白质摄入量的 50%。在马里、乍得和东非,几乎所有的鱼产品都来源于内陆。然而,非洲鱼类营养作用相关的研究相对较少。

（三）社会经济、贫穷、食品安全

多年来,人们普遍认为贫困是渔业社区的地方病。在发展中国家,小型捕鱼团体(包括内陆和海洋)一般分布在最不发达的农村地区,渔民则是最贫穷的。由于过度捕捞导致了渔业渔获量降低,相对减少了就业机会。许多渔场发展政策注重鱼产品渔获量的提高(技术为主的产出方法)。

渔业往往是渔民家庭主要的生计来源,在渔场受到很好管理或与有效的市场系统相衔接时渔业活动的效益通常能够加倍。对这些宝贵资源的所有权和控制权以及效益的产生方式等将严重影响到一个地区的社会经济概况和收入水平。

人们越来越多地认识到贫困是一个复杂的现象,包括低收入、缺乏教育、社会排斥、权利失效、易受冲击、政治上无能为力。在渔业社区,不同个体(个人/家庭)的贫困情况通常与马尔萨斯危机(缺乏可用的食物、商品和服务)不相关,但更多地与福利相关(未能获取食物、商品和服务),因此,弄清渔业社区的贫穷状况对社会结构、社会关系和政策、模式改变至关重要。在这方面,内陆渔业有一些详细的研究案例(尼日利亚、乍得湖流域、西非地区、维多利亚湖),但进一步的工作和更大的覆盖范围显得更为重要,这样能够在未来渔业发展政策上产生贡献。

在许多非洲国家内陆渔业对食品安全很重要,其原因也有很多(主要是供应和相关福利)。首先,因为不同水体的广泛分布,保证了渔产品的全年供应。男人、妇女和儿童通常用简易的装置就能捕到鱼。第二,许多水体和渔业是公共资源或者开

---

① FAO 统计。

放资源(没有限制)——这意味着当地社区的所有成员可以根据他们的需要开发渔业资源(当然,在许多情况下,渔业会受到过度开发,或被所有者限制捕捞)。第三,在许多农村和城市地区,鱼是其他昂贵动物蛋白来源(肉、蛋)的廉价替代品。第四,渔产品在市场上随处可见,非洲正式和非正式的渔产品贸易已非常成熟。第五,渔业通常与农业相结合,提供食物和收入来源。

五、政策和管理

(一)全球一般趋势

联合国粮农组织(2002)已经确定,世界的许多国家和区域的渔业政策和管理处于摇摆不定的状态之中,人们越来越多地认识到适当的资源开发和可持续发展的重要性。由于其他城市化活动、水资源管理与控制、森林砍伐、农业活动和工业废物等,管理工作越来越复杂,需要开发管理系统,以应对在生态系统中的竞争利用。渔业资源的综合利用需要不同利益者之间协调好分配机制和冲突,需要重新考虑当前使用的管理方法,并运用多学科和多目标的方法[①]。事实上,随着捕捞量的增加,渔业资源承受的压力也日益增大,因此,有必要重新考察已经使用50年的管理方法,并从过去的经验中学习(包括成功和失败),必须建立相应分配机制和矛盾解决系统。

未来必须更好地应对渔业管理的多个目标,并将多学科的视角融入到政策过程。1995年被采纳的"联合国粮农组织负责任渔业行为守则"(CCRF)试图促进渔业的变化和调整,提出为实现长期可持续发展,政府应该遵循的基本规则。渔业当局迫切需要考虑怎样做得更好,或者如何用其他方式来实现渔业管理的成功——例如,以生产最大化为目标的渔业管理并没有奏效(导致过度捕捞的加剧),而以创造财富为目标的渔业管理在适当条件下可以奏效。

(二)渔业政策

在许多国家,渔业发展政策和投资通常不被优先考虑(加纳、马拉维、乌干达除外),渔业对可持续发展所做出的贡献往往被低估,渔业政策远不及农业政策受重视,许多非洲国家的渔业政策长期保持不变,自国家独立以来,政策文献很少有做过重大修改,少数国家在近几年做过一些修改(如尼日利亚)。

渔业政策通常有多项目标,包括资源保护、生物多样性保护、对乡村经济和就业的贡献、国内食品市场的贡献率以及对国际市场的贡献。政策进程(政策规划与执行)取决于拥有决策权的政府官员,通常与公众相互交流少,向当地相关部门的咨询少。渔业政策的制定和实施往往受到政策目标局限性的影响,强调生产最大化方式来满足政策目标,很少考虑到社会或经济领域的相关问题。

---

① FAO统计。

相关文章显示,非洲渔业政策产生的效果并不显著,未能达到之前制定的多个目标。政策的制定与实施本身就受到政府机构能力的限制,薄弱且不适用的法律系统缺乏政策支持的新投资(有时是投资保险、资金短缺以及政策实施干扰限制)。

政策停滞在狭隘的技术/生物方法上,未能明确渔业政策之间的联系和可持续发展(价值/角色,生成可持续的财富和对贫困人口增长做出贡献)。

(三)渔业管理

在非洲大多数国家,渔业管理是国家渔业部门的职责,通常是上级管理(包括农业、自然资源、农村发展)中的一部分。国家渔业部门的职责是执行国家渔业政策,是法律框架的支撑。国家渔业部门通过分配预算(来自国家预算)来执行其信息收集(与研究机构建立联系)的功能,分析规划、资源配置、设置和执行规章制度。

非洲的管理系统往往有一个中央集权的组织,一个进行渔业控制的区域和地方官员的主导者,执行法规并反馈信息,管理系统的目标通常关注渔业生产的最大化,参照 MSY(最大持续渔获量),并基于渔业捕捞和捕鱼工具使用进行控制。在许多渔场,国家渔业部门试图实施统一的执照,从渔民、商人手中收取税收,在一些情况下,这些资金必须上交到中央政府(国库),或者用作渔业管理系统或渔业社区建设。

相关文献显示,应用到内陆渔业的国家渔业管理系统在过去的 40 年里所起到的效果并不显著,各种指标表明,MSY 无法完成,渔业资源正遭受过度开发,渔业面临的压力不断增大,许多管理系统操作条件不成熟。国家渔业管理系统受到资金缺乏和政策支持不够、缺乏员工、专业水平低、后勤和技术问题等的限制。

在非洲一些地区,在传统社区管理系统控制下,渔业似乎实现了有效运转。近年来,国家渔业管理系统成效不高,使得人们开始寻找其他替代方法,各种项目提案和社会型的或以社区管理为基础的程序增多。然而,迄今为止,内陆渔业水产系统还有待完善。

其他综述则认为,应该回到渔业政策的设计和政策目标的调整上来,明确关注经济效益和贫困人口收入的提高,然后设计管理系统,用以满足这些新的目标。

第三节 非洲不同国家的内陆捕捞业[①]

非洲大陆的不同国家被分为不同的区域,每个区域有着共同的特点,比如气候、地形等,以此来鉴别共性的问题和发展趋势。区域通常融合了更复杂的世界淡水生

---

① Welcomme,R.,Lymer,D.,"An audit of inland capture fishery statistics-Africa,"in *FAO Fisheries and Aquaculture Circular No.1051*. Rome,FAO,2012,p.61.

态系统。一些区域的划分可能是相当粗糙的,因为它们不止位于一个生态区。例如,尼日利亚部分位于萨赫勒地区,部分位于几内亚沿岸地区;埃塞俄比亚部分在尼罗河流域,部分在大湖地区;中非共和国部分在萨赫勒地区,部分在刚果盆地。

> 北非地区(North Africa);

> 尼罗河流域(Nile River Basin);

> 非洲西部沿海盆地(Western Africa Coastal Basins);

> 大湖地区(Great Lakes);

> 非洲南部(Southern Africa);

> 刚果盆地(Congo Basin);

> 萨赫勒地区(Sahel);

> 几内亚沿岸河流(Guinean Coastal Rivers);

> 马达加斯加(Madagascar)。

非洲内陆渔获物中大约一半产自湖泊和水库,一半产自河流和沼泽。捕捞的主要鱼类有丽鱼类、鲶鱼类、鲈鱼类、鲱鱼类、鳍鲤类、鲤鱼类等。非洲内陆渔业发达的国家主要有赞比亚、坦桑尼亚、埃及、乌干达、刚果民主共和国、尼日利亚等,肯尼亚、马里、加纳、乍得等国的渔获量在非洲也占有一定比重。这类国家地处热带,水温高,有利于浮游生物和水生植物繁殖,为鱼类提供了丰富的饵料。

一、北非地区(**North Africa**)

1. 摩洛哥(Morocco)

摩洛哥内陆渔业的渔获量如图 4-8 所示,渔业年产量波动较大,1999 年摩洛哥统计的内陆渔获量达到 2130 吨,2007 年为 1210 吨,渔获量统计数据可信度高。

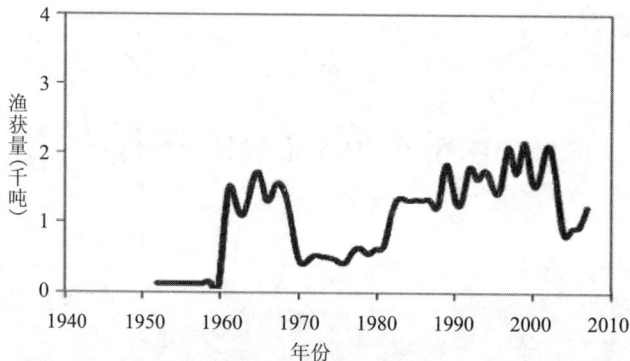

图 4-8　摩洛哥内陆渔业的渔获量变化(1950~2007)

2. 阿尔及利亚(Algeria)和利比亚(Libya)

很少有内陆渔业超过 100 吨的统计结果。内陆渔业比重很小,气候干旱,地表淡水资源十分匮乏。

3. 突尼斯(Tunisia)

1992 年之前,突尼斯的内陆渔业保持在 100 吨左右,1992 年之后开始上升,2006年产量达到 1264 吨,2007 年为 1084 吨(图 4-9)。1992～2007 年的内陆渔业产量波动很大。1992 年的渔获量统计数据最不可靠,1992 年之后的统计数据可信度中等。

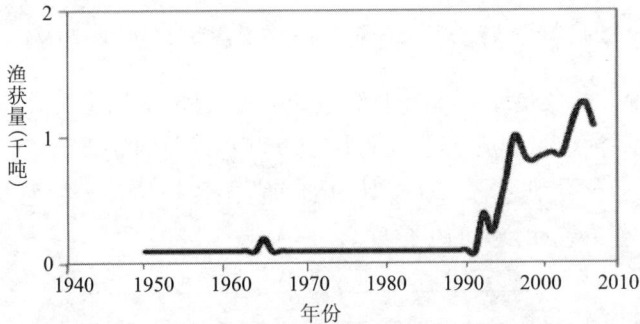

图 4-9　突尼斯内陆渔业的渔获量变化(1950～2007)

二、尼罗河流域(Nile River Basin)

1. 埃塞俄比亚(Ethiopia)

埃塞俄比亚地处尼罗河盆地和非洲高原大湖的过渡地区,属于高原地形,大部分属于尼罗河流域,也有少数河流向东流入印度洋。主要的内陆水域有:Tana 湖(3500 平方千米),Abaya 湖(1161 平方千米),青尼罗河上游(Blue Nile),Awash 河,Ganale-Dorya 河和 Shibele 河,此外还有 19 个大大小小的湖泊和水库,其中部分湖泊属于咸水湖。

埃塞俄比亚内陆渔业渔获量变化如图 4-10 所示,从有渔业统计数据开始,渔获量总体呈上升趋势,1999 年以后波动下降。埃塞俄比亚在 1994 年开始对渔获物按物种编写捕捞报告,其内陆渔业的主要捕捞鱼类有罗非鱼、尼罗河鲈鱼、鲤鱼、鲶鱼等。渔获量统计数据的可信度高。

2. 埃及(Egypt)

埃及内陆水域面积约 8700 平方千米,主要内陆水域有:Nile 河,Nasser/Nubia湖(5000 平方千米,占总水域面积的 81%),Bardawil 潟湖,Burullus 潟湖(470～560平方千米),Edku 潟湖(130 平方千米),Manzalla 潟湖(约 900 平方千米)和一些小型滨海潟湖。

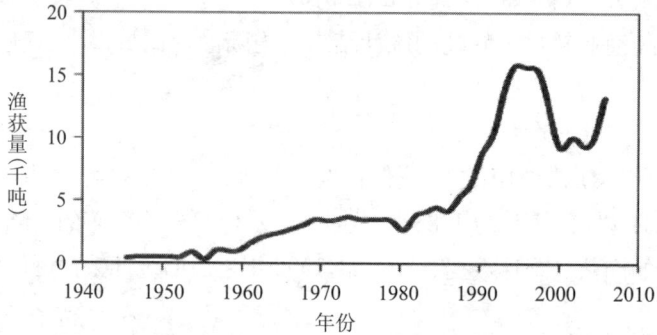

图 4－10　埃塞俄比亚内陆渔业的渔获量变化（1950～2007）

　　埃及内陆渔业渔获量变化如图 4－11 所示,渔获量呈稳步上升趋势,2003 年约为 31300 吨,之后渔获量有所下降。埃及在 1990 年以前的渔获物物种报告统一记录为淡水鱼类,之后分类细化。2006 年其内陆渔业主要捕捞鱼类为尼罗河罗非鱼、泥鱼、草鱼等。渔获量统计数据的可信度高。

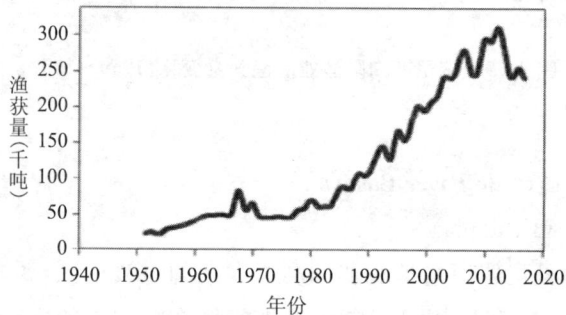

图 4－11　埃及内陆渔业的渔获量变化（1950～2007）

3. 苏丹(Sudan)

　　苏丹主要内陆水域有:Nubia 湖,Jebel Aulia 水库,Khashm el Girba 水库,Roseires 水库,Sennar 水库,White and Blue Nile 河(2084 平方千米)和 Sudd 泛滥平原(洪水期水域面积随洪水强度而定,约为 15000 平方千米)。

　　苏丹内陆渔业渔获量如图 4－12 所示,渔业渔获量自有报告记录开始一直呈线性增加。渔获量统计数据的可信度高。

　　苏丹受到频繁气候扰动的影响,主要水库渔业生产力不高。Nasser 湖发展局渔业记录显示 Nasser 湖渔业渔获量下降到约 12000 吨/年的水平,Olssen 指出该地区的最大产量为 6000 吨。渔业渔获量增长最可能的来源是 Sudd,但该地区从未被定期取样研究过。Olssen(2009)估计该地区渔业渔获量最多可达 32000 吨。苏丹内陆渔业的潜在产量可能超过 60000 吨,但是这一结论有待证实。目前苏丹尚无内陆渔

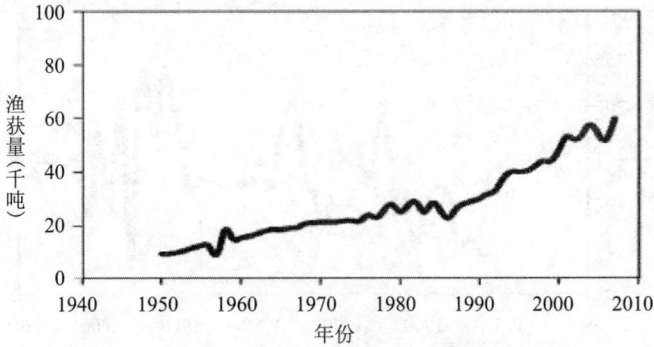

图 4‑12 苏丹内陆渔业的渔获量变化（1950～2007）

业渔获物物种组成的资料记录。

三、非洲西部沿海盆地（Western Africa Coastal Basins）

索马里内陆渔业的渔获量记录始于 1981 年，1990 年达到峰值，之后渔获量有所下降并保持在 200 吨左右（图 4‑13）。渔获量统计数据可信度低。

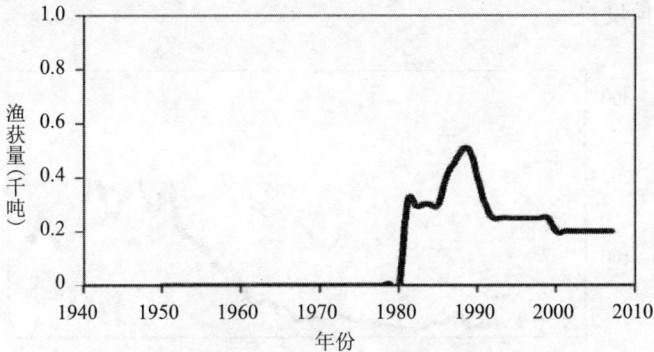

图 4‑13 索马里内陆渔业的渔获量变化（1950～2007）

四、大湖地区（Great Lakes）

1. 布隆迪（Burundi）

布隆迪内陆渔业的渔获量数据呈锯齿状变化，平均水平在 12000 吨左右。1992 年达到峰值 24000 吨，2007 年渔获量为 14000 吨（图 4‑14）。渔获量统计数据的可信度中等。

2. 肯尼亚（Kenya）

肯尼亚的主要水体位于东非大裂谷和 Victoria 湖地区，一些小型河流（Athi 和 Tana）流向东海岸，注入印度洋。主要内陆水域有：Victoria 湖（部分占有，4100 平方

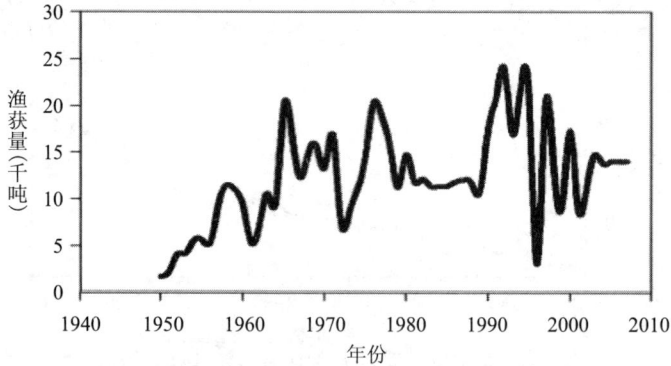

图 4 - 14　布隆迪内陆渔业的渔获量变化（1950～2007）

千米），Turkana 湖（7570 平方千米），Naivasha 湖（125 平方千米），Nakuru 湖（52 平方千米）和其他的小型湖泊、河流和水库。

　　肯尼亚内陆渔业的渔获量变化如图 4 - 15 所示，渔获量自 1950 年到 2001 年总体呈上升趋势，之后有所下降。20 世纪 80 年代以后，肯尼亚在 Victoria 湖对尼罗河鲈鱼和新耙波拉鱼的捕捞量不断上升，同时，淡水鱼类的渔获量大幅下降。渔获量统计数据的可信度高。

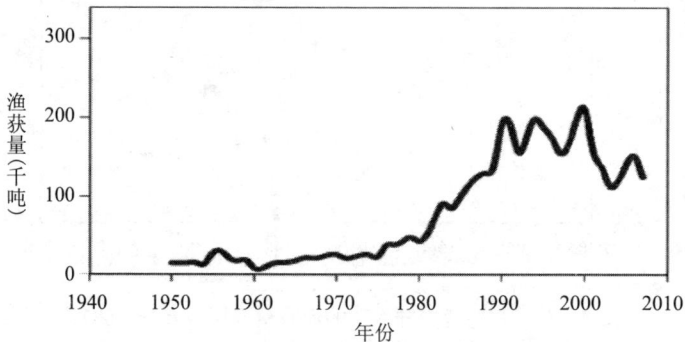

图 4 - 15　肯尼亚内陆渔业的渔获量变化（1950～2007）

　　3. 马拉维（Malawei）

　　马拉维内陆主要水域有：Malawi 湖（部分占有，25000 平方千米），Chilwa 湖，Chuita 湖（部分占有，160 平方千米），Malombe 湖（390 平方千米），Shire 河及相关的 Elphant 和 Ndinde 沼泽（雨季时 1000 平方千米）。

　　马拉维内陆渔业的渔获量变化如图 4 - 16 所示。1987 年渔业渔获量达到峰值 89000 吨，1987～2002 年渔获量呈下降趋势，之后渔获量有所增加，但年际间变化较大。内陆渔业的渔获物主要来自 Malawi 湖，其丰富的渔业资源正在开发中。丽鱼科种群储量已大幅减少。渔获量统计数据的可信度高。

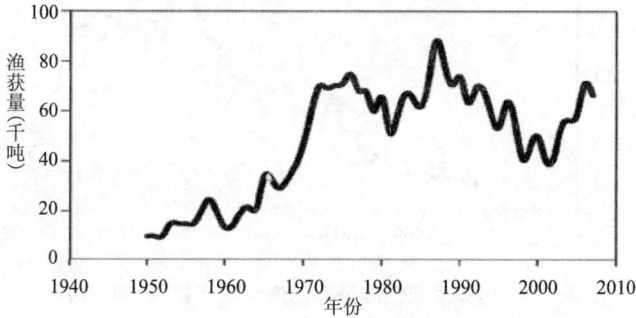

图 4 - 16　马拉维内陆渔业的渔获量变化（1950～2007）

4. 卢旺达（Rwanda）

卢旺达内陆渔业的渔获量变化如图 4 - 17 所示，早期内陆渔业的渔获量较稳定，1996 年之后开始持续增加，2007 年达到 9000 吨（图 4 - 17）。渔获量统计数据可信度中等。

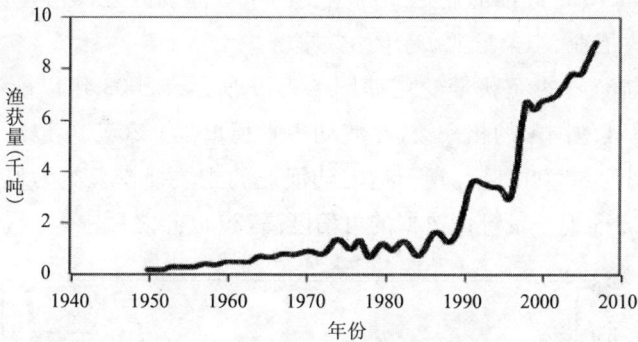

图 4 - 17　卢旺达内陆渔业的渔获量变化（1950～2007）

5. 坦桑尼亚（Tanzania）

坦桑尼亚主要的内陆水体位于裂谷和大湖地区，此外，还有一些小型河流流向东海岸，汇入印度洋。主要内陆水域有：Tanganyika 湖（部分占有，13500 平方千米），Victoria 湖（部分占有，33700 平方千米），Nyasa/Malawi 湖（部分占有，5569 平方千米的面积）及大量小型湖泊和水库。

坦桑尼亚内陆渔业的渔获量变化如图 4 - 18 所示，1990 年之前的渔获量一直呈平稳增加的趋势，1990 年之后渔获量稳定在 300000 吨的水平。坦桑尼亚内陆渔业的主要捕捞鱼类有尼罗河鲈鱼、罗非鱼和达卡鱼等。渔获量统计数据的可信度高。

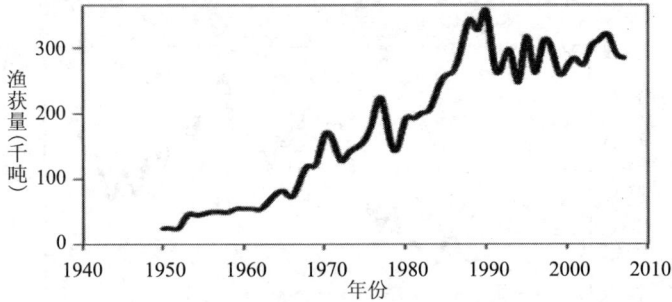

图 4 - 18　坦桑尼亚内陆渔业的渔获量变化（1950～2007）

6. 乌干达（Uganda）

乌干达境内湖泊众多，但河流资源相对较少，主要内陆渔业分布在：Victoria 湖（部分占有，31000 平方千米），Albert 湖（部分占有，6270 平方千米），Edward 湖（部分占有，670 平方千米），George 湖（250 平方千米），Kyoga 湖（包括湖泊和沼泽在内总共 4716 平方千米），Victoria 湖和 Albert Nile（部分占有，605 平方千米）以及众多的小型湖泊。Victoria 湖泊渔业是非洲主要的单一渔业区，虽然其渔业资源被三个沿岸国家——肯尼亚、坦桑尼亚、乌干达共享。

乌干达内陆渔业的渔获量变化如图 4 - 19 所示。2003 年以前其变化趋势与Victoria 湖沿岸其他国家的相一致，在波动中平稳增加。2003 年以后渔获量急剧增加，2007 年达到近 500000 吨。乌干达内陆渔业的主要捕捞鱼类为尼罗河鲈鱼和罗非鱼。2000 年之前渔获量统计数据的可信度高，2000 年之后中等。

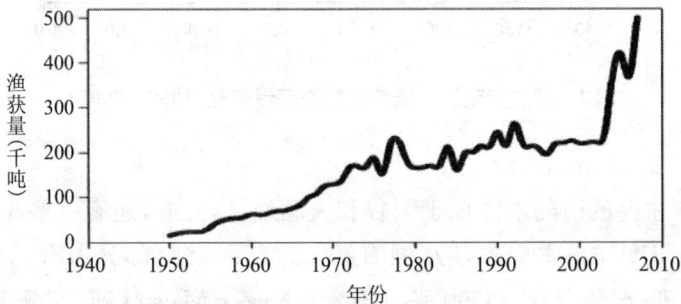

图 4 - 19　乌干达内陆渔业的渔获量变化（1950～2007）

五、非洲南部（Southern Africa）

1. 安哥拉（Angola）

安哥拉没有大型的湖泊，但在其南部和东部，分布有众多与河流泛滥平原有关的小型水体。安哥拉境内的河流由中央的比耶高原向四周辐射，划分出与动物地理区相对应的五大盆地：Zaire 河盆地，其主要的支流包括 Kasai 河和 Kwango 河；Zam-

bezi 河盆地以及 Zambezi 河源头及其支流，Lungue 河和 Cuanduo 河，泛滥平原面积
共约 20000 平方千米；Okavango 河盆地，Cuito 河和 Cubango 河；北部沿海河流，主
要是 Cuanza 河；Cunene 河盆地，包括了 15000 平方千米的 Ovambo 泛滥平原。

安哥拉内陆水体的主河道总长超过 10000 千米，另外还有大量的小型湖泊和蓄
水池，最大的为 Cunene 河上的 Gove(140 平方千米)和 Bengo 的 Kimimha(50 平方
千米)。预计未来安哥拉还会修建几座大型水库。

安哥拉内陆渔业的渔获量变化如图 4-20 所示，2001 年之后，渔获量急剧增加，
2007 年达到 15000 吨。由于安哥拉许多地区内陆渔业的渔获量统计受到地区冲突
和安全问题的阻碍，数据相对贫乏，和安哥拉内陆水产资源储量相比，评估结果可能
低于实际水平，但该国内陆渔业仍有相当大的发展潜力。渔获量统计数据的可信度
低。目前尚无渔获物种类组成数据。

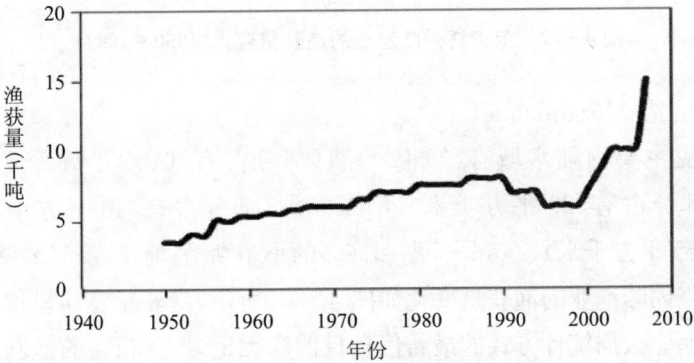

图 4-20　安哥拉内陆渔业的渔获量变化(1950～2007)

2. 博茨瓦纳(Botswana)

博茨瓦纳内陆渔业的渔获量变化如图 4-21 所示，渔获量在 1990 年之前缓慢上
升，1990 年之后突然下降，之后稳定在 443 吨左右。渔获量统计数据的可信度低。

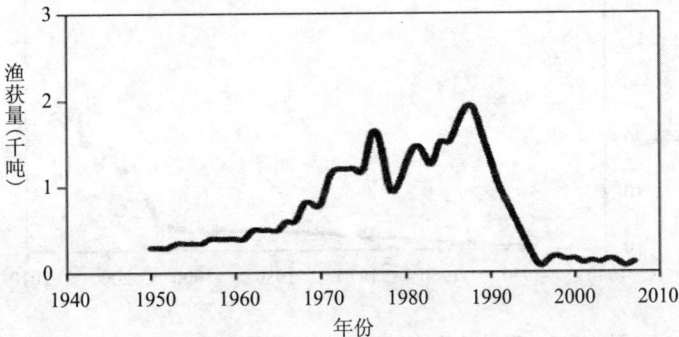

图 4-21　博茨瓦纳内陆渔业的渔获量变化(1950～2007)

3. 莱索托(Lesotho)

莱索托内陆渔业的渔获量变化如图 4-22 所示,莱索托在 1989 年开始编写内陆渔业的捕捞报告,渔获量总体呈增长趋势。报告的渔获量统计数据可能全部是伪造的,可信度低。

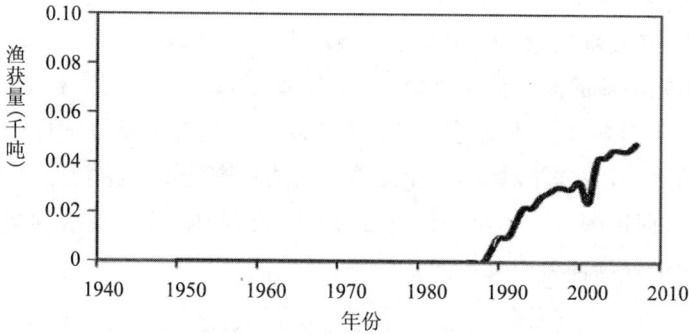

图 4-22 莱索托内陆渔业的渔获量变化(1950～2007)

4. 莫桑比克(Mozambique)

莫桑比克主要内陆水域有:Malawi 湖(部分占有,6400 平方千米,占 21%),Chilwa 湖(部分占有,29 平方千米),Chuita 湖(部分占有,40 平方千米),Cahora Bassa 湖(2665 平方千米),Zambezi 湖和许多的小型湖泊、河流、滨海潟湖。

莫桑比克内陆渔业的渔获量变化如图 4-23 所示,渔获量总体呈增长趋势。莫桑比克内陆渔业数据统计方式的最新信息目前尚无记录,其报告的渔获量可能低于其水产资源的潜在值。卡宾达鱼(Kapenta)渔获量在 2004 年达到了 18000 吨(占总捕捞量的 68%),但之后有所下降,2007 年只有 8000 吨(占捕捞量的 33%)。Cahora Bassa 湖是莫桑比克卡宾达鱼的主要来源,目前管理相对较好,提供的渔业数据客观合理。渔获量统计数据的可信度低。

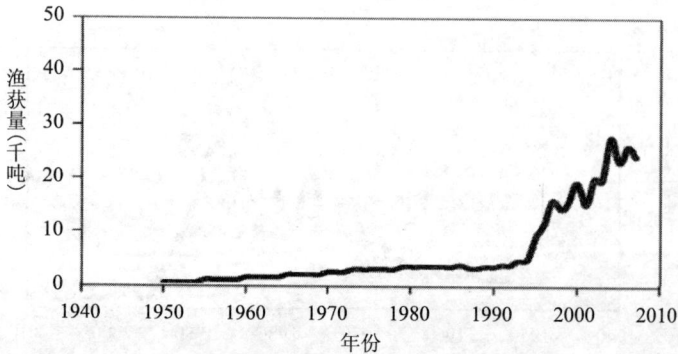

图 4-23 莫桑比克内陆渔业的渔获量变化(1950～2007)

虽然淡水鱼类和卡宾达鱼的分离统计为渔获量的统计提供一些帮助,但该国迄今为止还没有对渔获物按物种编写的捕捞报告。

5. 纳米比亚(Namibia)

纳米比亚内陆渔业的渔获量记录始于 1974 年,其渔获量变化如图 4-24 所示,2005 年达到最高值 3200 吨,之后有轻微下降,2007 年为 2800 吨。目前尚无莫桑比克内陆渔业数据统计方式的相关记录,尽管纳米比亚气候干旱,但仍有一些重要的内陆渔业资源,所以目前报告的渔获量可能低于实际水平。渔获量统计数据的可信度中等。

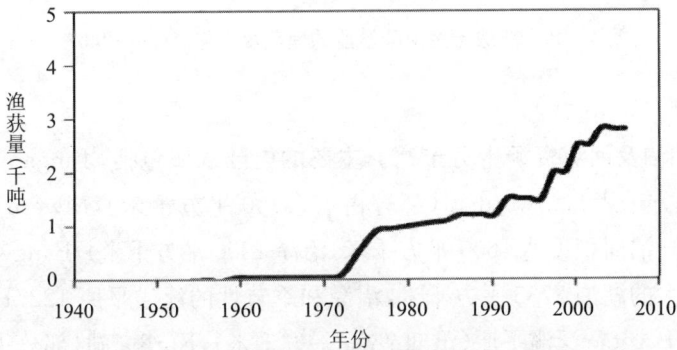

图 4-24　纳米比亚内陆渔业的渔获量变化(1950~2007)

6. 南非(South Africa)

南非内陆渔业的渔获量变化如图 4-25 所示,1970 年渔获量急剧增加,1970~1981 年一直保持在 1150 吨左右,之后渔获量下降到约 900 吨。报告的数据可能全部是伪造的,并且可能因记录不全而少报。渔获量统计数据的可信度低。

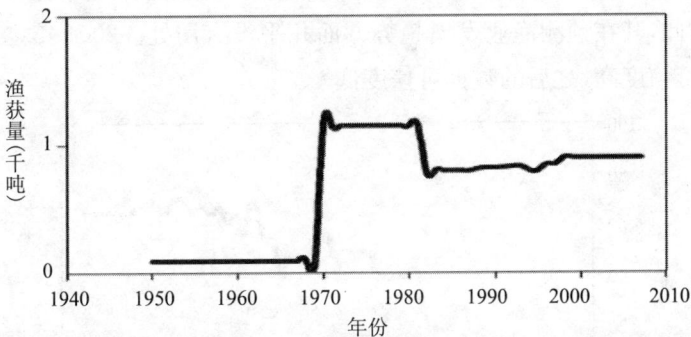

图 4-25　南非内陆渔业的渔获量变化(1950~2007)

7. 斯威士兰(Swaziland)

斯威士兰内陆渔业的渔获量变化如图 4-26 所示,记录初期捕捞量有小幅增加,之后缓慢下降到 70 吨/年。报告的渔获量统计数据可能是伪造的,可信度低。

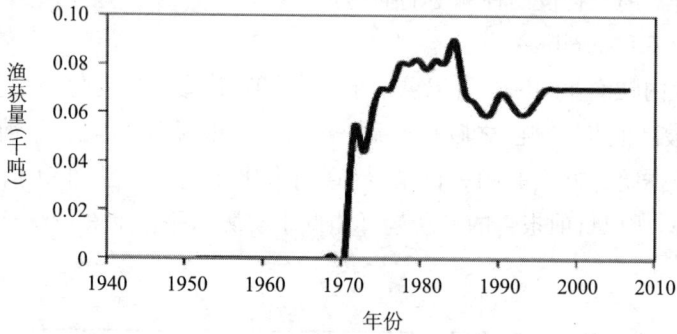

图 4‑26 斯威士兰内陆渔业的渔获量变化(1950～2007)

8. 赞比亚(Zambia)

赞比亚湖泊及河流资源十分丰富。主要的内陆水域包括:Tanganyika 湖(部分占有,2000 平方千米),Mweru 湖(部分占有,2700 平方千米),Mweru Wan'tipa 湖(变率较大的湖泊面积可达 1600 平方千米,沼泽 1200 平方千米),Bangweulu 沼泽和湖泊(变化较大的湖泊 2735 平方千米,沼泽和季节性的泛滥平原 12271 平方千米),Zambezi 河—Barotse 泛滥平原(汛期 7800 平方千米),Kariba 湖(部分占有,2412 平方千米),Kafue 河泛滥平原(汛期 4340 平方千米,ItezhiTezhi 湖 360 平方千米)以及大量小型河流、湖泊、水库等。

赞比亚内陆渔业的渔获量变化如图 4‑27 所示,由于缺乏进一步的资料,很难说明该国内陆渔业的实际现状如何,报告的渔获量在 1986 年之前一直稳步增长,1986年达到 70000 吨,之后数据趋于稳定,内陆水域的渔业资源可能都受到了过度捕捞。报告显示国家层次的内陆渔业渔获量变化趋势良好,但由于缺乏个体渔业渔获量的可用信息,因此,其在预测渔业发展趋势方面几乎没有用处。2001 年之前的渔获量统计数据的可信度高,之后的数据可信度低。

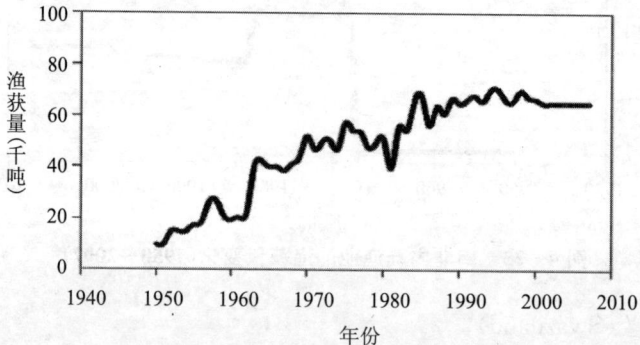

图 4‑27 赞比亚内陆渔业的渔获量变化(1950～2007)

9. 津巴布韦(Zimbabwe)

津巴布韦内陆渔业的渔获量与渔获量变化趋势如图 4－28 所示,1990 年之前渔获量急速增长,到 1990 年达到 25000 吨,之后有所下降,2007 年为 10500 吨。渔获量统计数据的可信度高。

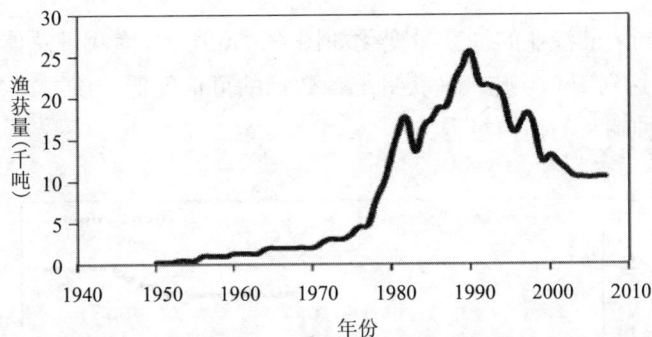

图 4－28　津巴布韦内陆渔业的渔获量变化(1950～2007)

六、刚果盆地(Congo Basin)

1. 喀麦隆(Cameroon)

喀麦隆内陆主要水体有:Chad 湖(部分占有,1800 平方千米,占水域总面积的 30%,目前剩余 500 平方千米),Logone 河和 Yaeres 泛滥平原(部分占有,雨量充足的年份总面积 6000 平方千米,近来由于降水减少和人为抽水,面积大大减少),Benue 河,Sangha 河,生产率相对较低的森林河,Bamendjing 水库(250 平方千米),Lagdo 水库(700 平方千米),Maga 水库(360 平方千米),众多小型湖泊和水坝。

喀麦隆内陆渔业的渔获量变化如图 4－29 所示,渔获量从 1993 年开始迅速增长,2006 年达到峰值 74380 吨。渔获量统计数据的可信度低。该国迄今为止还没有对渔获物按物种编写的捕捞报告。

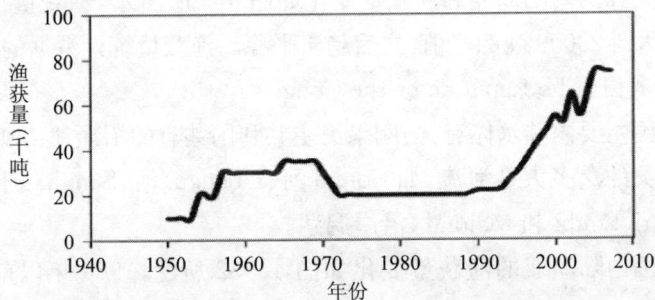

图 4－29　喀麦隆内陆渔业的渔获量变化(1950～2007)

2. 中非共和国(Central African Republic)

中非共和国位于两个区域内,北部位于萨赫勒地区的乍得盆地,南部位于刚果河最大支流的上游盆地,乌班吉河覆盖了该国的主体。中非北部内陆水体有 Bahr Aouk, Bar Kameur, Ouham 河。刚果盆地水体包括 Bangui 河和众多支流, Kotto 河, Sangha 河。

中非共和国内陆渔业的渔获量变化如图 4-30 所示,渔获量总体呈增长趋势, 2007 年渔获量达到 15000 吨。渔获量统计数据的可信度低。该国迄今为止还没有对渔获物按物种编写的捕捞报告。

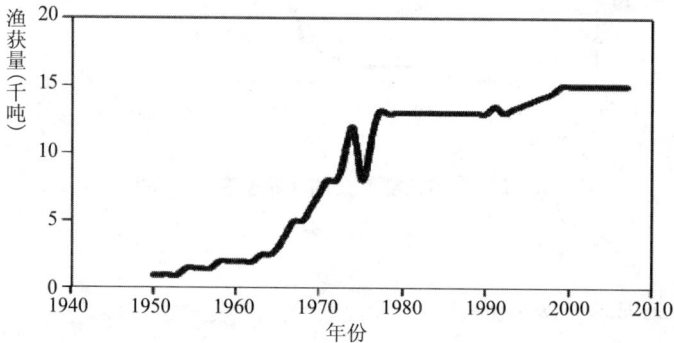

图 4-30　中非共和国内陆渔业的渔获量变化(1950～2007)

3. 刚果民主共和国(The Democratic Republic of the Congo)

刚果民主共和国横跨赤道,内陆水域广阔。它拥有非洲最广阔的内陆水体系统,其中包括:Albert 湖(部分占有,2420 平方千米),Edward 湖(部分占有,1630 平方千米),Kivu 湖(部分占有,1370 平方千米),Tanganyika 湖(部分占有,14800 平方千米),Mweru 湖(部分占有,1950 平方千米),Tumba 湖(765 平方千米),Upemba 湖(530 平方千米),洪溢林(永久性面积 37870 平方千米,季节性 22800 平方千米), Congo 和 Ubangui 河(主干道 17000 平方千米,支流 17000 平方千米)。

刚果民主共和国内陆渔业的渔获量变化如图 4-31 所示,渔获量在波动中缓慢增长,2001 年达到 23000 吨的峰值,之后趋于平稳。渔获量统计数据的可信度低。

4. 刚果共和国(The Republic of the Congo)

刚果共和国主要内陆水体有:与刚果民主共和国共有的沼泽地 45000 平方千米,与沼泽体系相关的众多大型河流,如 Congo 河、Ubangui 河、Sangha 河等,众多小型湖泊,Conkouati、Loubi 和 Malonda 沿岸潟湖。

刚果共和国内陆渔业的渔获量变化如图 4-32 所示,1986 年以前持续稳步增长,1991 年出现陡增,2005 年增加到 30120 吨,之后渔获量略有下降。渔业渔获量数据的可信度低。该国迄今为止还没有对渔获物按物种编写的捕捞报告。

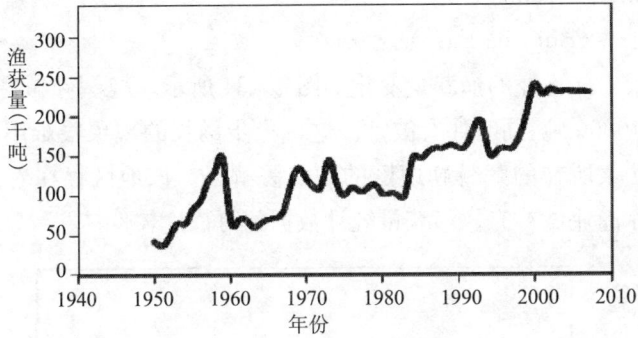

图 4 - 31　刚果民主共和国内陆渔业的渔获量变化（1950～2007）

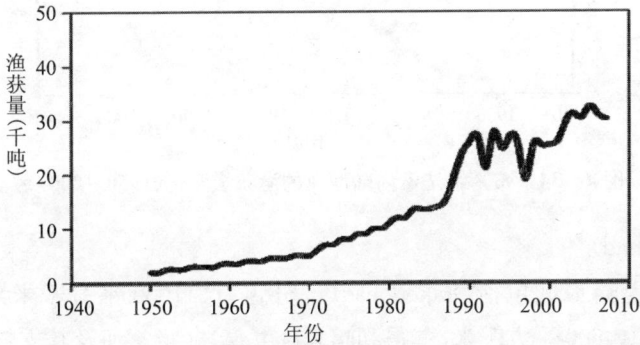

图 4 - 32　刚果共和国内陆渔业的渔获量变化（1950～2007）

5. 加蓬（Gabon）

加蓬内陆渔业的渔获量变化如图 4 - 33 所示，渔业捕捞量从 1993 年开始快速增长，达到 10000 吨的峰值，之后一直在这个水平波动，2007 年渔获量为 9500 吨。虽然从总体来看渔获量数据较为合理，但其数据信息来源不明。1992 年之前的渔获量统计数据的可信度低，之后的数据可信度中等。

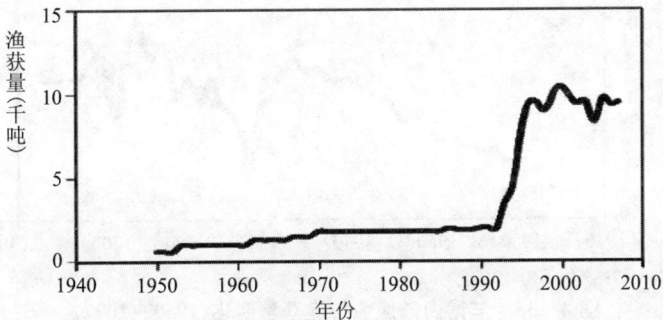

图 4 - 33　加蓬内陆渔业的渔获量变化（1950～2007）

七、萨赫勒地区（Sahel）

1. 布基纳法索（Burkina Faso）

布基纳法索内陆渔业的渔获量变化如图 4-34 所示，纵观上报的数据，可见产量稳步增长直至 10200 吨，同时伴有波动。这一稳步增长的现象很难用有限的水生资源以及布基纳法索所在的萨赫勒地区的现实去解释。该地区存在着由联合国粮农组织提供的水库渔业做补充。渔获量统计数据的可信度较低。

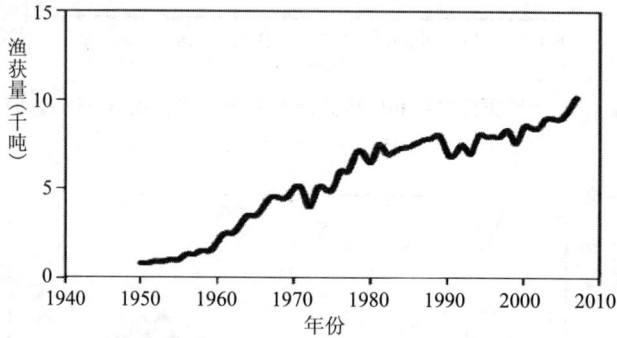

图 4-34　布基纳法索内陆渔业的渔获量变化（1950～2007）

2. 乍得（Chad）

乍得主要内陆水域包括：Lake Chad（部分占有，11000 平方千米），Logone 河和 Yaeres 泛滥平原（4600 平方千米，乍得和喀麦隆共享），Chari 河及其支流 Bahr Salamat 河，Bahr Aouk 河和泛滥平原（多雨年份约 90000 平方千米，干旱年份大大减小）。

乍得内陆渔业的渔获量变化如图 4-35 所示，在 1977 年之前，乍得的渔获量变化很大，稳步上升至 8 万吨，1982 年骤降到 3 万吨，之后再次增长至 1996 年的 10 万吨。目前的渔获量保持在 7 万吨左右。1983 年之前的渔获量统计数据的可信度中等，之后的数据可信度低。该国迄今为止还没有对渔获物按物种编写的捕捞报告。

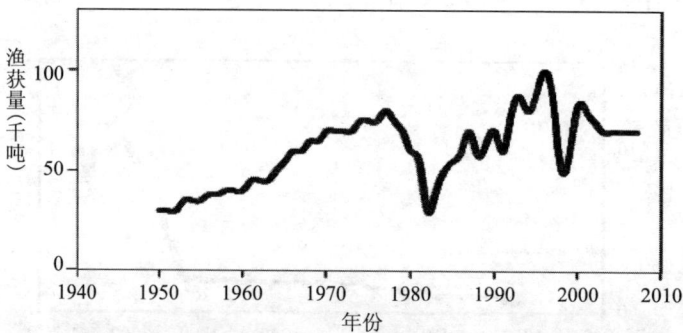

图 4-35　乍得内陆渔业的渔获量变化（1950～2007）

3. 马里(Mali)

马里的渔业主要基于：Niger 中央三角洲（最小面积 3500 平方千米，水淹面积 25000～54000 平方千米），Niger 河及其上游支流，Selingue 水库（409 平方千米）及 Manatali 水库（600 平方千米）。

马里内陆渔业的渔获量变化如图 4-36 所示，期间捕捞量波动较大，1996 年达到峰值 132000 吨。1990 年之前的渔获量统计数据的可信度高，之后的数据可信度低。

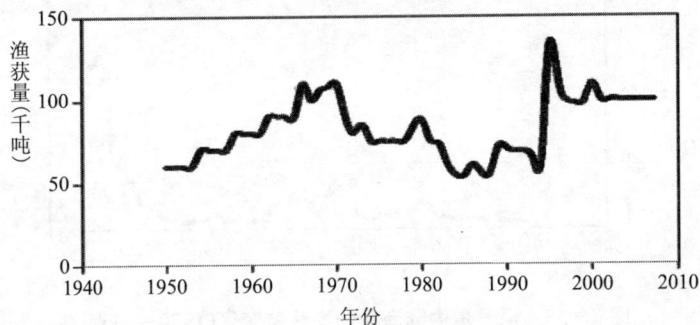

图 4-36　马里内陆渔业的渔获量变化（1950～2007）

4. 毛里塔尼亚(Mauritania)

毛里塔尼亚内陆渔业的渔获量变化如图 4-37 所示，内陆渔业的渔获量明显随时间逐步变化，这表明数据记录贫乏。1994 年之后，渔获量迅速增加，最大值为 14500 吨。很难根据塞尼加尔河（该国仅有的内陆渔业资源）筑坝后萨赫勒地区的持续干旱、河流改道以及泛滥平原的减少来判定渔获量的变化。渔获量统计数据的可信度低。

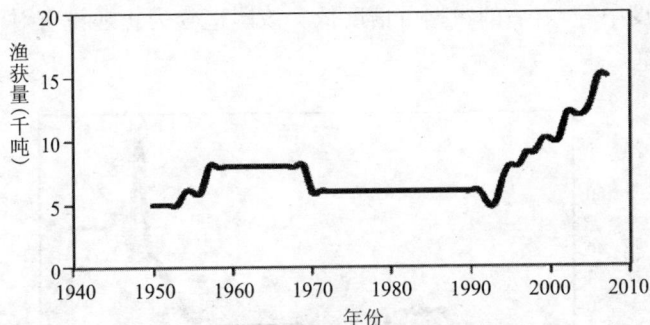

图 4-37　毛里塔尼亚内陆渔业的渔获量变化（1950～2007）

5. 尼日尔(Niger)

尼日尔主要内陆水域包括：生产力不高的 Niger 河道及泛滥平原（约 600 平方千

米);Chad 河(最大面积 3898 平方千米),20 世纪 80 年代末开始干涸;大量季节性湖泊。

尼日尔内陆渔业的渔获量变化如图 4－38 所示,1950～2000 年捕捞量一直稳定在 5500 吨的平均水平,之后迅速增至 56000 吨,然后再次降低到 30000 吨。1994 年之前的渔获量统计数据的可信度高,之后的数据可信度低,需要进一步研究证实。

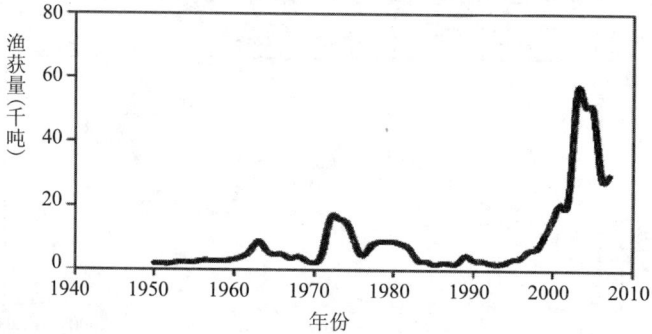

图 4－38　尼日尔内陆渔业的渔获量变化(1950～2007)

6. 塞内加尔(Senegal)

由于 Manantali 大坝建在上游,塞内加尔许多洪积平原已经干涸,洪泛区面积减少至 6000 平方千米。河口 Diama 拦河坝的运行阻断了海洋和三角洲之间的水体交流。主要内陆水域包括:Guiers 湖(300 平方千米),Senegal 河及泛滥平原(12000 平方千米),Senegal 三角洲(5800 平方千米),Gambia、Casamance 及其他河流。

塞内加尔内陆渔业的渔获量变化如图 4－39 所示,1950～1990 年的捕捞量一直稳定在 15000 吨左右,在 1997 年迅速增长到峰值 80000 吨。1990 年之前渔获量统计数据的可信度中等,之后的数据可信度低。该国迄今为止还没有对渔获物按物种编写的捕捞报告。

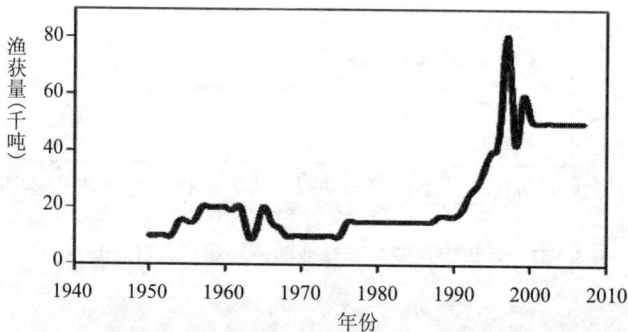

图 4－39　塞内加尔内陆渔业的渔获量变化(1950～2007)

八、几内亚沿岸河流(Guinean Coastal Rivers)

1. 贝宁(Benin)

贝宁是个狭长的国家,坐落在萨赫勒地区北部,几内亚地区的南部。主要水体:Oueme 河(700 平方千米)及三角洲(2000 平方千米),Mono 河(360 平方千米),Aheme 湖及广阔的滨岸潟湖复合体(85 平方千米),Nokoue 湖(140 平方千米)及其他潟湖(42 平方千米),Niger 河及其北流支流,该国西北部位于 Upper Volta 盆地——Pendjari 河。

贝宁内陆渔业的渔获量变化如图 4-40 所示,数据表明 1968～1997 年渔获量一直保持在 35000 吨左右,1997 年之后略有下降。该下降趋势与联合国粮农组织所资助的 1971 年报告(表 4-2)指出的过度捕捞相一致。然而由于贝宁渔业分布零散且从业渔民数量巨大,很难对其进行取样调查。贝宁在 20 世纪 70 年代以前的渔获物物种报告统一记录为淡水鱼类,之后分类细化。2006 年其内陆渔业的主要捕捞鱼类为罗非鱼和淡水鱼。渔获量统计数据的可信度高。

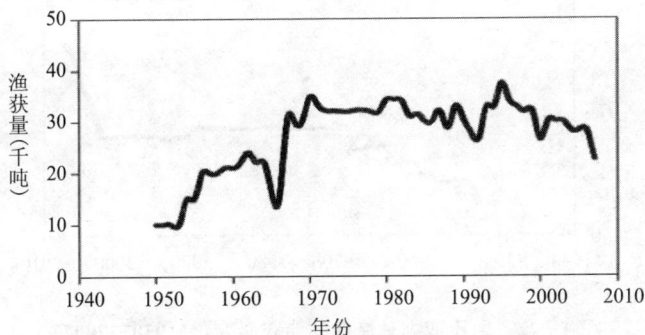

图 4-40 贝宁内陆渔业的渔获量变化(1950～2007)

表 4-2 20 世纪 70 年代贝宁不同水体的渔获量

水 体	渔获量(吨)	水 体	渔获量(吨)
Aheme 湖	8151	沿海潟湖	610
Oueme 河及三角洲	6483	Niger 河	1173
Nokoue 湖	5238	其他	900

2. 赤道几内亚(Equatorial Guinea)

赤道几内亚内陆渔业的渔获量变化如图 4-41 所示,1994 年迅速增长到 1100吨,2007 年又下降到 700 吨,在 1984 年前没有捕捞量记录。数据收集系统及渔业和水产养殖部门的活动均不明确。渔获量统计数据的可信度低。

3. 冈比亚(Gambia)

冈比亚内陆渔业的渔获量变化如图 4-42 所示,2002 年之前渔获量一直低于

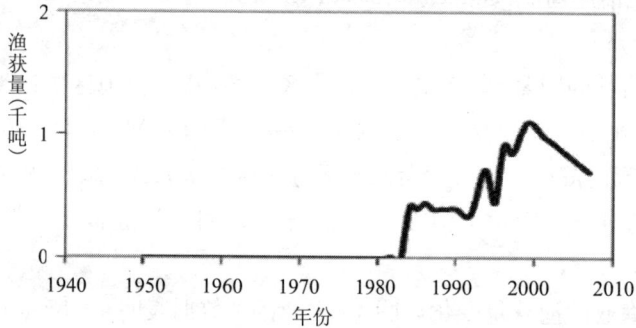

图 4-41 赤道几内亚内陆渔业的渔获量变化(1950～2007)

300 吨,2007 年渔获量上升至 4865 吨。从上报数据的形势来看,数据收集零散随意,渔获量水平与资源潜力一致。渔业渔获量与上一年度相比变化没有超过 30%。渔获量统计数据的可信度低。

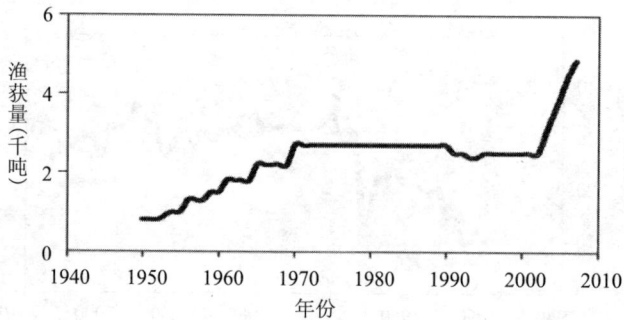

图 4-42 冈比亚内陆渔业的渔获量变化(1950～2007)

4. 加纳(Ghana)

加纳主要内陆水体包括:Volta 湖(8290 平方千米),一些小型水库,Volta 河流系统,一些南流的河流及水库,Abi-Tendo-Ehy 潟湖复合体(410 平方千米),Keta 潟湖(330 平方千米),一些小型滨海潟湖。

加纳内陆渔业的渔获量变化如图 4-43 所示,渔获量呈阶梯状逐步增长,目前保持在 75000 吨。1968～1971 年捕捞量的急速增长与 Volta 水库渔业的运营一致。1998 年之前的渔获量统计数据的可信度高,之后的数据可信度低。该国迄今为止还没有对渔获物按物种编写的捕捞报告。

5. 几内亚(Guinea)

几内亚内陆渔业的渔获量变化如图 4-44 所示,早期渔获量总体呈增加趋势,1988～1998 年间有所波动,之后稳定在 4000 吨。从上报的数据来看,数据收集零散,没有任何信息表明这些数据是如何收集过来的。渔获量统计数据的可信度低。

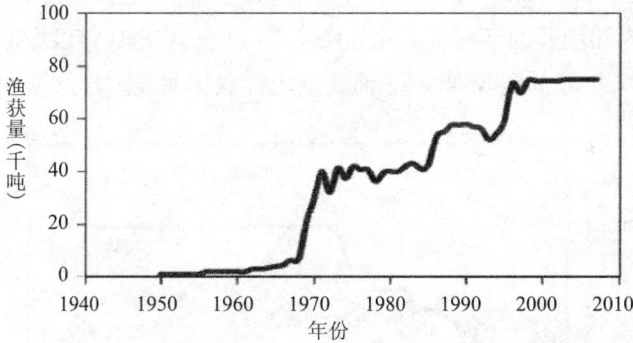

图 4‑43 加纳内陆渔业的渔获量变化（1950～2007）

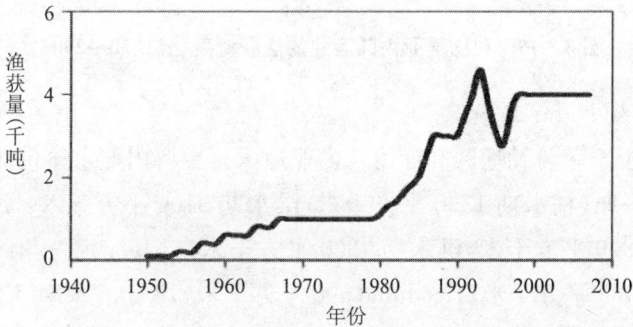

图 4‑44 几内亚内陆渔业的渔获量变化（1950～2007）

6. 科特迪瓦(Côte d'Ivoire)

科特迪瓦内陆渔业的渔获量变化如图 4‑45 所示,1998 年渔获量迅速增长达到峰值,随后开始下降,在 2002～2003 年有所恢复,2007 年再次跌至 6499 吨。渔获量统计数据的可信度中等。

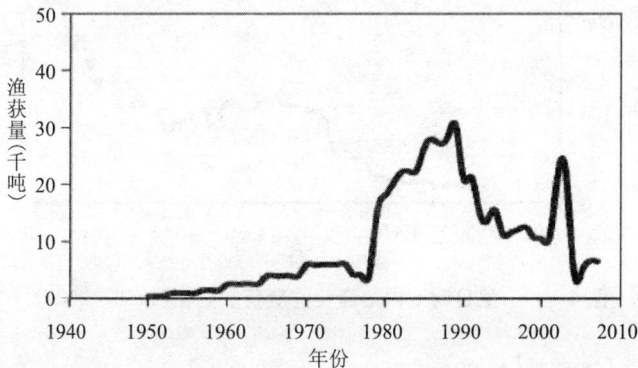

图 4‑45 科特迪瓦内陆渔业的渔获量变化（1950～2007）

7. 利比里亚(Liberia)

利比里亚内陆渔业的渔获量变化如图 4－46 所示，1970 年以后渔获量长期保持在 4000 吨，2007 年降低到 3500 吨。渔获量统计数据明显来自估算，可信度低。

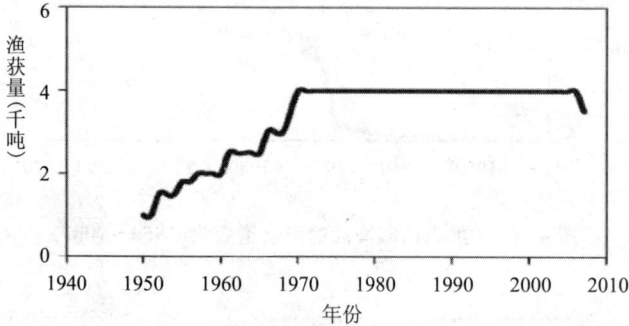

图 4－46　利比里亚内陆渔业的渔获量变化(1950～2007)

8. 尼日利亚(Nigeria)

尼日利亚位于萨赫勒地区和赤道几内亚地区。主要内陆水体包括：Chad 湖、Benue 河和泛滥平原(枯水期 1290 平方千米，洪水期 3100 平方千米)，Niger 河和泛滥平原(枯水期 1800 平方千米，洪水期 4800 平方千米)，Niger 河三角洲(9700 平方千米)，Cross 河(485 平方千米)，Kaduna(590 平方千米)，Kainji 水库(1290 平方千米)，Tiga 水库(178 平方千米)，大量小型湖泊、水库、滨海潟湖和河流。

尼日利亚内陆渔业的渔获量变化如图 4－47 所示，早期的渔获量逐渐上升，1971 年到 1998 年稳定在 10 万吨/年左右。1998 年之后渔获量又迅速上升，目前达到约 22.5 万吨/年。渔获量统计数据的可信度中等。

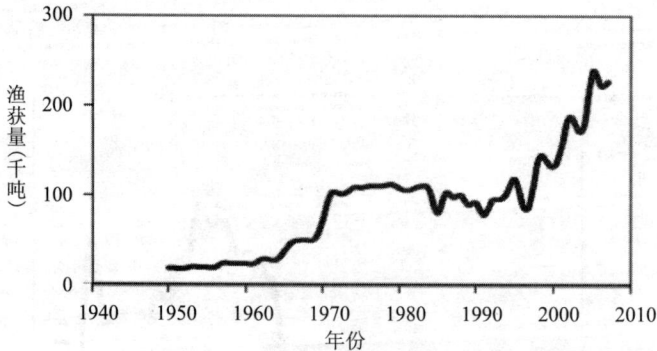

图 4－47　尼日利亚内陆渔业的渔获量变化(1950～2007)

9. 塞拉利昂(Sierra Leone)

塞拉利昂内陆渔业的渔获量变化如图 4－48 所示，1977 年之前塞拉利昂的渔获量一直处于较低水平,80 年代迅速增长到约 17000 吨,1990 年轻微下降到约 14000 吨,之后保持稳定。由于该国渔业部门已因故停止运营,数据的收集渠道令人怀疑,渔获量统计数据的可信度低。

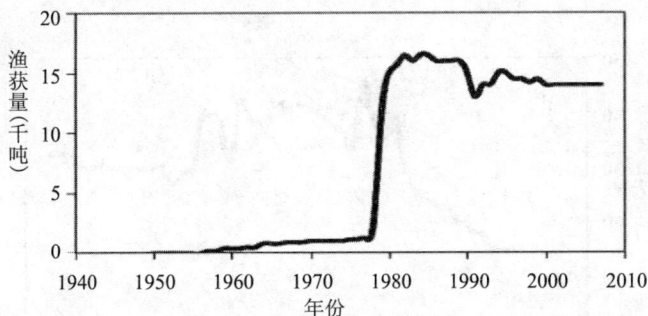

图 4‑48　塞拉利昂内陆渔业的渔获量变化(1950～2007)

10. 托戈(Togo)

托戈内陆渔业的渔获量变化如图 4‑49 所示,渔获量在 1993 年达到小高峰后稳定在 5000 吨左右。我们完全有理由认为托戈内陆渔业缺乏监管和控制,渔获量统计数据的可信度低。

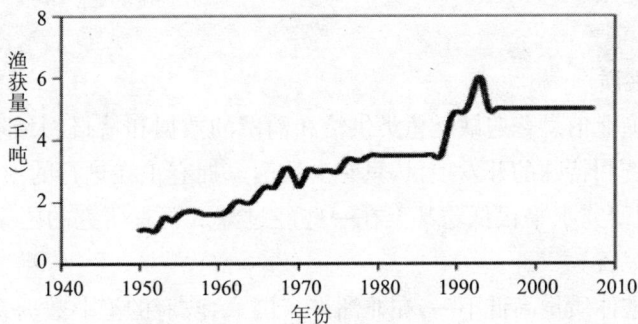

图 4‑49　托戈内陆渔业的渔获量变化(1950～2007)

九、马达加斯加(Madagascar)

马达加斯加是个岛国,它的渔业与非洲大陆的渔业完全分开。巨大的人口压力导致了过度捕捞以及环境恶化。主要内陆水体包括:Alaotra 湖(开阔水面 200 平方千米),季节性沼泽(1000 平方千米),Kinkony 湖(139 平方千米),Ihotry 湖(雨季 94 平方千米),Itasy 湖(35 平方千米),Pangalanes 潟湖复合体(180 平方千米),Loza 潟湖(156 平方千米),数条河流,小型湖泊、水坝和潟湖。

马达加斯加内陆渔业的渔获量变化如图 4‑50 所示,1968 年之前渔获量在波动中逐渐增加,随后一直到 1987 年渔获量在平均值 4 万吨左右大幅波动,总体呈下降趋势。1987 年后稳定在 3 万吨左右。鲤鱼和罗非鱼在该国渔业经济中扮演十分重要的角色。1992 年以前的渔获量统计数据的可信度高,之后的数据可信度低。

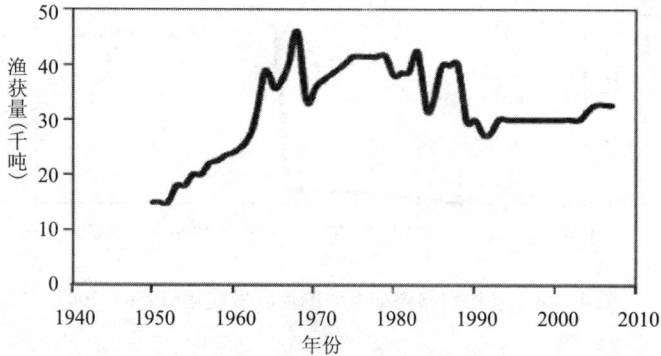

图 4‐50　马达加斯加内陆渔业的渔获量变化(1950~2007)

第四节　非洲内陆渔业渔获量统计的若干问题①

一、信息性质

非洲内陆渔业信息普遍缺乏鱼类供给和消费的数据和情报,大部分的评估都是基于独立的调查和特殊的开发项目,只有少数国家拥有正在进行的项目或完善的国家渔业机构,但研究水平很低。甚至在一些经过深入调查研究的国家,其渔业信息也有待进一步完善。

统计数据整体质量高低不一,在非洲许多国家,政府的渔业数据系统要么很差,要么没有可利用、可操作的价值。表 4‐3 显示了各国渔业统计数据集的可信度。在一些国家统计数据比较可靠,而在另一些国家统计数据存在问题,其数据收集系统甚至资源性质有待进一步调查研究。

---

① An Audit of Inland Capture Fishery Statistics-Africa, Robin Welcomme Imperial College, London United Kingdom and David Lymer Fisheries Specialist.

表 4 - 3 非洲 43 个国家内陆渔业统计数据的可信度水平

可信度	大规模渔业生产国	小规模渔业生产国
A	6	2
B	2	4
C	6	13
A - B	1	…
A - C	7	…
C - B	…	2

注:A:数据可信度高,不需要详细证实
　　B:数据可信度中等,一些统计数据需要证实
　　C:数据可信度低,大量问题有待证实(通常由于缺乏参考资料)

很明显,大多数渔业报告中数据可信度较高的国家一般是指这样一些国家,这些国家在获得独立后仍保留殖民性质的内陆渔业研究机构,或者与国家和国际资助的研究项目有关。尤其明显的是,近年来统计数据可信度下降的案例与现已停止运行的外部资助的项目有关。由此可得出结论,在许多情况下内陆渔业基础设施建设缺乏国家支持,因此,数据收集和报告受阻。表 4 - 3 中的数据更说明了这一结论,渔业生产规模较大的国家统计数据可信度比渔业产量较少的国家要高。这是完全可以理解的,因为拥有小型内陆渔业部门的贫穷国家不太可能负担得起一个完善的统计收集系统的成本。

二、统计数据的局限性

对非洲总体趋势的解释因未能报告个别水体而受限。例如,淡水鱼通常在捕捞处通过晒干或者手工熏制处理,然后用盒子或者麻袋等运输到市场,有时运输上百千米甚至跨越国界。但是,这类贸易大多都是民间的,并没有统计在国家的数据和国家的账目中。这意味着通过主要流域或国际湖泊、水库来跟踪捕获历史是不可能的。

目前缺乏对捕捞努力量(或渔民数量)详细变化的报告。许多国家在报告期内甚至最近十年的补充文献里报告了渔民数量的大幅增加。在许多情况下,这种增长似乎与推测的渔获量的线性增加有关,但无法核实确认。

分物种的捕捞报告十分贫乏,主要原因是一些国家未能完成即便是最粗略的物种的记录信息,也没有对过度使用"(NEI)其他处未包含"做出回应,只有 15.7% 的国家对这一分类做出了充分解释。即使是能够充分回应物种数据集成水平的国家,除了例如鲤鱼科捕捞状态的综述外,也很难从其渔业数据中提取有用信息。

三、可能的误差来源

有几种鱼类捕捞统计误差的可能来源。其中包括：

（1）数据收集系统不完善：许多国家没有财力或人力来建立完善的采样系统，因此，数据常常缺失或被扭曲。

（2）选择性数据收集：一个相关的问题是主要上岸量和市场数据收集仅来源于商业性质的网站。这也就意味着建立在小型河流、湖泊的小范围渔业，如传统渔业、休闲渔业等通常被排除在外。

（3）上岸量的重复计算：当上岸量或市场规模较大时，常会发生对同一种鱼类上岸量的重复计算，这可能是由于相同的鱼类在一个市场登陆，尤其是在公海水域同一种鱼类可以到达不止一个国家。

（4）水产养殖业的混淆：因为捕捞渔业和水产养殖业之间没有明确界限，一方的渔业产量可能会被记录成另一方的。这对于资源储量评估或者水产养殖业来说都是个巨大的风险。通过放养而提高的渔业产量应该记录为捕捞渔业，但通常报告为水产养殖。

（5）政治压力：政府经常有政治压力，为达到规定配额或提高该行业的形象而增加渔获量。在这里，一直报道更高的渔获量的国家难以降低他们的预测量。有时会通过降低渔业的作用、筑坝、取水等来促进地区发展。

第五章

非洲渔业资源开发历史、管理与开发战略

> **本章导读**：本章扼要阐述了悠久的非洲渔业历史，凸显捕鱼活动在古埃及文明中的重要地位；对非洲现代渔业资源开发中存在的若干问题进行了分析，最近20年非洲国家和国际组织在渔业管理和相关科学研究方面取得了巨大进展，为非洲渔业资源的可持续发展奠定了基础。

第一节　非洲渔业资源开发历史

从公元前5000年开始，古埃及文明延续数千年，居住在尼罗河边的古代埃及人创造了世人惊叹的埃及文明，在建筑、农业、历法、文字和度量衡方面有杰出的贡献，在渔业方面的成就也十分显著。在埃及，从残留的象形文字、壁画、浮雕图像中可以看出古埃及已经有了在今天看来比较发达的渔业生产。鱼在古埃及人日常生活和文化中占据重要的位置，捕鱼、渔夫、鱼网、鱼钩、船与桨等成为描写古埃及人生活的一部分[1][2]。

一、古埃及的渔业环境与捕鱼活动

在尼罗河河谷、尼罗河三角洲地区的河流与河流两侧低洼的湖泊和沼泽地中盛产鱼虾，鱼虾成为古埃及人重要的食物来源，既可以鲜食，也可以制成腌鱼和鱼干。从古埃及开始，陵墓中经常出现与鱼相关的场景，在墓室的壁画中人们张网捕鱼，再现了尼罗河谷最为常见的生活场景。以鱼为主题的各类艺术品栩栩如生，可以据此辨别出当时的鱼类品种：草鱼、鲤鱼和鲻鱼，等等。某些鱼与神灵有关（波斯鱼象征

---

① 贝尔纳代特·默尼著：《生活在古埃及》，景昭译，南京：译林出版社，2006年。
② 哈里斯著：《古埃及生活》，张萍和贺喜译，太原：希望出版社，2006年。

奈斯(Neith)女神,摩尔鱼象征奥西里斯),古埃及人将这类鱼的身体(全部或部分)制成木乃伊装在鱼形棺中,装饰鱼形棺的图案鲜艳,从构图上真实地描绘出鱼的身体结构以及表面的鱼鳞②。古埃及的主要农作物是小麦和大麦,辅以各种肉类、水产以及水果。他们种麦子,以牧牛、钓鱼、捉野雁为生。古埃及人的主食是一种烤面包,就是将小麦磨成粉后烤制而成;古埃及人也吃禽类、鱼类和牛肉①。古埃及人依水而居,尼罗河的各种鱼类成为日常生活中的食物,船是当时埃及人主要的交通工具之一,其中,大小各异的船泛舟尼罗河上(图5-1);当时的埃及人已经有了鱼网,在一些壁画中表现得更为直接(图5-2)。

图5-1 古埃及人的象形文字和生产活动图画(右方有精美的船和桨)

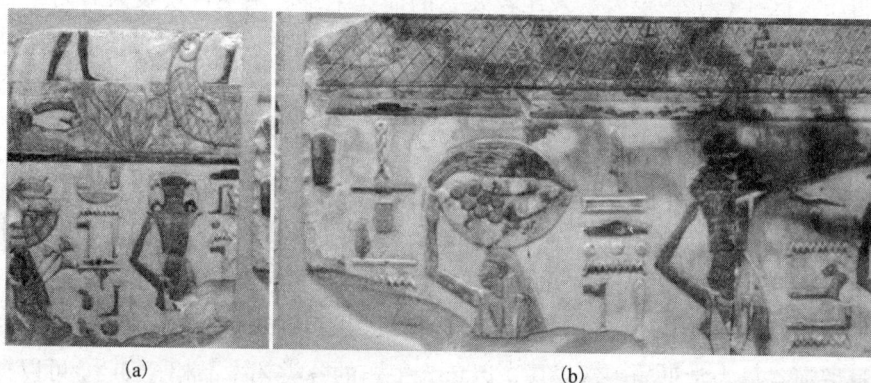

(a)　　　　　　　　　　　(b)

图5-2 古埃及壁画中的船、鱼、网和捕鱼活动

---

① 陈明远:《古埃及人的衣食住行:他们怎样生活》,http://club.history.sina.com.cn/thread 2797997.

古埃及人生活在尼罗河岸上,乘船是这个民族的特点。埃及人很早就发现利用风帆,可以借着轻微的北风让帆船逆流而上[1]。从史前时代的壁画中可以看到人们乘着带帆的船在尼罗河中航行的景象(图5-3)。尼罗河是天然的交通大道,不论横渡两岸,沿河上行或下行,运送货物时船是最方便的交通工具。

图5-3　古埃及壁画中的船

古埃及建造的船分两大类,一类是小型的日常交通用船,通常是用纸沙草编织而成的,由于制造和获取原料都很方便,是人们最常用的交通工具(图5-4)。至于要运输货物和重物,如石材等,都必须用比较大的木船。在开罗附近的吉萨大金字塔旁曾出土了国王随葬的大木船,船身长达二十公尺,全部用木材和麻绳编织而成。船上有船舱,十几支大桨,看起来相当舒适。古埃及以尼罗河平原为主的狭长地带为主要活动区域,因此,船是古埃及人最重要的交通工具。

在非洲古埃及时期的尼罗河中,鱼类非常多,新鲜的和风干的鱼是很多古埃及人的日常蛋白质食物来源。古埃及也发明了很多捕鱼的工具和方法,在古埃及墓葬中的遗物、壁画和象形文字中有所体现。简单的芦苇船用来在尼罗河捕鱼,鱼网、用柳树枝条做的菜篮子、鱼叉和鱼钩已经被使用,其中鱼钩的大小在8毫米至18厘米之间,表明古埃及人在尼罗河上的捕鱼技术相当高超。到了古埃及第十二王朝之后,金属制作的带倒刺的鱼钩得到使用,与今天的鱼钩一样,上钩的鱼无法逃脱。在古埃及尼罗河里的鲈鱼、鲶鱼和鳝鱼是古埃及人捕获的重要的鱼类。在一些墓葬中发现了鱼钩,表明当时的古埃及人已经有了钓鱼活动,同时钓鱼是古埃及贵族和平民都喜欢的运动项目,在埃及萨卡拉的墓葬群中就有从旧王国到新王国时期的场景图,有许多都是捕鱼的场景图(图5-5)。埃及首都开罗的博物馆中陈列有无数种钓鱼竿和各种形状的鱼钩,这表明古埃及的钓鱼活动十分普遍,鱼成为人们生活中的

---

[1]　陈明远:《古埃及人的衣食住行:他们怎样生活》,http://club.history.sina.com.cn/thread,2797997-1-1.html.

171

重要食物之一。

图 5-4　尼罗河上划船和河水中的鱼

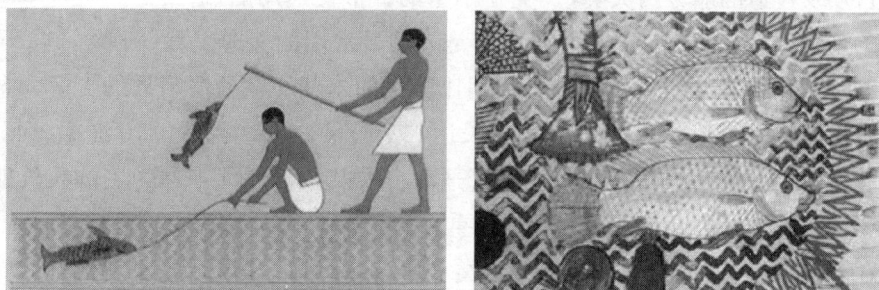

图 5-5　古埃及墓葬中的钓鱼壁画(左)和精美的鱼壁画(右)

二、古埃及关于鱼的传说——金头鱼①

古埃及有个国王的眼睛瞎了,当时埃及的很多名医都无法医治这个国王的眼睛。突然,有一天一位从远方来的医生对国王说:"要用金头鱼的血做成药膏,才能治好您的眼睛,但是到第一百天的时候我就走了。"于是,国王就让儿子(王子)带领很多人分别乘船去捕捞金头鱼,他们不停地捕鱼,就是没有捕到金头鱼,在第一百天的最后时刻,终于捞到了一条金头鱼。可王子想即使以最快的速度也来不及了,他就放了金头鱼。回到宫里国王听了王子说的话,开始是不相信,后来又非常恼火。王子因此在埃及待不下去了,只能流浪到一个岛上。在岛上王子遇到了一个阿拉伯

---

① 见:金头鱼,http://baike.so.com/doc/5653286.html

人,他帮助王子除掉了残害岛上生灵的恶龙,后来还帮王子娶了一个国家的公主。过了几年王子回到了埃及,当上了新的埃及国王,才发现原来帮助他的阿拉伯人就是金头鱼变的,王子十分感谢。

美丽的金头鱼传说流传了数千年,体现了古埃及人的正直、诚信、善良和勇敢,也足以说明当时的古埃及人已经掌握了捕鱼技术,捕鱼是古代埃及重要的生产活动之一。

三、古埃及人吃咸鱼、鱼干的习惯

由于尼罗河的渔业资源丰富,捕获的鱼吃不完,可以利用当地气候干旱的特点,加工成咸鱼或者鱼干。埃及的干旱气候十分有利于晾晒鱼干和咸鱼,从尼罗河捕捞的部分鲜鱼,往往被晾晒做成咸鱼干或者是风干的鱼干,是最受古埃及人欢迎的食物之一。古埃及人最喜欢的是牛羊肉,由于有比较发达的捕鱼技术,尼罗河和河畔沼泽中的鱼类也是日常生活中的盘中餐。

在埃及,不同的宗教节日里有不同的节日食品,如斋月里要吃焖蚕豆和甜点,开斋节要吃鱼干和撒糖的点心,闻风节吃咸鱼、大葱和葱头,宰牧节要吃烤羊肉和油烙面饼。其中,闻风节起源于公元前 2700 年前的古埃及法老时期,是当今世界上仍具有生命力的最古老的节日之一。在法老时代,闻风节是古埃及人庆祝春季来临的节日,因此,他们也称其为春节。古埃及人根据节气变化,选择每年春季白天与黑夜时间正好对半的那一天为闻风节,他们认为这天是世界的诞生日。历史学家研究认为,闻风节是在古埃及第三王朝后期成为正式节日的,当时叫"夏摩",为"万物复苏"的意思,以后才演变为阿拉伯语的名称"闻风节"。闻风节在阿拉伯语中叫"夏姆·纳西姆","夏姆"是闻、嗅的意思,"纳西姆"为微风、惠风的意思,所以也有"惠风节"的中文译法。有趣的是,古埃及人是以金字塔为坐标,确定闻风节到来和庆典开始的精确时间,当前一天黑夜渐消,闻风节黎明来临,金字塔在朦胧中依稀可见时,各种庆典活动就开始了。在历史上,大金字塔的太阳神庆典仪式十分壮观。从下午 6时开始,古埃及人就聚集在大金字塔前,朝北仰望塔上空的艳丽夕阳,认为此刻太阳神正在塔上俯视大地与臣民,大金字塔恰好一半洒满阳光,另一半笼罩在阴影之中,似乎被居中分为两半,增添了更为神秘的色彩。几分钟后,红日从金字塔后消失,标志太阳神已经离去,庆典仪式在靓丽的晚霞衬托下完毕。吃特定的传统食品是闻风节中不可缺少的内容,闻风节期间春风荡漾、鲜花盛开,许多人往往按传统习俗自带煮鸡蛋、生菜、葱及咸鱼、鱼干等食品,在踏青处寻合适的地点席地野餐。

四、非洲历史发展过程与非洲渔业发展

(一)非洲历史发展过程

非洲历史悠久,是人类文明的起源地之一。1974 年在肯尼亚与埃塞俄比亚交界

地区发现的距今 320 万年前的女性猿人化石,被认为是世界上第一个走出热带森林、开始直立行走的女人的遗骸。数百万年前从猿分化出来的原始人类大都没有留下后代,只有非洲的一个部落生存下来。大约 10 万年前,这个部落开始走出非洲,迁到西亚,然后从西亚迁到世界各地,迁徙到世界各地的非洲部落的后裔最终形成了现代人类。非洲也是世界最早跨入文明社会的地区之一。公元前 5000 年,尼罗河下游的古埃及居民就掌握了谷物栽培、修建水利工程的技术。公元前 3500 年,古埃及人又创造了世界上最早的象形文字。公元前 3200 年,古埃及出现了统一的中央集权的奴隶制国家。在此后近 3000 年的时间里,古埃及人创造了灿烂的文化,建成了古代七大奇迹之一的金字塔。古埃及文明之后,非洲处于众多王国、部落林立的状态,局部经历了外族的入侵和政权更迭,非洲国家和部落的社会经济和文化处于长期缓慢发展的阶段。到 19 世纪,随着内部矛盾的加剧和西方帝国主义的入侵,这些大大小小的王国都退出了历史舞台。南部非洲的古代历史基本上没有文字记载。

从 7 世纪末开始,阿拉伯人和东部非洲人通婚,产生了一个新的民族:斯瓦希里人。斯瓦希里人吸收了阿拉伯文化、波斯文化、印度文化及东亚、东南亚文化,创造了具有鲜明商业城邦文明特征的斯瓦希里文化。13～15 世纪,斯瓦希里文明达到了鼎盛时期。中国明朝初年,郑和下西洋时,就曾多次到达非洲东海岸,与斯瓦希里人进行贸易。在西部非洲,从 7 世纪到 15 世纪非洲处于相对封闭的部落、王国发展阶段,部族和王国之间的矛盾导致冲突不断,11 世纪的加纳王国、13～14 世纪的马里王国曾经是西非最强大、最富裕的国家。在 15 世纪,西班牙人和葡萄牙人登上非洲大陆,寻求发展的新空间,开始了著名的“地理大发现”时代,从早期的探险、购买当地货物,到带着大炮、枪械到非洲建立据点,掠夺香料、丝绸、宝石等特产,非洲社会矛盾加剧。北美“新大陆”发现之后,美洲的开发需要越来越多的劳动力。为了牟取暴利,欧洲殖民者开始将非洲黑人贩卖到美洲。在黑奴买卖盛行的 1502 年至 1808 年,被卖往美国的黑奴数量就达到 600 万。罪恶和残酷的奴隶贸易不仅严重破坏了非洲的生产力,阻碍了非洲的发展,也给非洲人民带来了深重的灾难。

19 世纪中后期,已完成或正在进行工业革命的西方国家需要大量的工业原料和广阔市场,他们加紧了对非洲的侵略,开始从沿海向非洲内陆侵入,掀起了瓜分非洲的狂潮。为了协调各国的利益,1884 年 11 月至 1885 年 2 月,英、法、德、比、葡、意等 15 个国家在柏林召开会议,以协议形式对非洲进行了瓜分。到一战前,整个非洲大陆只有利比里亚和埃塞俄比亚还保持独立,其余的国家和地区全部沦为西方列强的殖民地或半殖民地。第二次世界大战后,非洲人民争取民族独立和解放的运动蓬勃兴起。自 20 世纪 50 年代开始,非洲国家陆续取得独立。1958 年 4 月,埃及、利比里亚和加纳等 8 个国家参加第一次非洲独立国家会议,非洲统一运动开始了。1963 年 5 月,31 个独立的非洲国家的领导人齐聚亚的斯亚贝巴,签署了《非洲统一组织宪章》,宣告非洲统一组织正式成立。独立而团结的非洲在世界政治舞台上发挥着越来越重要的作用。1990 年 3 月,非洲最后一块殖民地纳米比亚摆脱了南非的统治宣告独立。实行种族隔离政策的南非白人政权也逐渐放弃了种族歧视政策。1994 年,南非举行了不分种族的全国大选,黑人领袖曼德拉当选为总统,宣告了新南非的诞生。纳米比亚共和国的成立和新南非的诞生,宣告了非洲人民争取民族独立和政治解放的历史任务的胜利完成,古老的非洲进入了一个全新的历史阶段。

（二）非洲渔业发展概况

1. 灿烂的古埃及渔业文明和缓慢的渔业发展过程

在原始人类、部落和古埃及文明发展的进程中,非洲众多河流、湖泊的天然鱼类是当时人类重要的食物来源之一。回顾古埃及先进的捕鱼技术和悠久的渔业历史,我们不得不说古埃及是人类历史上早期渔业最发达的国家,古埃及人拥有不同类型的船只,学会了使用风帆和船桨,捕鱼的工具包括鱼网、鱼叉、鱼钩等,捕鱼技术在当时相当发达。

在古埃及文明之后到 19 世纪中期,非洲总体上处于社会经济发展缓慢的阶段。因为非洲大陆部族、王国林立,部族矛盾加剧带来的一次次战争,减缓了非洲大陆的经济社会发展。明朝初期郑和下西洋、"地理大发现"都没有给非洲带来革命性的变化;长期的殖民统治和落后的生产关系、生产力是非洲长期缓慢发展的主要原因。在非洲的河流、湖泊和沿海地区,渔业生产相当落后,捕鱼工具主要是简单的鱼叉、鱼钩、渔网和独木舟。这种简单的捕鱼方式一代传一代,一直延续到今天。在东部非洲的肯尼亚和中部非洲的湖泊区,仍然可以看到两三个渔民一条独木船,带上简单的网具和鱼钩、鱼线就出门打鱼(图 5 - 6)。

图 5 - 6　肯尼亚海岸捕鱼的独木舟①

---

①　照片来源:Milton Grant/UN

2. 非洲产业化渔业发展阶段

第二次世界大战之后,世界人口快速增长,伴随非洲国家的独立,非洲开始了人口总量快速上升的阶段。非洲国家独立后,人口一直呈现快速增长的态势。自 1960 年至 2010 年,非洲年均人口增长率始终在 2.3%～3% 浮动,非洲大陆成为全球人口增长最快的地区。2010 年非洲人口以年均 2.3% 的速度增长,远高于亚洲的 1%。联合国在 2011 年预测,世界人口在当年 10 月底突破 70 亿,至 2050 年,将达 90 亿,其中非洲大陆 2011 年的人口为 10 亿,到 2050 年非洲人口将翻一番,达 20 亿。不难发现,未来近 40 年全球人口增长中,有一半来自非洲。1950 年非洲青年人占全球青年人总数的 9%,一个世纪后的 2050 年,这个数字将上升到 29%,达 3.49 亿人。实行计划生育的育龄妇女,全球范围达到 62%,而非洲仅占 28%。与此相关的是,每个妇女生育子女数,全球的平均水平为 2.6 个,而撒哈拉以南非洲为 5.3 个[①]。

根据世界人口的统计资料,2000～2011 年世界人口年平均增长速率的分布情况如图 5-7 所示,非洲众多国家年均人口增长率超过 2.5%,非洲是世界人口增长率最高的大洲[②]。

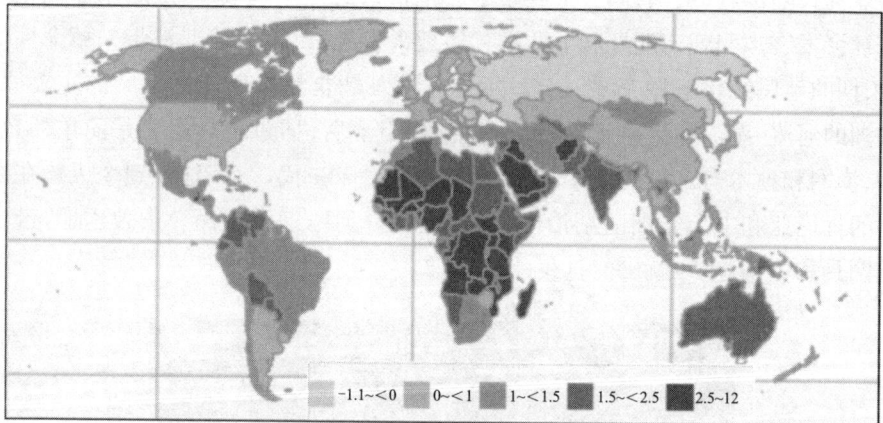

图 5-7　2000～2011 年世界人口平均年增长率(%)

人口结构变化需要更多的食物和蛋白质供应,这是非洲社会经济及内陆和海洋渔业发展的驱动力,20 世纪 60 年代之后非洲渔业迅速进入一个典型的"二元结构"发展模式,即非洲传统的家庭式小型渔业模式和海外渔业公司实施的产业化捕捞的渔业发展模式。

20 世纪 60 年代之后伴随非洲国家人口的增加和气候干旱化的加重,粮食安全

---

① 舒运国:《非洲人口增长:挑战与机遇》,载《当代世界》,2012,6,pp.41—43.
② "World Food and Agriculture," in FAO *statistical yearbook* 2013, Rome, 2013.

问题日益突出。世界人口增加刺激渔产品捕捞和贸易快速增加,非洲内陆和沿海渔业资源丰富,非洲成为发达国家关注的重要渔产品贸易中的渔产品供给地。因为非洲的渔产品价格低廉,从事渔产品出口贸易可以赚取较大的利润。欧洲国家从20世纪60年代就开始在西非国家毗邻海域从事机械化的大规模海洋渔业捕捞[①]。20世纪末世界海洋渔业资源开发中的过度捕捞的问题日益突出,渔业资源呈衰退趋势,以至于很多学者担心全人类的食物安全和海洋生态系统问题[②],也出现了"未来50年我们还有海鱼吃吗"的问题。

FAO及相关的研究机构和专家学者十分重视海洋生态系统安全,海洋生态系统安全对人类有至关重要的意义。海洋渔业是重要的产业,就业人口大约是2亿人,在20世纪90年代,平均每年约有1亿吨的渔获量,其中50%的海洋鱼类完全被开发(捕捞),22%的鱼类存在过度捕捞。全球食物中19%的蛋白质供应来自鱼类,渔业是人类赖以生存的重要自然资源。全世界的渔业贸易有700亿美元,其中发展中国家有130亿美元的渔产品出口额[⑨]。

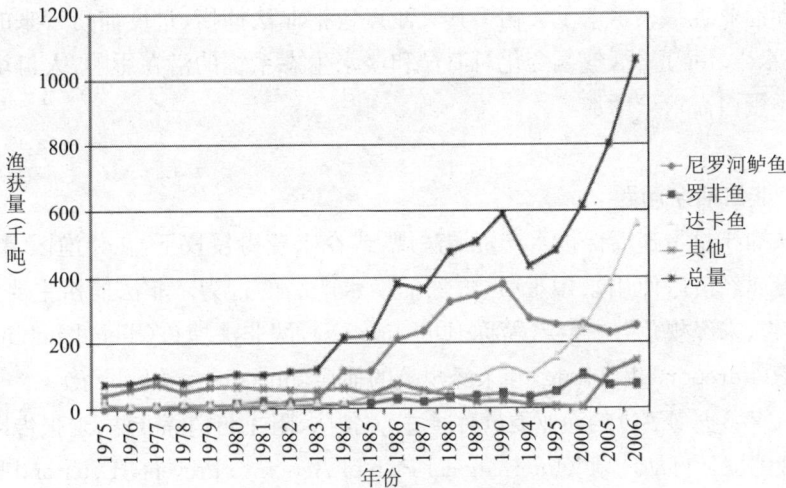

图5-8　维多利亚湖的渔获量

资料来源:Geheb et al,2008.

根据FAO的渔业统计数据,非洲沿海国家渔业产量在20世纪70年代之后有快速的上升(本书附录),与产业化的海洋渔业捕捞加强有关。非洲有众多的内陆大型湖泊,也经历了产业化捕捞,如肯尼亚—乌干达—赞比亚交界的维多利亚湖是非

[①]　Ramos R. and Gremillet D,"Overfishing in West Africa by EU vessels," in *Nature*,2013,496,p.300.

[②]　Botsford L W,Castilla J C and Peterson C H,"The management of fisheries and marine ecosystems," in *Science*,1997,277,pp.509-515.

洲最大的湖泊,渔业资源十分丰富,本区域规模化的渔业捕捞从 20 世纪 80 年代初期开始,主要出口鱼类是大型的尼罗河鲈鱼(Nile Perch),维多利亚湖的尼罗河鲈鱼的产量也快速上升(图 5-8)。从 1990 年开始维多利亚湖的尼罗河鲈鱼捕获量开始下降,引起了很多学者的关注,这主要是因为捕捞能力超过了渔业资源供给量。

第二节　非洲渔业资源开发中存在的主要问题

非洲的海洋和内陆渔业在食品安全和营养、提供就业、增加政府财政收入等方面发挥重要作用。渔业及其相关活动如鱼类加工、捕捞协议、执照费等是国内生产总值的重要来源,约 1000 万人(总人口的 1.5%)依赖于渔业、养殖业、水产加工和渔产品贸易等。

由于非洲渔业发展缺乏科学合理的管理,其渔业资源开发中存在诸多问题。2005 年泛非洲渔业共同就非洲未来渔业和水产养殖业的可持续发展作出声明,该声明对非洲渔业现状表示严重关切。其关注点包括非法捕捞、过度捕捞带来的渔业资源枯竭、水生环境退化,气候变化对海洋和淡水生态系统的潜在影响,人口增长带来的对鱼类蛋白需求量增加等。

一、非法捕捞问题

非法捕捞是指违反保护水产资源法规,或在未获得授权下,在禁渔区、禁渔期或者他国专属经济区使用禁用工具、方法捕捞水产品的行为。非法捕捞主要包括"非法、未报告、未经规范"的捕捞(简称 IUU fishing),即非法捕鱼(illegal fishing)、未报告的捕捞(unreported fishing)和未经规范的捕捞(unregulated fishing)。

2001 年 3 月,FAO 的渔业委员会通过了"预防、阻止与消除非法、未报告以及未受规范渔业的国际行动计划"(International Plan of Action to Prevent, Deter and Eliminate Illegal, Unreported and Unregulated Fishing, IPOA-IUU),针对 IUU 渔业作了明确的定义:非法捕鱼主要有:① 船只未经当地政府机构的允许,或违反当地相关法律法规而私自捕鱼的行为;② 在禁止捕捞的地区进行捕鱼的行为;③ 在未获得允许下跨越国界的捕捞行为等。未报告捕捞行为包括:① 未向当地政府机关报告或误报且违反国家法律法规的捕捞行为;② 未向相关渔业部门报告或误报且其捕捞情况违反上报程序的捕捞行为。未经规范的捕捞行为包括:① 无国籍或没有加入该区域渔业共管组织的船只的捕捞行为;② 违背渔业组织的保护渔业资源可持续利用原则的捕捞行为[①]。在一个

---

① MRAG,"Illegal, Unreported and Unregulated Fishing," in *Report to DFID*,2009.

国家的管理海域,存在无证捕捞、未报告捕捞、各种形式的未经许可的捕捞行为。国家内海以外地区则主要存在不遵守 RFMO(区域性渔业管理组织)法律法规的捕捞行为(图 5-9)。

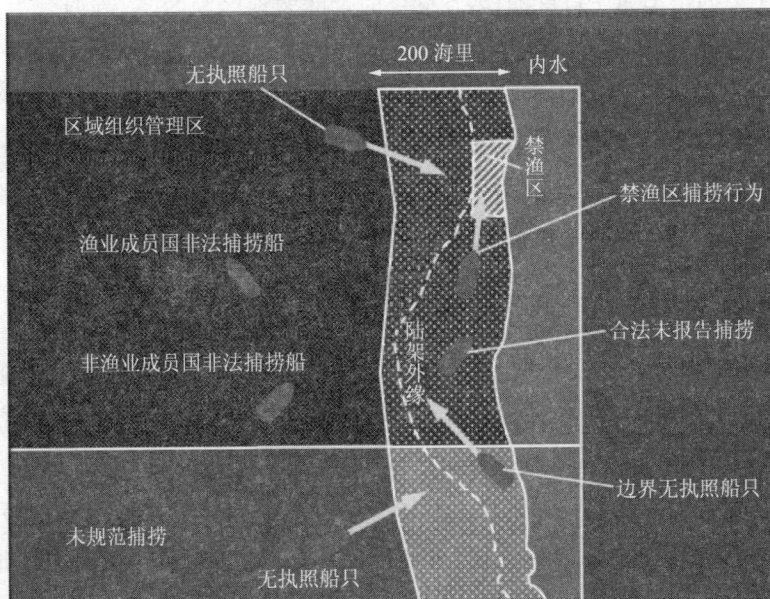

图 5-9　非法捕捞(IUU)的主要类型

（一）非法捕捞的影响

非法捕捞会造成一系列的影响,如直接的或间接的经济损失,环境以及社会经济影响。就全球范围来看,绝大部分国家或地区对非法捕捞不够重视,也没有采取有效控制措施。一项最近的评述显示,一半以上的捕鱼国家在运用联合国粮农组织与渔业相关法律法规的执法过程中并没有获得很大成效,仅有 1/4 的国家或地区勉强合格。此外,在基于保护生态系统的前提下实现对非法捕捞的控制,同样有超过半数的国家未能达到标准,仅有两个国家获得好评①。

非法捕捞直接导致国民生产总值减少,渔业相关税收减少,这些损失比较严重,尤其是在一些依赖捕鱼来满足国内消费需求以及渔产品对外出口的发展中国家。FAO 指出,利比亚 2005 年非法捕捞产出值占到国民生产总值 4% 以上。合法捕捞者也面临严重的捕捞减产问题,这严重影响其收入。

非法捕捞对鱼类数量造成极大危害。例如,从地中海捕获的未报告的金枪鱼(据渔业国际委员会估计,金枪鱼保护量在 2006 年为 19400 吨,2007 年为 28600 吨)

---

① Pitcher, T.J., et al,"An evaluation of progress in implementing ecosystem-based management of fish-eries in 33 countries," in *Marine Policy*, 2009, 33(2), pp.223-232.

导致其数量急剧下降,欧盟控制未报告捕捞的失败导致北海鳕鱼直到现今都没有复苏。区域估算的非法捕捞和那些地区未报告的捕捞以及已耗尽的渔业量之间存在一定的关系。例如,在 2000 年对中心大西洋东部 53 种底栖物种中的 32 种进行评估,高达 60% 的鱼类属于过度捕捞,在同一时期欧盟地区为 30%,新西兰为 15%,而全球其他地区的非法捕捞水平相对来说低很多[①]。

间接经济损失主要包括渔业收入减少、失业人员增多,以及一些其他产业链的供需脱节问题。一方面,渔网、船只、相关设备需求量将会减少;而另一方面,与渔业相关的产业如水产品加工、市场运输等也将失去活力。与渔业相关的任何收入减少将会对消费需求造成重大的影响。

在非洲地区,因非法捕捞(主要包括捕捞未成年的鱼苗、从禁止捕捞区捕鱼,或者是通过工业船只拖网等)造成了鱼类总量的锐减,非法捕捞幼鱼现象普遍存在。政府管理疲软,很难准确计算出非法捕捞所造成的间接经济损失,但是很明确的一点是,越来越多的报道和政府文件指出,非法捕捞在非洲地区造成的间接经济损失越来越大,产生的社会负面效应不断增大。

非法捕捞往往对主要鱼种以及水域生态系统造成不利影响,主要表现为因过度捕捞造成的目标鱼种数量的锐减。此外,使用禁用的捕鱼工具或在保护区捕捞造成鱼类栖息环境的破坏,同时也对一些濒危的物种如海龟、鲨鱼、信天翁、海洋哺乳动物等造成威胁,如此一来,非法捕捞对非目标物种造成很大影响。总的来说,水体生产力、生物多样性以及生态系统的自我修复能力都将降低,进而导致合法渔民收入的降低。

非法捕捞带来的环境影响以及生产力的下降导致渔业捕获量的降低,居民生活水平降低,严重影响地区粮食安全。这对一些发展中国家沿海地区过于依赖捕鱼为生的小型捕捞者或捕捞团体来说是致命的打击。在一些国家或地区,当地渔民和非法捕捞团体存在直接的冲突。这种冲突在非洲非常常见。冲突直接导致渔民死伤,紧随而来的是经济落后、社会动荡。实际上,当非法捕捞船只被合法捕捞船只取代之后,每只船的捕捞量能够提高 3 吨,价值 3256 美元[②]。虽然这在总量上不算大,但占到合法捕捞者收入的 15%,这对小型捕捞者来说意义非凡。

(二)非洲的非法捕捞

联合国粮农组织和相关国际机构对非法捕鱼十分关注,指出非法捕捞是渔业资源和生态系统退化的重要原因之一,对合法的捕捞构成不公平竞争并危害相关合法

---

① Fund, W. and C. Alibert, *WWF Mid-Term Review of the EU Common Fisheries Policy*, 2007.

② MRAG, "Estimation of the cost of illegal fishing in West Africa final report," in *West Africa Regional Fisheries Project*, 2010.

捕捞者的利益。英国 MRAG 组织估计全球每年非法捕捞价值高达 90 亿～240 亿美元，相当于 1100 万～2600 万吨渔获量，占全世界渔业产量的 10％～22％。发展中国家是非法捕鱼的最大受害国，其中西非地区 40％以上的捕捞属于非法捕捞[①]。从表5－1可以看出，非洲沿岸地区的非法捕捞问题最为严重。如中心大西洋东部地区非法捕捞所占渔业捕捞比重大，且呈现稳定增长趋势，该地区国家众多，渔业管理常年处于混乱无序状态，如几内亚、塞拉利昂和利比里亚在 20 世纪 90 年代因非法捕捞问题造成严重的流血冲突。

表 5－1　1980～2003 年全球分区域非法捕捞趋势

区　域	1980～1984	1985～1989	1990～1994	1995～1999	2000～2003
大西洋西北部	26％	19％	39％	15％	9％
大西洋东北部	10％	10％	12％	11％	9％
中心大西洋西部	16％	14％	14％	11％	10％
中心大西洋东部	31％	38％	40％	34％	37％
大西洋西南部	15％	18％	24％	34％	32％
大西洋东南部	21％	25％	12％	10％	7％
印度洋西部	31％	24％	27％	25％	18％
印度洋东部	24％	29％	30％	33％	32％
太平洋西北部	16％	15％	23％	27％	33％
太平洋东北部	39％	39％	7％	3％	3％
中心太平洋西部	38％	37％	37％	36％	34％
中心太平洋东部	20％	17％	13％	14％	15％
太平洋西南部	10％	9％	7％	7％	4％
太平洋东南部	22％	21％	24％	23％	19％
南极地区	0％	0％	2％	15％	7％
平均值	21％	21％	21％	20％	18％

资料来源：David J. Agnew et al.

Agnew 等(2009)证实全球尺度的非法捕捞以及未报告的捕捞与管理水平有密切关系(图 5－10)。不应该将责任归咎于管理水平低下的发展中国家，实际上这些国家更易遭受非法捕捞行为(包括国内和国外的船只)。在非洲地区，海岸国家停靠

[①]　MRAG,"Review of Impacts of Illegal, Unreported and Unregulated Fishing on Developing Countries," in *Report to DFID*,2005,p.176.

有许多外国合法船只,而这些船只却经常有非法捕捞的行为①。这表明,即使在一些管理上相对较好的国家,也存在较为严重的非法捕捞问题。

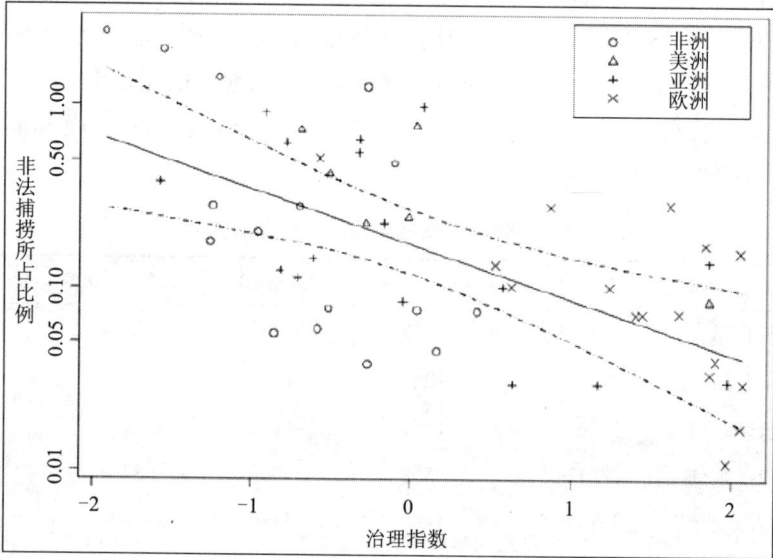

图 5 - 10 非法捕捞与管理水平的关系

1. 非洲非法捕捞现状

渔业(尤其是小规模渔业)为世界各地的人们提供了重要的食物来源、就业机会,也能促进落后农村地区经济的发展。西非海岸地区居住着上百万的人口,内陆地区的人们很多也依赖渔业为生。据估算,世界上 19% 的发展中国家蛋白质的摄取来源于鱼类,这一比例在最不发达国家超过了 25%,在一些内陆地区(依靠捕捞淡水鱼类)的比例高达 100%。西非地区(几内亚比绍除外)人均鱼类消费远高于非洲平均水平(7 千克/年),一些国家如塞内加尔远远超过全球平均水平(16 千克/年)。西非地区对动物蛋白的消耗高度依赖海产品,塞内加尔为 42%,冈比亚为 54%,塞拉利昂为 63%②③(表 5 - 2),联合国粮农组织指出,西非地区(无论是海岸国家还是内陆国)的渔场为该地区的国内市场提供了高达 80% 的鱼类产品。此外,在许多非洲国

---

① Agnew, D.J. ,et al, "Estimating the worldwide extent of illegal fishing," in *PLoS One*, 2009, 4(2), p.4570.

② Anon, Communication from the Commission to the Council and the European Parliament. Fisheries and Poverty Reduction. COM(2000)724 final version. Brussels: Commission of the European Communities, 2000, p.20.

③ Anon, Sub-Regional Workshops on the Impact of Policies, Institutions and Processes (PIPs) on the Livelihoods of Fisheries Communities in West Africa. Cotonou: Sustainable Fisheries Livelihood Programme, mimeo, 2001, p.15.

家,腌、发酵过、晒干等各种类型的渔业产品被用来制作成传统食物。

表5-2 西非年均人均食用鱼及鱼类营养贡献

国 家	鱼类消费(千克/头/年)	动物蛋白质摄入量鱼类比重(%)
毛里塔尼亚	13	9
塞内加尔	27	42
冈比亚	24	54
几内亚比绍	1	0
几内亚	11	38
塞拉利昂	14	63
佛得角	18.8	15
非洲	7	17
世界	16	14

数据来源:联合国粮农组织网上统计数据库。鱼类百分比=食用鱼消费/动物蛋白消费。

渔业在非洲显得尤为重要,但是近些年来,非洲非法捕捞问题愈演愈烈。根据2005年英国海洋资源评估组保守估算,由于非法和无节制捕捞,非洲每年鱼类捕捞量超过10亿美元。据估算,索马里每年金枪鱼和虾的非法捕捞量超过9400万美元。在安哥拉,沙丁鱼和鲭鱼年非法捕捞量达4900万美元,占安哥拉鱼出口总量的20%。在莫桑比克,沙丁鱼和虾年非法捕捞量接近3800万美元。由表5-3可以看出,西非地区非法捕捞水平普遍较高,其中几内亚高达102%。实际上,大西洋东部沿岸地区在过去的20年里非法捕捞量呈现持续稳定增长,这一增长水平远高于大西洋西部沿岸地区。该地区渔业资源丰富,国家多,渔业管理存在一系列问题,几内亚、塞拉利昂、利比亚等由于20世纪90年代的冲突,导致非法捕捞行为越来越严重。以上国家非法捕捞问题在最近这些年来并没有得到改善,只有毛里塔尼亚、冈比亚等几个国家,非法捕捞行为在一定程度上有所减少(表5-4)。

表5-3 西非地区非法捕捞水平

国 家	非法捕捞占当前合法捕捞量百分比	估算方法
毛里塔尼亚	9%	推测
塞内加尔	8%	推测
冈比亚	12%	推测
几内亚比绍	41%	推测
几内亚	102%	直接估算
塞纳利昂	35%	直接估算
佛得角	0%	推测

表 5－4　1995～1996 年、2000 年和 2001 年非法捕捞空中监测结果①

国　家	目击报告非法捕捞行为		
	1995—1996	2000	2001
毛里塔尼亚	4％	2％	1％
塞内加尔	1％	4％	9％
冈比亚	19％	10％	8％
几内亚比绍	9％	17％	23％
几内亚	59％	60％	60％
塞拉利昂	2％	32％	30％
佛得角	8％	♯	♯
总计	11％	13％	15％

2. 欧盟过度捕捞殃及非洲渔业

欧盟境内食用鱼类 60％ 为进口,欧盟地区 80％ 以上的渔业资源被过度捕捞,远高于全球 28％ 的平均水平。过剩的渔业捕捞能力使得欧盟将视线转向其他海域,其船队每年从欧盟以外水域捕捞大约 120 万吨,占其捕捞总量的 1/4。据统计,持有欧盟执照的渔船每年从毛里塔尼亚和摩洛哥水域中捕捞约 23.5 万吨鱼,在塞拉利昂、加纳、几内亚比绍等水域的捕鱼量也在几十万吨以上。

欧盟的大型拖船每艘都超过 100 米长,拖网达 700 多米长、50 米宽,一天作业能捕捞 250 吨鱼,几乎可将附近海域清空。非洲国家的捕鱼业虽有所发展,但传统捕鱼方式在渔业中仍占很大分量,在欧盟大型拖船面前,非洲渔民的小船根本不是对手。欧盟渔船的过度捕捞已经严重威胁到非洲沿海地区居民的生活,塞内加尔、毛里塔尼亚和加纳沿岸的居民生活因此越来越艰难。按照这种状况持续下去,西非沿岸靠海吃饭的数百万人将面临绝境。欧盟与七个西非国家达成了所谓的渔业合作协议(FPAs),其中包括佛得角、科特迪瓦、加蓬、几内亚、几内亚比绍、毛里塔尼亚、圣多美和普林西比。在 2006 年,欧盟与塞内加尔也达成了渔业合作协议(FPAs),这使得塞内加尔自己的渔业产量停滞不前,并且其渔业资源总量减少。

2010 年 2 月 24 日至 4 月 1 日,绿色和平组织的北极日出号船在毛里塔尼亚和塞内加尔之间的水域航行调查,试图了解在该地区外国渔船的规模和类型。在此期间,绿色和平组织一共发现了 126 艘渔船(不包括独木舟)和 4 艘冷藏集装箱鱼运货船(冷藏船舶通常用于运输鱼产品)。其中有 93 艘已有记录的外国船只中,有 58 艘来自欧盟(表 5－5)。此外,绿色和平组织还在毛里塔尼亚和塞内加尔发现了 26 艘

---

① 数据来源:AFR/010 数据库,佛得角(♯)2000、2001 未进行监测。

拖网渔船,而当地的渔船仅仅是几十艘独木舟①。

表 5 - 5　毛里塔尼亚和塞内加尔水域考察期间遇到的所有渔船和冷藏船的所属国家

旗　帜	公司国籍*	底拖网渔船	远洋拖网渔船	其他	总计	欧盟
伯利兹**	冰岛(6),俄罗斯(2),法国(1),比利时(1)	—	10	—	10	2
科摩罗**	俄罗斯(2),拉脱维亚(1)	—	2	1冷藏	3	1
库克群岛**	瑞典	—	—	1冷藏	1	1
几内亚**	不明	—	1	—	1	1
爱尔兰	荷兰	—	1	—	1	1
意大利	—	3	—	—	3	3
拉脱维亚	—	—	4	—	4	4
立陶宛	—	—	4	1冷藏	5	5
毛里塔尼亚	1:不明,至少一个西班牙籍船长	9***	—	—	9	不明
摩洛哥	—	5	—	—	5	
荷兰	—	—	3	—	3	3
葡萄牙	—	1***	—	1延绳钓鱼船	2	2
俄罗斯	—	—	11	—	11	—
塞内加尔	3:西班牙	20	—	—	20	3
西班牙	—	30	—	1延绳钓鱼船	31	32
圣文森特和格林纳丁斯**	3:俄罗斯	3	—	—	3	—
圣基茨和尼维斯**	不明	1	—	—	1	不明
乌克兰	—	—	4	—	4	
英国	1:荷兰	—	1	—	1	1
未知***		7***	1	—	8	不明
总计		79	42	5	126	58

注:*表示旗帜代表的国家与船只所属的国家不同;**表示悬挂的是简易的旗帜;***表示船的类型不能确定;****表示因调查船的接近而逃离该地区的捕捞船。括号内数字为船只数量。

2010～2011年海洋生物学家 Samoilys 女士访问了东非72个珊瑚礁岛,只见

---

① Obaidullah, F. and Y. Osinga, *How Africa is feeding Europe. EU (over) fishing in West Africa*, 2010.

到一头鲨鱼,鲨鱼被掠杀的问题在非洲依然十分严重。2/3 的非洲国家拥有海岸线,丰富的渔业资源和旅游资源是非洲沿海国家社会经济发展的自然资源基础,但沿海渔业资源直线下降。肯尼亚沿海 80 年代渔民每天可以捕捞 28 千克龙虾,但现在只有 3 千克。联合国估计非洲沿海城市扩展速度为 4%,几内亚湾沿岸从科特迪瓦到喀麦隆将成为世界人口最密集的地区之一。西非渔船在海上交易渔产品,而不是到附近上岸卸货,因此,无法获知捕捞了多少鱼。2006 年绿色和平组织的报告发现在几内亚海域 104 艘渔船的一半在从事非法捕捞;估计几内亚每年损失 10500 万美元、塞拉利昂 2900 万美元、利比亚 1200 万美元;根据联合国的估计,在撒哈拉以南非洲每年的非法捕捞造成的损失是 10 亿美元,大约是非洲渔业出口总值的 25%[①]。

二、水生环境退化,生物多样性丧失

随着人口增长和旅游业的发展,对渔业资源的需求逐渐增加,这就造成了捕捞压力的增加以及破坏性渔具和捕鱼技术的使用。大多数破坏性捕捞方法被法律禁止,但由于缺乏监视、执法以及公众意识,目前仍在继续使用。由于大量的目标鱼类(尤其是礁鱼)的生存与海底的结构特征密切相联系[②③],因此,生境的退化会对数量日益减少的鱼类的现存资源产生副作用[④⑤],而这会在很长时间内降低资源的价值[⑥]。

(一)破坏性捕捞方式

炸药炸鱼是一种极具破坏性的捕鱼方法,这种捕鱼方法在坦桑尼亚采用了 40 多

---

① Gallic, B.L. and A. Cox, "An economic analysis of illegal, unreported and unregulated (IUU) fishing: Key drivers and possible solutions," in *Marine Policy*, 2006, 30(6), pp.689 - 695.

② Ohman. M. C., Rajasuriya. A. and Svensson. S., "The use of butterfly fishes (Chaelodontidae) as bioindicators of habitat structure and human disturbance," in *Ambio*, 1998, 27, pp.708 - 716.

③ Ohman. M.C. and Rajasuriya. A. "Relationships between habitat structure and fish assemblages on coral and sandstone reefs," in *Env.Biol.Fish*.1998, 53, pp.19 - 31.

④ Ohman. M.C. and Rajasuriya. A. and Olafsson. E., "Reef fish assemblages in north-western Sri Lanka: Distribution patterns and influences of fishing practices," in *Env Bwl.Fish*, 1997, 49, pp.45 - 61.

⑤ Rajasuriya. A., Ohman. M.C. and Johnstone. R.W., "Coral and sandstone reef-habitats in north-western Sri Lanka: Patterns in the distribution of coral communities," in Hydrobiological, 1998, 362, pp.31 - 43.

⑥ Berg. H., Ohman. M.C., Trocng. S. and Linden. O., "Environmental economies of coral reef destruction in Sri Lanka," in *Ambio*, 1998, 27, pp.627 - 634.

年,已有多位作者证明了这一点①②③。这种活动促使生境和渔业生产力的退化。据报道,用炸药炸鱼的现象已在马菲亚岛周围水域中存在多年。然而,值得注意的是,随着马菲亚岛海洋公园(MIMP)的建立,用炸药炸鱼的渔民开始避开了该区域。其他的破坏性捕鱼方法包括海滩围网捕鱼和使用拖网以及鱼杆和鱼叉④。拖网捕捞尽管破坏珊瑚和鱼类的其他生境,但它并不违法。拖网不仅拖过珊瑚礁,而且网还带有加重的铁链,同时渔民还用棒敲击珊瑚和其他结构物,以便把鱼赶入网内。拖网作业也是一种高度不加选择的捕鱼技术。拖网渔业不仅可能破坏海底,而且大量的鱼与目标鱼类一起被捕获,但因为是无用的副渔获物而被丢弃。使用毒药毒鱼会不加区别地影响海洋生物包括幼体和稚鱼,最常用的毒物是当地称为 Utupa(鱼藤)的一种植物的提取物。

世界上多数内陆渔业也遭受到过度开发,比起开发强度,一些其他因素,如生境的数量及质量、增殖式水产养殖和对淡水的竞争等,在更大程度上影响着多数内陆渔业资源的状况。无论开发强度如何,水的抽取和分流、水电开发、湿地变干、土地利用方式带来的淤塞和侵蚀等都会对内陆渔业资源造成负面影响。

(二)外来生物的入侵

非洲湖泊尤其是维多利亚湖、马拉维湖和坦噶尼喀湖拥有丰富的水生生物多样性。外来的鱼类引进、栖息地退化都影响着水生生物多样性。人们现在认识到,鱼的引入可以有正负两方面的影响。马拉维湖利用湖泊生物与多样性保护中的冲突以及在维多利亚湖鱼产量下降的情况需要解决,但是在非洲消除贫困、增加出口收入以及提高膳食蛋白质的供应量是沿岸国家的优先考虑事项。然而,生物多样性的完整性是可持续的生物生产的基础,认识到这一点很重要,因此,捕捞潜力应该受到保护。除了宣传活动,需要保护的濒危鱼类与一些野生动物的区别等本土知识和社区的参与也不可或缺。因此,非洲湖泊生物多样性保护是一个地区问题,也是一个国家和全球性问题。

(三)污染和富营养化

污染和富营养化也是使水生环境退化、生物多样性下降的重要原因。在此之

① Semesi. A. K., Mgaya. Y. D., Muruke, M. H. S., Msumi, G., Francis. J and Mtolera. M, "Coastal resource utilization and conservation issues in Bagamoyo, Tanzania," in *Ambio*, 1998, 27, pp.635 - 644.

② Darwall, W. R. T, "Simaya Island. Marine biology and resource use surveys in the Songosongo archipelago, in *Frontier-Tanzania Marine Research Programme. Project Report No.3*, Society for Environment Exploration, University of Dar Es Salaam.

③ Guard, M and Masaiganah, M., "Dynamite fishing in southern Tanzania, geographical variation, intensity of use and possible solution," in *Mar. Pollut. Bull.*, 1997, 34, pp.758 - 762.

④ Muhando, C. A. and Jiddawi. N. S., "Fisheries resources of Zanzibar: Problems and recommendations," in Sherma, H., Okemwa, E. and Ntiba, M. J. (eds). *Large Marine Ecosystem of the Indian Ocean: Assessment, sustainability and management*, Blackwell Science, 1998, pp.232 - 255.

前,湖泊环境的管理不被认为是渔业管理的重要组成部分。在维多利亚湖过去的三十年中,物理、化学和生物的变化的一系列过程[1][2][3]表明了物理、化学和生物因素对湖泊渔业有重大的影响,对整个水生生态系统起到重要的作用。在维多利亚湖,藻类生物量增加 4 倍,浮游植物产量翻番,硅藻的霸主地位改变,硅藻中的磷的浓度增加 1 倍,而硅的浓度下降到原来的 1/10[2][3]。这些变化伴随着水的透明性下降 4 倍,氧在减少,缺氧层上移,导致鱼类栖息地的丧失。在无脊椎动物群落从 calanoid 一家独大变为 cyclopoid 桡足类和底栖无脊椎动物以及米虾、罗非鱼共存。由于这些变化,鱼类群落已成为由摄取蓝色绿色藻类的尼罗河罗非鱼以及在饲料上占主导地位的尼罗河鲈鱼为主导,饲料以浮游动物及昆虫的米虾和 Rastrineobola argentea 为主。维多利亚湖富营养化是由人类不恰当的行为造成的。在集水区,有大量工业和生活污水排放口,并从事作业[2][4]。由于渔业产品生产的可持续性依赖于鱼类栖息地的健康,因此,有必要考虑污染管理,改善渔业管理,减少富营养化。然而,散装磷的输入,要考虑的不仅仅是水直接排入湖水,大气也不可忽视,在湖泊管理中集水区湿地的利用方式也十分重要。

三、气候变化对海洋和淡水生态系统的潜在影响

气候变化对渔业资源的影响很难与人类的直接影响,比如过度捕捞等区分开,但全球变暖正在改变海洋鱼类的地区分布已是事实,一些暖温型海洋物种正在向极地移动,且其生境的生产力和大小均在改变[5]。随着全球逐渐变暖,不同地区生态系统生产力大小发生改变。鱼类生理及行为特征均受到不同程度的影响。气候变化正在影响季节性特定生物过程,改变海洋食物网,进而对渔业产量产生影响。生物

---

① Talling, J. F.,"The annual cycle of stratification and phytoplankton growth in Lake Victoria (East Africa)," in *Int. Revue ges. Hydrobiol*, 1966,51,pp.545 - 621.

② Hecky, R. E.,"The eutrophication of Lake Victoria," in *Verh. Internat. Verein. Limnol*,1993,25,pp. 39 - 48.

③ Mugidde, R.,"The increase in phytoplankton production and biomass in Lake Victoria(Uganda)," in *Verh. Internat. Verein. Limnol.*,1993,25,pp.846 - 849.

④ Bootsma, H. & R.E. Hecky, "Conservation of the African Great Lakes: A limnological perspective," in *Conservation Biology*,1993,7,pp.644 - 656.

⑤ Barange, M. & Perry, R.I.,"Physical and ecological impacts of climate change relevant to marine and inland capture fisheries and aquaculture," in K. Cochrane, C. De Young, D. Soto and T. Bahri (eds). *Climate change implications for fisheries and aquaculture: Overview of current scientific knowledge*, FAO Fisheries and Aquaculture Technical Paper, No. 530, Rome, FAO,2009,pp. 7 - 106.

入侵风险增加,传染病的蔓延都是关注焦点[1][2]。另外,海陆不同程度的增暖及不同纬度区域增暖程度的差异会影响气候模式的强度、频度和季节性(例如厄尔尼诺),造成极端气候事件,进而影响海洋资源的稳定性。此外,海平面上升、冰川融化、海洋酸化、降水量变化和地下水地表水径流也会影响鱼类的生存环境,进而影响水产品的可及性、实用性和稳定性。

在非洲的一些区域,厄尔尼诺(厄尔尼诺-南方涛动)已成为年际间雨量变率的重要控制因素之一[3]。此外,气候变化模型也存在一些地区差异。基于此,非洲气候的变暖程度可能比全球大陆任何季节的平均变暖程度都大,且干燥的亚热带地区比湿润的热带地区变暖程度更大。地中海沿岸的非洲国家、撒哈拉沙漠北部和南非地区年降水量可能减少,而东非年平均降水量可能增加。萨赫勒地带、几内亚沿岸、撒哈拉沙漠南部和非洲其他地区降水是否会变化,如何变化尚不明确[1]。厄尔尼诺的其他影响包括海水水体温度的垂直结构、生态环境、中上层生物和食物网。

Jury等[4]以渔业捕捞数据为基础检查了东非两个国家海洋气候的变化。当海水表层温度和大气湿度比热带西印度洋海域低时,渔获量较高。他们的建模系统表明海水表层温度还会持续升高,到2100年达到30℃,另外,西南季风增强,海水溶解二氧化碳量逐渐加倍,并会影响鱼类生产力,引起珊瑚白化。

在北非和近东地区,尤其是在地中海盆地,降水量的减少和气温的升高可能会引起水压增大[5]。埃及除外,因为中非尼罗河水源地的高降水量水平会引起该地尼罗河河段径流量大增。虽然渔业产量受到气温、降水量和海洋生物的生理和行为特征的综合影响可能会降低,但人类对其具体影响还知之甚少。在近东,珊瑚白化与水体温度的波动有关。赤潮事件频发,尤其是在2008年冬天更为严重。红海和亚丁湾地区气温和盐度均为世界最高,气候变化更加剧了该海域温度和盐度的增大,这对当地商业鱼类储量产生消极影响。

① Harvell, C.D., Mitchell, C.E., Ward, J.R., Altizer, S., Dobson, A.P., Ostfeld, R.S. & Samuel, M. D., "Climate warming and disease risks for terrestrial and marine biota," in *Science*, 2002, 296 (5576), pp.2158 – 2162.

② Bruno, J.F., Selig, E.R., Casey, K.S., Page, C.A., Willis, B.L., Harvell, C.D., Sweatman, H. & Melendy, A.M., "Thermal stress and coral cover as drivers of coral disease outbreaks," in *PLoS Biology*, 2007, 5(6), p.24.

③ Hulme, M., Doherty, R., Ngara, T., New, M. & Lister, D., "African climate change:1900 – 2100," in *Climate Research*, 2001, 17, pp.145 – 168.

④ Jury, M., McClanahan T. & Maina, J., "West Indian Ocean variability and East African fish catch," in *Marine Environmental Research*, 2010, 70(2), pp.162 – 70.

⑤ Curtis, L., Beveridge, M.C.M., el-Gamal, A.R. & Mannini, P., eds., *Adapting to Climate change: The Ecosystem Approach to Fisheries and Aquaculture in the Near East and North Africa Region-Workshop Proceedings*, FAO Fisheries and Aquaculture Circular. No. 1066, Rome, FAO, 2011, p.130.

沿岸上升流区对气候变化的响应比较复杂,沿岸风动上升流系统对气候变化的响应现阶段在某些方面还存在矛盾,需要更高分辨率的模型来加以确定。然而研究表明,20世纪非洲西北部沿岸的上升流有所增强,在全球变暖的影响下可能会持续增强[1]。增强的上升流可能会维持生态系统的生产力,但是主要浮游生物的物种组成可能会发生变化[2]。气候变化对本格拉上升流系统的影响有所不同,因为该海域的海底生长浮游植物,其死亡遗体的分解会消耗氧气,释放硫化氢。增强的上升流会把溶解氧已耗尽的水体带到表层,进而可能引起重要物种的移位和死亡[3]。

四、人口增长带来对鱼类蛋白需求量增加

根据联合国粮农组织《2011世界粮食不安全状况》的报告,2006~2008年营养不足人口为8.5亿,其中2.236亿人在非洲,英国苏塞克斯大学发展研究所研究员史蒂芬·德弗卢曾在论文《20世纪的饥荒》中说,中国和俄罗斯是上世纪前半叶饥荒的多发国,但从20世纪60年代末期开始,"创纪录"的饥荒都发生在"非洲之角"或撒哈拉以南非洲。而对非洲大多数国家来说,渔业和渔业产品更是动物蛋白的一个重要而可获得的来源。非洲是过去40年全球唯一一个人均粮食产量持续下降的地区。非洲50多个国家中,有40多个国家粮食不足。最近3年粮价过高导致喀麦隆、布基纳法索、塞内加尔、科特迪瓦、莫桑比克等国发生了"粮食骚乱"。据估算,再过5年,非洲人口将达到13.5亿,如果粮食供给状况得不到改善,非洲饥荒还会出现。

非洲有1000万人口依赖渔业和水产养殖业维持生计,渔业是非洲社会结构中的重要元素和解决贫困的重要环节。渔业产品也是重要的上市商品和非洲主要的出口产品,年出口总额约300万美元。西非各国人民的蛋白质摄取源主要依赖鱼类资源。鱼量不足,肯定会对人们的饮食和健康带来不利影响[4]。然而,据了解,非洲对天然鱼类资源的捕捞量普遍已达最大值,而水产养殖业未能发挥其最大潜能。人口增长带来的对鱼类蛋白需求量的增加是非洲渔业目前面临的一个很严峻的问题。

此外,人口增长也是对非洲湖泊渔业资源管理的主要挑战之一。人口增长的国家在大湖区占3%~4%,其中发达国家仅占0.5%。此外,周围的湖泊的家畜分布类

① McGregor, H.V., Dima, M., Fischer, H.W. & Mulitza, S., "Rapid twentieth century increase in coastal upwelling of North West Africa," in *Science*, 2007, 315, pp.637 – 639.

② Zeeberg, J.J., Corten, A, Tjoe-Awie, P., Coca, J. & Hamady, B, "Climate modulates the effects of Sardinella aurita fisheries of Northwest Africa," in *Fisheries Research*, 2008, 89, pp.65 – 75.

③ Bakun, A. & Weeks, S.J., "Greenhouse gas buildup, sardines, submarine eruptions and the possibility of abrupt degradation of intense marine upwelling ecosystems," in *Ecological Letters*, 2004, 7, pp.1015 – 1023.

④ 威利阿姆·安德比尔, 徐新明,《非洲渔业资源濒临"海荒"》, 载《森林与人类》, 2003(8), 第24—25页。

似于人类①。高人口数量增加了捕捞压力,增加了农业和生活用水供给的需求和废物的排放量。大量的人口和牲畜存栏加速了森林砍伐、水土流失和泥沙淤积,淤积速率增大和营养负荷入湖大大减少了鱼类栖息地的面积②②。例如,巴林戈湖有 150 平方公里的面积,平均深度可达 6 米,集水区约 6820 平方公里。多达 10000 人靠湖生活,捕捞种类包括罗非鱼,Protopterus 和 Clarias,捕捞量从 20 世纪 70 年代的 240 吨下降到 1995 年的 14 吨。渔民从 4600 人减少至 200 人,约 220000 人环湖生活,他们依赖于它的灌溉用水,发展农业和旅游业。该湖有富营养化频繁、藻华和低 SEC-CHI 深度的症状。较多的人口和牲畜数量被认为导致了巴拉戈湖的恶化③。人类和牲畜数量的增长需要被控制在湖盆的承载能力之内。

第三节　非洲渔业资源开发的管理

一、非洲毗邻海域海洋渔业资源开发管理

（一）非洲西部海域渔业资源现状及渔业管理

渔业为当地居民提供食物和收入来源,支持各级生计。绝大部分经济鱼类都处于充分捕捞或过度捕捞状态,其中珍贵的底栖鱼类相对于中上层鱼类来说过度捕捞状况更为严重。值得注意的是,该海域北部一些深水虾类储量逐渐增加,目前处于适度捕捞状态。

该区域渔业类型多样,为渔业评估和管理带来更大的挑战。大多数国家缺乏完善的渔业管理系统,对储量和捕捞程度进行评估的科研能力也较低,只有少数国家制定了管理计划或对主要渔业资源进行常规科学监控。人文、制度和财政能力多方面问题普遍存在。该区域主要的渔业资源都是国家共享的,也为渔业资源的管理带来不便。监管问题普遍存在。非法、未报告和不规律的捕捞行为十分常见。即使如此,目前仍有许多地区或国家组织帮助这些国家解决其渔业管理的关键问题。

1. 北部渔区

北非很多具有重要经济价值的底栖鱼类目前处于过度捕捞状态。摩洛哥大陆架

---

①　Bootsma, H. & R.E. Hecky, "Conservation of the African Great Lakes: A limnological perspective," in *Conservation Biology*, 1993, 7, pp. 644 - 656

②　Hecky, R. E., "The eutrophication of Lake Victoria," in *Verh. Internat. Verein. Limnol*, 1993, 25, pp. 39 - 48.

③　Odhiambo, W. & J. Gichuki, "Seasonal dynamics of the phytoplankton community in relation to environment in Lake Baringo, Kenya (Impact on the lakes resources management)," in *Afr. J. Trop. Hydrobiol. Fish*, 2000, 9, pp. 1 - 17.

的有鳍鱼类鳕鱼受到过度捕捞,其他得到评估的有鳍鱼类资源中,石斑鱼也面临过度捕捞的风险,急需采取相应措施加以保护[①②]。

普通章鱼由非洲西北部头足类渔业捕获,目前处于过度捕捞状态,其他头足类诸如鱿鱼和乌贼的开发水平则低于章鱼。2008年鱿鱼和乌贼的渔获量约占头足类的33%[②]。摩洛哥底栖渔业的管理措施,包括设立两个月的禁渔期和减少在该海区作业的外国渔船。毛里塔尼亚从2002年开始设立禁渔期,春、秋季各两个月。

2008年中大西洋渔业委员会北部海域深水玫瑰虾和浅水南方粉红虾的渔获量约为1.7万吨。摩洛哥的深水玫瑰虾储量和毛里塔尼亚、塞内加尔、冈比亚的浅水南方粉红虾均被认定为过度捕捞。然而,最新评估结果显示,冈比亚、毛里塔尼亚和塞内加尔深水玫瑰虾的储量有所增加,尚未受到充分利用[③]。中大西洋渔业委员会北部海域小型中上层鱼类沙丁鱼、小沙丁鱼、日本鲭和竹荚鱼因受到环境变化的影响,其数量波动较大。1995~2006年这些鱼类储量的声学调查评估工作一直由挪威调查船的弗里德约夫·南森博士负责,之后则改由区域国家研究机构的国家研究船来开展。然而,最近几年只有毛里塔尼亚和摩洛哥两国还在坚持这项工作。

声波法监测到的沙丁鱼生物量在2005年达到峰值约800万吨,之后有所下降并保持平稳[④]。金色小沙丁鱼最近几年储量有所增加,但综合考虑其他渔业信息,金色小金枪鱼仍被认为是过度捕捞。

2. 南部渔区

多种类渔业在中大西洋渔业委员会区域南部十分常见,虽然个体渔业的渔业类型和目标鱼类各不相同,但在该区域也十分重要。

大陆架是各种沿岸鱼类聚集的地区,其中包括石首鱼、鲶鱼、石斑鱼和鲷鱼等。在外大陆架地区常见鱼种是齿鲷等海鲷类。在2006年地区工作组评估中,石首鱼的渔获量占总渔获量的26%。

虾渔业在南部渔区尤其是在富营养的河口和沿岸海域也十分重要。尼日利亚和喀麦隆沿岸白虾完全由个体渔业捕捞,而南方粉红虾则受到不同类型船队的捕捞。

---

① FAO Fisheries Committee for the Eastern Central Atlantic (FAO/CECAF).(forthcoming) a. Report of the FAO/CECAF Working Group on the Assessment of Demersal Resources-Subgroup North. Banjul, the Gambia, 6 - 14 November 2007.CECAF/ECAF Series/COPACE/PACE Series No. 10/71. Rome, FAO.

② FAO Fisheries Committee for the Eastern Central Atlantic (FAO/CECAF).(forthcoming) b. Report of the FAO/CECAF Working Group on the Assessment of Demersal Resources-Subgroup North. Agadir, Morocco, 8 - 17 February 2010. CECAF/ECAF Series/COPACE/PACE Series No. 11/72. Rome, FAO.

③ FAO Fisheries Committee for the Eastern Central Atlantic (FAO/CECAF).(forthcoming) b. Report of the FAO/CECAF Working Group on the Assessment of Demersal Resources-Subgroup North. Agadir, Morocco, 8 - 17 February 2010. CECAF/ECAF Series/COPACE/PACE Series No. 11/72. Rome, FAO.

④ FAO统计。

调查表明,在几内亚湾西部大陆架,底层资源的总生物量在 1999～2006 年变动较大,2002 年之后的调查显示重要底栖资源的生物量在 2.5 万至 3.5 万吨之间波动,2006 年生物量略低于 2005 年[①]。中大西洋渔业委员会底栖渔业资源工作组建议几内亚比绍南部海域采取措施来避免捕捞强度增加以保护该海域底栖鱼类。从 20 世纪 90 年代开始几内亚和加纳海域乌贼的可捕率一直增加,目前储量处于过度捕捞状态[②]。

小型中上层鱼类遍布整个区域,但在沿岸上升流区如科特迪瓦、加纳等国沿岸尤其丰富。在科特迪瓦、加纳、多哥和贝宁主要由个体渔业和半工业围网渔业捕获,而在尼日利亚和喀麦隆则全部由小规模渔业捕获,加蓬、刚果和安哥拉的小型中上层资源主要是工业渔业和个体渔业的目标鱼类。

在几内亚湾西部,小型中上层鱼类如小沙丁鱼属、马鲛鱼和鳀鱼都是十分重要的渔业资源,但其渔获量各不相同,这也使得相关渔业管理更加复杂。最新评估结果显示,该海域圆小沙丁鱼已受到过度捕捞,短体小沙丁鱼受到充分捕捞。海域南部(加蓬、刚果、安哥拉)的小沙丁鱼处于适度捕捞状态,而北部(几内亚比绍、几内亚、塞拉利昂和利比亚)的小沙丁鱼则受到完全捕捞。鳀鱼在几内亚湾西部和南部区域尤为重要,且受到充分捕捞。

(二)非洲西南部海域渔业资源现状及渔业管理

非洲西南部渔区的安哥拉、纳米比亚和南非的海岸受到本格拉上升流的影响,鱼类生产力均较高。但该区域大多数经济鱼类都处于充分捕捞或过度捕捞状态,且通常是长期捕捞量过大造成的后果。近几年该地区采用更为保守的管理措施来恢复当地渔业,维持重要渔业资源的产量。该地区三个国家的渔业均有完备的管理系统,其中安哥拉渔业管理水平最低,但仍在进一步改善和发展其渔业管理系统。

然而,与世界大多数渔场一样,该地区许多渔场也存在大量问题。各种潜在原因引起环境变化、科学不确定性和生物特性与社会经济利益的矛盾性。该区域渔业监管存在很多问题,尤其是在一些渔获量很难控制的沿海渔场,例如南非鲍鱼的非法捕捞,非法捕捞数量不明,但 2006 年执法部门共缴获 100 万只非法捕捞的鲍鱼。据估计,最近十年里鲍鱼的非法捕捞量是法定商业捕捞量的十倍以上,目前鲍鱼捕

---

①　Mehl, S., Olsen, M & Bannerman, P., Surveys of the fish resources of the Western Gulf of Guinea (Benin, Togo, Ghana and Côte d'Ivoire), Surveys of the pelagic and demersal resources, 19 May to 7 June 2006. Cruise reports, Dr. Fridtj of Nansen. IMR.

②　FAO Fisheries Committee for the Eastern Central Atlantic (FAO/CECAF). (forthcoming) c.Report of the FAO/CECAF Working Group on the Assessment of Demersal Resources – Subgroup South Freetown, Sierra Leone, 9 – 18 October 2008. CECAF/ECAF Series/COPACE/PACE Series No. 11/73. Rome, FAO.

捞量超过 1000 吨/年①。另外,缴获的非法捕捞鲍鱼的 2/3 以上个体尺寸低于法定捕捞尺寸。2008 年由于鲍鱼储量过低,2 月份政府即宣布禁止对鲍鱼的商业捕捞,到 2010 年 7 月恢复。另外,自 2003~2004 年鱼汛期开始国家禁止休闲渔业对鲍鱼的捕捞。

（三）非洲东部海域渔业资源现状及渔业管理

非洲东部海域的数据收集、储量评估和渔业管理水平与其他地区相比较低,国家间也有明显差距。在西南印度洋渔业委员会,塞舌尔有一套收集捕捞数据的分层抽样系统,该系统自 20 世纪 80 年代中期运行以来参与了塞舌尔渔业部门一系列捕捞评估调查②。该区域几乎所有国家在相应地区都有船只许可证制度,大多数国家也将限制捕捞鱼体的尺寸大小作为一项管理措施,然而,很少有渔场制定管理计划。在西南印度洋渔业委员会,只有大约 11% 的渔场有管理计划③。

由于许多国家难以收集准确的捕捞信息,西印度洋鱼类储存状况的评估过程比较复杂。在某些情况下,一些国家会利用早期数据通过外推法评估当下的渔获量。这种方法在西南印度洋渔业委员会的科摩罗、马达加斯加、索马里和红海沿岸的苏丹的长期使用会造成重大偏差,偏差的大小不确定。低质量捕捞数据、低储量评估能力和渔业管理水平导致该地区对渔业储量状况了解很少。这反过来阻碍了大多数渔业的管理计划的改善,并形成恶性循环。要想实现西印度洋渔业的长期可持续发展,必须解决该恶性循环。

1. 红海和亚丁湾

红海绝大部分渔业都是传统渔业。这些渔业经营分布在海岸附近,捕捞各种水底物种。红海既有自给自足的小型渔船,也有装有冷冻设施的大型拖网渔船,最常用的渔具是钓钩和刺网。红海渔业是典型的多渔具、多物种的热带渔业,渔船长为 5~20 米。

渔获量最多的十个物种(除印度马鲛鱼外)捕捞量均有所下降。因此,除了一些小型浮游鱼类市场不景气之外,其他各种鱼类资源都处于充分捕捞利用的状态。然而,该海域渔业资源状况目前尚没有明确的储量评估信息。渔获量数据表明 20 世纪 90 年代的渔获量急剧下降,之后的几年保持平稳不变。由于这些国家的渔获量评估过高,加上数据解集模式的改变,数据的详细分析难以做到。不同类别的增长或许可通过报告数据中不同物种的捕捞数据加以解释。

---

① Department of Agriculture, Forestry and Fisheries (DAFF), *Status of the South African marine fishery resources* 2010. Cape Town, South Africa, 2011, p.55.

② Skewes, T., Ye, Y. & Burridge, C., "Australian Government assistance to the Seychelles tsunami relief effort: assessing impacts to near-shore fisheries," in *CSIRO Report*, Brisbane, Australia, 2005.

③ FAO 统计。

红海沿岸渔业管理薄弱,大量小面积拖网捕鱼和有效管理制度的缺失使得该地渔业资源很快被充分捕捞或过度捕捞。该地区渔业市场发达,尤其是在也门、埃及和沙特阿拉伯地区的高价位鱼类畅销。小型中上层鱼类市场需求量少,因此,捕捞量也越来越小。随着在该地投资渔业以供给本国市场的东欧运营商的撤资,这种减少趋势更加明显。

2. 西南印度洋渔业委员会管辖地区(从索马里到南非)

西南印度洋渔业科学委员会 2006 年对重点鱼群储量状况进行评估[①],2008 年继续此过程,2010 年再次评估。该地区大部分国家只有经粗略分组的渔获量数据。此外,该地区大部分渔业捕捞努力量的信息也十分贫乏,大多数国家在相应渔区都有船只登记系统,但这些记录中并没有关于船只归属哪个渔场和目前是否在作业的信息。由于该地成员国调查研究能力非常有限,所以渔业储存状况通常通过单位捕捞努力量、渔获量和渔获率调查或者专家判断等经验推断法来判定。

科学委员会共选定 137 个物种来评估,其中只有 107 个物种在 2010 年接受评估。评估物种中有 35% 被充分捕捞,36% 处于适度捕捞状态,34% 被过度捕捞。该结果与全球海洋渔业资源捕捞利用状态相似。虽然渔业资源储量大幅减少,但仍有很大一部分渔业资源尚未开发。

小虾及对虾是该地区最重要的物种之一,渔获量在 2003～2007 年间增至 30000 吨。然而,2009 年渔获量只有峰值的一半 1.5 万吨,可能一些小虾、对虾已受到过度捕捞。由于小虾及对虾寿命短、营养级低,渔获量波动很常见,而且即使过度捕捞,也相对较容易恢复。

过去十年,坦桑尼亚对虾渔业的渔获量急剧下降。捕捞努力量有所减少,商业对虾产量从 2003 年的 1320 吨降到 2007 年的 202 吨。2008 年,坦桑尼亚水产研究所(TAFIRI)报道称,坦桑尼亚海岸对虾储量的大幅下降,其原因与资源的过度开发利用有关[①]。在坦桑尼亚水产研究所和其他对虾渔业利益相关者召开的联合会议中,与会人员对该报告进行讨论并提出了两年内停止对虾捕捞的解决办法。最新评估报告显示,对虾储量尚未恢复,完全恢复可能需要更长的时间。2010 年,虾渔业的工业部门仍然关闭,但手工部门恢复捕捞。

莫桑比克中南部沿海的龙虾属(Palinurus delagoae)储量 13 年前就已耗尽,大部分船只停止捕捞,国家渔业部门就将渔业正式关闭了。为了促进渔业储量的恢复,2007 年停止对以龙虾为捕捞目标物种的渔船发放许可证,此外,国家也加强了对储量的科学监督[①]。

沿海渔业主要是由沿海国家收获,高利润的海洋渔业则被欧洲和东亚国家的远

---

① FAO 统计。

海舰队包揽。此外,低海岸捕捞量、渔业和与之相关的经济活动对当地经济发展至关重要。在印度洋西南部沿海地区的一些国家,渔业甚至是当地居民可利用动物蛋白的唯一来源。此外,对于面临外汇不足问题的国家,水产品出口是获得交换收入的重要来源,索法拉海岸的虾业是莫桑比克外汇收入的重要来源,马达加斯加也是如此。莫桑比克的工业虾渔业得到了科学监测和积极管理。最近的分析显示资源已被充分利用,为了保证经济效益应减少渔获量。控制措施应该包括限制捕捞船只数量、季节性休渔和限制齿轮的尺寸等。

(四)非洲北部渔业资源现状及渔业管理

地中海渔业管理基于总捕捞努力量规则,通过有限的许可证和技术措施(例如,间歇性和区域性休渔、齿轮大小和捕捞鱼类尺寸限制)来实现的。只有中上层鱼类和一些特殊鱼类(亚得里亚海的条纹帘蛤属或鲟鱼)的渔业管理以通讯系统和定额捕捞为基础。许多国家通过限制许可证发放数量等方式进行渔业管理。此外,为保护地中海沿岸一些商业物种的繁殖区域,限定拖网捕鱼只能在水深50米以上或者距海岸3海里的水域进行。

地中海沿岸国家都拥有12海里的领海,然而没有一个国家承认200海里的专属经济区[①]。因此,地中海大部分海域为公海。这就意味着地中海的公海比其他海域更靠近海岸,这种情况需要地中海沿岸国家渔业管理机构进行更深入的合作。在地中海,所有的渔业都是在地中海渔业总理事会的机制下进行管理。欧盟成员国渔业则通过欧盟的共同渔业政策进行管理,大部分情况下,两种政策机制会保持协调。非欧盟成员国制定自己的渔业管理措施,并尽量与地中海渔业总理事会的相关制度保持一致。

该地区渔业管理还存在很多问题,包括船队生产能力过剩、小型渔船造成的船队过于分散、登陆点过多、多物种渔业和国家间渔业管理的合作不足等。尽管如此,近来地中海-黑海渔业管理仍有重要的改进和提高。

首先,各个国家都开始积极参与渔业管理,采取国家渔业管理措施,参与分区倡议活动。大部分国家开始定期参加地中海渔业总理事会会议等。欧盟经济委员会2006年建立了一个地中海小组来为其地中海沿岸的成员国提供渔业管理建议,作为地中海渔业总委员会科学咨询委员会的工作的补充,最近的倡议行动引起了渔业储量的可观增长。在2009和2010年,地中海渔业总委员会的科学咨询委员会和经济委员会已对59种不同鱼类(48种水底鱼类和11种中上层鱼类)的储量进行正式评估。以评估结果为基础,人们正在对该海域的渔业加深了解。

---

① Cacaud, P., "Fisheries laws and regulations in the Mediterranean: A comparative study," in *Studies and Reviews*. General Fisheries Commission for the Mediterranean, 2005, No. 75. Rome, FAO, p.40.

地中海大部分渔业资源都是邻国共享的,因此,渔业评估应是各国联合完成的,或者由地中海渔业总委员会的储量评估工作组和亚区工作组完成。这些活动通常是在联合国粮农组织区域项目的框架内组织完成。2010 年,在联合国粮农组织的一项地中海渔业项目支持下,至少六项联合评估顺利完成。这些储量评估包括西西里海峡的玫瑰虾,阿尔沃兰海的中齿小鲷鱼,亚得里海的沙丁鱼、鳀鱼和鳕鱼。最近几年为提升评估质量,人们还做了其他很多努力。例如,编制区域内过度捕捞鱼类主要生物参数(生长、成熟和死亡)的数据库,以便采取相应措施;在地中海渔业总委员会的科学咨询委员会和欧盟的经济委员会框架下引入更系统的质量监测和文档管理系统来对鱼类储量进行评估等。

二、非洲内陆渔业政策和管理

在非洲大多数国家,渔业管理由国家渔业部门负责,渔业部门依照法律执行渔业政策,并为政策和法律的完善和更新提供建议。渔业部门的职责包括信息收集和监测、分析和规划、资源配置、规章制度的设置和执行以及渔业部门各个方面的日常管理。

区域和地方管理人员通过许可证制度、设备管理制度等来实施渔业管理,此外还负责收取许可费和使用罚金制裁。实际上,在大多数国家,国家渔业部门因人员、专业技术和资金严重不足而受限,大多数内陆渔业(特别是在传统管理不到位的地区)是开放的(即没有管理)。因此,许多渔场表现出承受着越来越大的资源压力,过度捕捞、储量下降、渔获量下降、冲突和贫穷等。

多年来,渔业资源开发几乎只关注渔业生产的最大化(参考最大可持续产量(MSY)和捕捞努力量的控制)。在许多渔场,国家渔业部门试图通过发放许可证来控制渔民数量,保证财政收入。这些收入除了上缴国库,还有一些由当地渔业部门用于开展渔业项目。

实践表明,已应用于非洲内陆渔业近 40 年的全国渔业管理系统成效并不明显。各项指标显示,鱼类资源正越来越多地受到过度捕捞的威胁,渔业捕捞压力增加,渔场经营自由和开放。原因有很多——缺乏资金和政治支持,人员不足,低水平的专业知识和后勤技术问题等。

与此同时,在非洲的一些地区渔业得到传统社区管理系统的有效管理。然而,一些人员为私人利益出售渔产品和捕鱼权,当外界对渔业资源的需求和压力不断增加,超过当地管理系统能力范围时,这些系统的管理成效就会降低。因此,非洲内陆渔业在地区、国家和区域层面上实现有效管理均面临巨大的挑战。例如,马拉维的"共同管理"方式强调可以影响共同管理的各种因素,包括政府在伙伴关系、利益相关者和短期捐助基金等方面发挥的作用。"共同管理"需要仔细的规划,成员之间达成共识,大量人力和财力的支持,当然还有足够的时间和一个有利环境。当前渔业管理危机不是一个"快速修复"过程,而必须寻找一个能为农村人口创造机会、增加福利的方案。非洲第二大湖泊坦噶尼喀湖(Tanganyika)的主要渔业支撑超过 100 万人的生计,但增长的人口压力和高需求的生活压力使得资源基础和现有的利益受到严重威胁,渔业管理亟待提高。该湖由四国共享,虽然说政策重视社会福利,但缺乏制度和金融手段来实施,渔场在自由和开放条件下运营。联合国粮农组织与当地渔业部门在最近的一个合作项目中提出了湖泊管理计划,然而,在计划和实施的过程中确保各方之间的协调一致是复杂而缓慢的,关键问题是提出的解决方案是否能及时实施来防止渔业的崩溃及对社会与经济造成的破坏。

最近,由于非洲国家渔业管理系统表现不佳,人们开始不断寻找可以取而代之的内陆渔业管理系统。现在的主要推力是以社区为基础的共同管理——试图利用理论知识和利益相关者的需求和能力,加上与政府的合作来管理地方渔业。然而,尽管对这些系统的设计和应用已经超过十年(在外部机构、捐助者和非政府组织的鼓励和资助下),渔业共同管理在不同渔场间的实施成效各不相同(成功和失败都有记录)。

内陆渔业管理危机的恶化在地方和国家层面上都是一个重大的挑战,在不同国家之间共享渔业资源的渔场,问题更为严峻。可以确定的是,建立可行的替代国营或传统的渔业管理系统的新系统会需要很长时间。

第四节　非洲渔业资源的开发战略

渔业可以为沿海国家提供食品保障和就业机会,增加居民收入并辅助形成某地特有的传统文化身份。保持渔业的长期繁荣和可持续发展不仅具有重要的政治和社会意义,也极具经济和生态价值。

非洲渔业资源丰富,但近几十年来由于人类的不合理开发利用,导致非洲渔业资源面临枯竭的危机。针对非洲渔业目前存在的问题,建议在渔业资源的开发利用过程中高度重视对其的保护,制定合理有效的渔业管理系统,在保持渔业可持续发展的基础上实现获得最大渔业产量、安排更多就业量和争取更多外汇收入等目标。具体的改善建议包括:

一、非法捕捞的管理对策

当前看来,非法捕捞非常有利可图,而非法捕捞的根本原因是持续的鱼类需求和捕鱼活动缺乏控制①。经合组合(OECD)的一项研究指出,打击此类活动的首要措施是使非法捕捞无利可图②。因此,可以采取一系列可行的措施打击非法捕鱼行为。

（一）加强监控与管理,推进国际合作

地方政府应该提高其监控、管理水平。这对拥有海岸线的非洲国家尤为重要,而实际执行起来却很难。首先,可以建立能维护海洋安全的海军和海岸警卫队;其次,非洲国家还需要投资训练执法人员,建立相关调查程序和机构。非洲国家需要依据其渔业政策和国际条约制定各种规则,因此,管理监控的关键是加强国际合作、提供有效的执法培训等。

制订相关的协议和政策法规,以便使联合打击非法捕鱼行动在财政上和法律上切实可行,并使其能够适用于国家、地区和国际海域。在已有国际组织的基础上,可以成立针对不同区域的特别工作小组,加大对非法捕捞活动的打击力度。这可以借鉴澳大利亚、英国、秘鲁等国家,澳大利亚宣布加重对非法捕鱼船只的处罚,并建议修改相关法律,把罚金从目前的 55 万澳元提高到 82.5 万澳元,同时利用法律程序监控偷捕鱼者在世界各地的银行账户,使从事非法捕捞的企业和个人倾家荡产。英国和秘鲁的渔政部门计划使用卫星监控沿海作业的捕捞船只。根据秘鲁官方的统计,秘鲁沿海非法捕鱼船每年捕鱼 6 万多吨,占这一地区总捕获量的 24%。2002 年年底在罗马召开的联合国粮农组织年会上,联合国粮农组织的官员呼吁加强国际合作,打击非法捕捞。根据联合国粮农组织的统计报告,全球 75% 以上的渔业资源被过度开发,许多渔业资源已面临枯竭,世界 16 个主要渔场中有 12 个渔场的年产量处于历史最低水平③。海洋渔业资源的急剧衰退,一个重要的原因就是世界各地非法捕捞日益严重。国际间的非法捕捞活动由来已久并且十分复杂,因为它涉及国家主权和渔船在国际海域的权利等诸多问题,所以需要国际社会共同努力,制订切实可行的法规,采取有效的措施对非法捕捞活动进行严厉打击。

（二）提高当前法律的有效性

为减少公海非法捕捞行为,首先可以完善当前不完备的国际渔业法律框架。主要包括:① 提出并完善一个所有成员国都认可并以此为执行标准的国际公约(包括《联合国海洋法公约》);② 在捕鱼区建立区域性渔业管理组织;③ 将所有合法船只纳入区域渔业管理组织。这种全面系统的改进能够在很大程度上减少船只的无序作业状态。同时也应采取一些适当的激励机制(亦包括经济上的支持)吸引非成员国加入区域渔业管理组织。其次,可以采取行动来提高当前国际法律的有效性。这

---

①　MRAG.Illegal, "Unreported and Unregulated Fishing," in *Report to DFID*,2009.

②　Gallic, B.L. and A. Cox, "An economic analysis of illegal, unreported and unregulated (IUU) fishing: Key drivers and possible solutions," in *Marine Policy*, 2006,30(6),pp.689 - 695.

③　Center W F,*World Fish Center Annual Report* 2002, 2003.

包括开发最低可执行的国际协议标准、提高国际协议的规格等。当前法律水平亦可通过改善 MCS 水平获得提高。通过加强政府间的合作,如共享费用和信息平台等,可以降低执法者的负担。如 2003 年澳大利亚和法国签订了一项海洋捕捞监管的条约起到了一定的效果。国际渔业合作监管的网络系统(MCS 网络系统)吸引了许多国家的加入,也起到了降低成本的作用。

（三）运用经济杠杆控制非法捕捞

为整治非法捕捞活动,国家除了建立健全法律手段以外,还可以通过经济手段来实现。对合法捕捞者可以降低税率,可以通过提高其总收益、增加补贴、减少总成本等途径来提高合法渔民的利润;对于从事非法捕捞的渔民而言,则需增加其从事非法捕捞的成本或违规罚款的数额,起到减少非法捕捞活动的作用。国家应注重减少渔民负担,调整渔业收费标准,给予遵守相关规章的渔民或渔业公司补贴,减少合法者的捕捞成本,从而减少非法捕捞。另外,可以通过调动渔民积极配合管理、树立遵守各方面规章典范、给予提供有效证明其他渔船违规违法证据的渔民以适当的奖励,调动渔民积极参与到渔政执法活动中,亦可起到减少非法捕捞的作用。

（四）完善船只许可证制度

尽管加入非法、不报告和不管制(IUU)捕捞的船只或人员越来越少,但是开放的渔船注册仍然普遍存在[①]。HSTF(一个治理非法捕捞的国际组织)提出建立一个信息公开的国际数据库,用来公布和逮捕在公海非法捕捞者,这一举措被 FAO 用作一项新的计划,命名为"全球性渔船记录",并处在积极讨论中,正在等待实施[②]。对国内或国际船只实行有效的许可证制度是控制渔业捕捞的有效措施,能够在一定程度上降低漏报和错报的渔业捕获量,从而达到减少非法捕捞的目的。

二、提升非洲国家的渔业捕捞能力

总体上看非洲国家因为社会经济发展落后,本国捕捞能力有待加强。西非塞内加尔主要的资源是海洋,1/5 的人口从事传统渔业生产,依靠渔业产品销售养家糊口;最大的渔港 Joal 在十年之内,当地渔民的捕获量降低了 75%,政府选择出售捕鱼权给外国渔业公司,这极大地影响了当地渔民的渔获量。2000 年绿色和平组织调查发现,在毛里塔尼亚 56 条传统的渔船一年捕捞的鱼产品总量和一条大型冷冻渔船一天的捕获量相同。20 世纪 90 年代之后西非渔业资源迅速下降,当地人要到离岸更

---

① Kelleher, K., Robbers, Reefers and Ramasseurs. A Review of Selected Aspects of Fisheries Monitoring Control and Surveillance in Seven West African Countries. Sub-Regional Fisheries Commission. Project FAO/GCP/INT/722/LUX (AFR/013). July, 2002.

② www.fao.org/fishery/fishcode/3, 14; www.seafoodchoices.org/whatwedo/documents/GlobalRecord_ Brochure.pdf.

远和更危险的海域捕鱼。

非洲特别是西非地区是非洲主要的渔业生产地,25%的渔产品来自该海域。欧盟大型渔船在毛里塔尼亚和摩洛哥海域每年捕获 23.5 万吨小型深海鱼类和数万吨的其他鱼类,塞拉利昂、几内亚和加纳也是欧盟传统的捕捞区。根据 FAO 的估计,西非 1500 万渔民面临生计威胁,无法捕到足够的渔产品,毛里塔尼亚海域的捕捞类似索马里,在离岸 25 英里的范围内主要是当地众多的小型渔船在竞相捕捞,在 50 英里范围内有至少 20 艘欧盟最大的捕捞船以及来自中国、俄罗斯、冰岛的捕捞船和非法的捕捞船[①]。

(一)建立基本的渔业储量评估机制

数据库信息是管理决策非常重要的工具。许多的湖泊研究机构用数据库信息来指导湖泊管理和决策,目前已经有大量的研发投入,然而,大部分信息难以获得,某些情况下,不能应用到地面上的实际情况中,还有就是需要一个明确的信息化战略来确保所收集的信息是相关的,利益相关者很容易就可以了解相关情况。在研究进行之前,也有必要进行信息需求评估。因此,建立基本的渔业储量评估机制,实现对渔业资源的动态调查评估,并制定有效措施和管理策略,适时调整不同经济鱼类的捕捞数量,实施捕捞配额管理,既有利于保障渔民的基本利益,又促进了鱼类种群的休养生息和可持续发展。

(二)完善渔业管理制度

已应用于非洲内陆渔业近 40 年的全国渔业管理系统成效并不明显。各项指标显示,鱼类资源正越来越多地受到过度开发的威胁,渔业捕捞压力增加,渔场经营自由而开放。建立可行的替代国营或传统的渔业管理系统的新系统,研发效益高且实用的支持渔业各级决策的信息系统,包括后续通过适当的能力建设、组织变革和结构改造对完善信息系统提供支持,均迫在眉睫。

(三)制定相关法律法规

非洲各国渔业政策的总体目标是确保最佳的、可持续的渔业生产模式。大多数非洲国家都有覆盖环境管理、水质和湿地保护等的法律,也有针对渔业和生物多样性管理的政策和法律法规。国家渔业部门专门负责渔业资源的管理,也有一些其他部门协助管理。许多非洲国家正在实施环境行动计划(环保计划),它为环境问题项目设计和实施提供了保障。

在一些国家,如在维多利亚湖,渔业法律法规要进行相互审查,并相互协调。政策和法律框架需要不断更新以应对最新情况。但是法律执行不足、调控不利,导致

---

① Samoilys M.,"African's Oceans—A sea of riches," in *The Economist*,2012 年 2 月 18 日,http://www.economist.com/node/21547867.

资源持续减少,所以需要法律定期更新,但更重要的是,法律需要被强制执行。

制定渔业保护和管理法规,对本国渔业管理权限、外国在本国水域内的捕鱼活动、国家渔业管理计划和其他有关方面做出相应规定。设立禁渔期、禁渔区,实行渔民登记、渔船登记,控制捕捞强度、限制渔具种类和规格等,同时加强执法力度,对违法者采取罚款、没收其捕捞和运输设备等措施。另外还要不断对相关法律法规进行修订、补充和完善,以适应渔业的发展。2010年,东北大西洋渔业委员会(NEAFC)通知《生物多样性保护公约》缔约国大会处理非法、不报告和不管制(IUU)捕鱼的两个主要工具的重要性在于悬挂非缔约方旗帜的船舶黑名单、控制进入东北大西洋渔业委员会(NEAFC)缔约方港口的所有港口国冷冻鱼控制系统。这些措施大大减少了非法、不报告和不管制(IUU)捕捞的产品进入欧洲市场的量。

(四)加大资金投入

非洲渔业资源的开发和管理长期以来受西方发达国家管理思想的控制,配额制貌似公平,但社会经济基础落后是当地渔业发展和渔业资源开发的瓶颈①。资金不足,在国家和区域层面一直是有效实施渔业计划的重大障碍。许多河岸政府没有从国家预算分配足够的资金给渔业项目,因此,许多渔业程序依赖于捐助资金,在大多数情况下,项目结束时则停止。因此,有必要建立可持续的筹资机制计划。坦桑尼亚湖的经验已经表明,可以通过对渔业征税来实现,使用征税以资助渔业活动。通过全球环境基金GEF支持的一项渔业研究,在三个沿岸国家征集资金资助维多利亚湖渔业活动,这一思路已被普遍接受。另外,也可适当地对与渔业政策和渔业管理相关的财政进行改革,创造有利环境,鼓励和支持私人投资,有利于益贫经济的增长,为渔民和农村人口提供可供选择的就业机会。管理良好的渔业所产生的财富可用于基础设施建设、制度和法律改革,从而实现渔业的良性循环和可持续发展。

三、加强国际渔业合作,积极开发养殖渔业

为缓解粮食危机,促进经济发展,非洲国家大力发展渔业,但由于缺乏现代化捕鱼船,捕捞技术落后,非洲本国渔业仍是手工渔业阶段,养殖技术水平也有待提高,这些都限制了非洲渔业经济的发展。人工养殖可使部分渔船和劳动力从海洋捕捞业转移,不仅对保护海洋渔业资源具有重大作用,而且对保障国家粮食安全、消除贫困、增加农民收入、缓解就业压力等具有重要作用②。

然而,近年来由于长期非法和过度捕捞以及海洋环境恶化,非洲国家海洋鱼类资源已大幅减少并且还将面临渔业资源枯竭的危险。非洲安全研究机构(ISS)发

---

① Vidal J. Is the EU taking its over-fishing habits to west African waters, 2012 - 04 - 02.
② 李嘉莉:《南非海洋渔业资源保护及其借鉴意义》,载《中国水产》,2007(9),第20—21页。

布的报告指出,一些非洲国家为获得免关税进入各国市场的机会从而制定的允许外国渔船来本国进行渔业捕捞的政策,虽然在一定程度上刺激了该国渔业出口,但另一方面也加速了该国渔业资源的减少。为开发其海洋资源,塞内加尔政府不得不通过出售渔业捕捞许可证或者与他国签署渔业合作协议等方式来获得国外的直接投资。

相对于捕捞业,非洲水产养殖业更为落后,非洲目前主要靠捕捞业提供水产品,水产养殖提供的鱼类产品在总产量中不足 2%,2006 年非洲水产产量不到世界总产量的 1%。非洲水产养殖业的 95% 是小规模的,鱼塘与各种农业活动交织在一起。非洲水产品资源短缺与水产养殖业落后之间的矛盾,使水产养殖业显示出巨大的发展潜力和商机。因此,非洲渔业国家开始寻求与西方发达国家的渔业合作,主要内容包括教育培训、捕捞及养殖技术、渔业现代化管理等,合作的方式主要是通过一些渔业和水产养殖项目的推进来完成的。如埃及政府很重视渔业发展,积极开展渔业及水产养殖研究,培训专业人员,其中水产养殖研究中心实验室开发了一个为期五年加强养殖场和孵化场生产力的研究计划(2007/2008～2012/2013)。

四、保护水生环境,为渔业生产营造良好环境

高人口增长率(每年 2%～3%)、高密度的禽畜繁殖、加速的城市化和工业化,伴随着水的提取和垃圾处理压力的增加、土壤侵蚀和大量使用农用化学品是污染和湖泊富营养化日益严重的主要因素。联合国粮农组织《负责任渔业行为守则》(守则)提及了采用空间管理措施,例如在 6.8 条,强调了保护和恢复所有关键生境的重要性,特别是防止人为影响,例如污染和退化[①]。为促进实现可持续渔业的目标,守则在7.6.9条涉及保护区的措施:"各国应当采取适当措施来减少浪费、丢弃物、遗失或抛弃的渔具的捕获量、鱼类和非鱼类的非目标物种的捕获量、对与之相关的或依赖物种的消极影响,尤其是濒危物种。适当时,这类措施可以包括有关鱼的大小、网目规格或网具、丢弃物、某些渔业尤其是手工渔业的禁渔期和禁渔区等技术措施。

由于许多非洲湖泊跨越几个国家的司法管辖区,区域协调的方法是最合适的。但如果没有外部支持,这种区域协调难以实现。因为不同的国家有不同的优先追求发展目标,有不同的经济模式。此外,在流域社区对自然资源的依赖程度,特别是渔业和农业的依赖程度也不同,如一些国家需要扶贫项目,有高人口增长率,国内生产总值低,无抵押市场,程度均有不同。科学家个人在国家机构与国际的合作伙伴紧密合作,极大地促进了对新出现的问题的认识。例如,在东非,通过国家机构首次展开了对维多利亚湖生态变化与品种引进相关的研究,并随后得到国际发展研究中

---

① 《负责任渔业行为守则》,罗马:联合国粮农组织,1995,第 41 页。

心、欧盟和全球环境基金支持。维多利亚湖的经验通过全球环境基金的资金转移到了马拉维湖、坦噶尼喀湖等较小的水体(如湖泊奈瓦沙、巴林戈等),这往往对于基础问题如建立国际重要湿地很有帮助。很显然,对于淡水生态系统,在过去十年的各种论坛(如里约公约等)中有关建立非洲湖泊地区的认识是不足的。通过改善土地利用方式、保护湿地,确保有足够的污水治理措施;推进在集水区的造林计划,以改善鱼类栖息地退化和消失的现状。

在一些海域可根据实际情况建立海洋保护区 MPA(Marine Protected Area),可根据生物生态、物种活动范围或社会-经济考虑,指定特别关注的区域,提出特殊管理措施改善养护状况,同时考虑资源利用者的生计,这有利于海洋和沿海生物的多样性养护。

在维多利亚州通过维多利亚湖环境项目全球环境基金 GEF 支持,努力保护已有的生态系统,特别是物种和遗传多样性。这样做是为了确定和保护具有高度丰富的物种和营养多样性的地区,选择适宜区,并设立海岸公园,保护生态系统。保护物种和遗传资源的多样性是通过以下方式实现:在动物园、水族馆和博物馆保护水生动物和有代表性的样本植物;确定濒危物种的遗传状况并提出保护机制;通过增强水产养殖,保护具有经济价值的物种。

第六章

非洲渔业资源开发与国际合作

本章导读：随着中国市场经济和全球化的飞速发展，越来越多的中国企业走进非洲，参与非洲当地的经济建设，中非交流日益活跃。目前，非洲渔业投资经济环境良好，本章扼要阐述了非洲渔业资源开发过程中的国际合作，并重点分析了中国与非洲国家在渔业领域的合作开发情况以及合作中的一些问题，为中非渔业更好地发展奠定基础。

第一节　基于国际关系背景的非洲渔业开发

一、非洲殖民地历史的影响

非洲是人类最早的起源地和文明的发祥地之一，中世纪及以前，非洲人民不断推动着生产力的增长和历史的前进，但是西方殖民者的入侵打断了这一进程，它们把非洲作为其工业原料的开采地进行资本积累，抑制了制造业的发展，从而也抑制了社会制度和民族经济的发展。第二次世界大战以后，非洲国家逐步摆脱了殖民主义的统治，先后取得独立，开始积极维护本国经济权益，推动经济发展。但是，这些非洲国家在原料生产、贸易条件、资金来源和技术引进等方面，仍然受到发达国家的种种控制。

首先，原料生产受西方国家影响。由于长期的殖民统治、生产方式的传统桎梏以及现存的不合理的国际经济秩序等的制约，殖民地经济的影响在非洲仍然继续存在，这表现在非洲国家的经济结构模式比较单一，出口的原料品种深深依附于国际市场，从属于西方国家的经济，某些国家只以一两种农矿等初级产品的出口为主。这导致的结果是非洲国家陷入经济运行的恶性循环，如果想增加外汇收入，就盲目扩大经济作物的生产和出口，而经济作物的大量出口会引发国际市场上价格的下降，而出口收入的减少又促使出口增加，反复循环。例如被誉为"可可之乡"的加纳,是世界上最大的可可生产国和出口国之一,可可的产量占世界产量的13%左右。20世纪80年代后期,在世界可可需求饱和、价格连年下跌的情况下,加纳盲目增加可可的出口量,其结果是经济效益大幅度滑坡。1989年,加纳可可产量尽管比上一年增长58%,达到30万吨,但因国际市场可可价格从1988年的每吨1800美元降至每吨1000美元,可可出口收入1989年只有8.158亿美元,比1988年还减少6520万美元。

其次,非洲国家的对外贸易发展不稳定,且主要集中在少数几个国家。在非洲除了利比亚、南非等十几个非洲国家之外,其余国家均以第一产业为最主要的产业部门。大部分非洲国家主要以向发达国家出口矿产、木材、畜产品以及热带经济作物等初级产品作为其外汇收入的主要来源,但在现有的以发达国家为主导的国际经济秩序中,非洲国家在与发达国家的对外贸易中处于劣势地位。20世纪60~70年代,非洲贸易发展较快,经济年平均增长率均在5%以上,20世纪80年代是非洲"失落的十年",贸易不断恶化,经济增长剧降,年均增长率降至1.6%。主要原因是发达国家经济衰退,贸易保护主义的加强及世界市场初级产品价格的疲软。20世纪90年代以来,随着国际经济环境的改善,对外贸易又有所恢复,非洲经济开始恢复增长。另外非洲对外贸易发展表现为分布极不平衡,主要集中在南部和西北部地区,贸易伙伴集中在发达国家和地区。以2010年为例,进出口额较大的国家分别是南非(1620亿美元)、尼日利亚(1160亿美元)、阿尔及利亚(953亿美元)、埃及(794亿美元)、摩洛哥(531亿美元)(世界贸易组织(WTO),2011年),上述国家的进出口额占非洲总进出口额比重的大部分,其余国家进出口贸易额很少。

殖民地经济的内在本质特征也决定了它对外部世界的依赖性,而这种依赖性的具体表现之一则是对外部援助(资金、人才和技术等)的强烈需求。据统计,20世纪60年代非洲接受的外援年均30亿美元,至90年代初,已经达到180亿美元。其中官方援助的数量70年代为42.9亿美元,80年代为120.5亿美元,1985年为165.05亿美元,1991年为181.1亿美元,1992年达183.74亿美元[①]。随着外部援助的增加,其在非洲GNP中的比例也同步上升,许多非洲国家在经济发展中缺少自主发展的机会,而在相当程度上取决于西方国家和国际社会的援助。每当世界经济不景气,西方国家普遍紧缩银根,或者因种种原因而使国际社会的援助趋于分流时,由于非洲所得的外援减少,其经济便会受到影响而出现发展停滞甚至倒退。世界银行、国际货币基金组织和国际社会为非洲提供的改革资金主要是商业贷款,最终仍需非洲支付本金,并且偿还高额利息。许多非洲国家欠了大量外债,为了支付本息,他们只能加紧扩大出口,以赚取外汇。由于发展中国家产品结构单一,出口的产品大多直接

---

① N. V. Walle , *Improving Aid to Africa* , Washington, 1996, p.18.

来自自然资源,因此,扩大出口或者贸易自由化导致了对自然资源的过度开发,破坏了生态环境。

二、非洲粮食短缺、饥荒与渔业资源开发

非洲的粮食作物种类繁多,但由于干旱、战乱、农业技术水平落后等因素的影响,多数国家粮食不能自给,在非洲 50 多个国家中,有 40 多个国家粮食不足,使非洲成为全球公认的"饥饿的大洲"。非洲可耕地面积占全球的 12.4%,其产量却仅占全球粮食总产量的 5.1%,人均粮食消费量仅有 160 多千克,为全世界最低。据联合国粮农组织《2011 世界粮食不安全状况》的报告,2006～2008 年全球营养不足人口为 8.5 亿,其中 2.236 亿人在非洲。南部非洲国家是主要的粮食短缺国,安哥拉、布隆迪、埃塞俄比亚、几内亚、肯尼亚、利比里亚、尼日尔、塞拉利昂、索马里、苏丹、莱索托、马拉维、斯威士兰、坦桑尼亚、乌干达、津巴布韦等,都面临着一定程度的粮食危机。联合国紧急救援行动副秘书长布拉格表示,粮食短缺问题是南部非洲"一个慢性问题"。

20 世纪 70 年代以来,非洲大陆饥荒频繁,而且严重程度、波及范围之广都超过了以往,因此,粮食安全问题是非洲国家需要长期面对的一个问题[1]。

造成非洲粮食短缺的原因主要有自然因素、历史因素、人为因素及国际影响等。首先,干旱、洪水等自然灾害频发。非洲大陆除赤道附近属于热带雨林气候,南北两端有小范围的地中海式气候之外,大部分地区属于热带草原气候和热带沙漠气候,干旱地区面积广大,不利于发展农业生产,有些极端干旱地区平均年降雨量不足 20 毫米,这些地区不仅降水稀少,而且变率较大,有些地区遭受洪水灾害,水分缺乏和大气降水的不稳定是非洲大多数国家农业经营的主要自然限制条件。埃塞俄比亚高原地区通常年均降水量为 1000～1500 毫米,低地和谷地地区为 250～500 毫米,而 1984 年埃塞俄比亚的降雨比正常年份减少 60%,有的地方甚至锐减 100%。全国 102 个县中,除 7 个县未受灾外,其他地区都遭到了旱灾的袭击。全国 14 个省中,有一半省份被列为重灾区。田地干裂、禾苗枯萎,粮食生产受到严重影响。1984 年,埃塞俄比亚粮减产 30%,有 300 万人沦为灾民。因持续干旱所造成的饥荒和疾病在短短 9 个月中夺走了 30 万人的生命[2]。战乱也是导致非洲国家产生饥荒的重要原因,非洲国家独立以后,军人政权、暴动和内战等导致刚果民主共和国、安哥拉、利比里亚等以前没有饥荒的国家成为大饥荒多发国。其次,长期的殖民统治也是非洲粮食安全问题的因素之一。由于西方大国对非洲长期的殖民统治,非洲经济一直是依

---

[1] 人民网 http://world.people.com.cn/n/2012/1021/c57507 - 19331672.html.

[2] 李杰卿:《不可不知的世界 5000 年灾难记录》,武汉:武汉出版社,2010 年。

附西方大国的殖民经济,虽然在非洲各国纷纷独立之后,这种殖民经济的基础被打破,但影响依然存在。殖民经济的典型特征就是以一两种初级产品的出口为主,来发展对外贸易,因此,使得粮食作物的种植面积大大减少,粮食产量不足,也加剧了非洲的饥饿问题。再次,人口、战乱等人为因素也是粮食短缺的原因。二战后,非洲国家纷纷独立,民族经济得到发展,居民生活水平显著提高,医疗卫生条件不断改善,使得非洲人口持续高速增长,成为同期世界各大洲中人口增长速度较快的一个洲。人口增长过快,给社会经济生活的各个方面带来沉重压力,成为导致粮食短缺和生态危机的重要原因之一。战乱不仅打乱了农业生产和交通运输系统,而且让该地区的军事开支挤占了本来就少得可怜的基础设施投资。最后,"圈地"行为导致了粮食危机。一些西方公司打着"促进非洲粮食生产"的旗号,伙同一些大学和金融机构在非洲大肆购买土地,甚至不惜将这些地块锁定在非洲人已经栖身和耕种了40多年的难民区。据统计,欧美等西方国家在非洲"圈地"已超过3000万公顷,占非洲已耕地的近16%[①]。西方在非洲的土地投资主要集中在农业生产资料价格低廉、自然条件较好、基础设施较完善的非洲国家,如肯尼亚等。种植的作物大多为麻风果、蓖麻等经济作物,出产的农产品经简单加工后全部运回欧美,用于制造生物燃料。这种"剪刀差"式的合作模式让西方公司获取了很大收益,但非洲国家却只能得到有限的地租和人工报酬,同时还要承担巨大的粮食安全风险和对环境的消耗。

在粮食短缺问题严重、饥荒频繁的非洲国家,满足日益增长的人口对粮食及营养的迫切需求是其当务之急。从非洲大陆自身的资源优势来看,非洲拥有丰富的渔业资源,大陆四面环海,在世界19个海洋渔区的划分中,非洲共拥有4个渔区;内陆河流众多,有尼罗河、刚果河、赞比西河等大的河流,也有很多湖泊,大多数河流湖泊地处热带,水温比较高,利于水生植物繁殖,有丰富的淡水渔业资源。因此,水产品成为保证均衡营养和良好健康状况所需蛋白质和必需微量元素的极宝贵来源,同时,渔业和水产养殖还可以为非洲渔业社区较大比例的人口提供直接和间接的生计和收入来源。据统计,在非洲发展中国家中水产品占动物蛋白摄入量的比重高达19.2%,在一些低收入缺粮国甚至达到24.0%,水产品对非洲的重要性不言而喻,但这些国家水产品的绝对消费量却远远低于其他大洲。联合国粮农组织2009年的统计数据表明,世界平均水产品的人均食用供应量为18.4千克/年,而非洲的人均食用供应量为9.1千克/年,其中工业化国家人均食用供应量为28.7千克/年,最不发达国家平均仅为11.1千克/年,一些低收入缺粮国为10.1千克/年。这主要是由于非洲渔业资源开发过程中面临着一系列问题,严重影响了渔业对粮食安全和经济增长

① 吴成良,2012,美国公司在非洲悄悄圈地,http://world.people.com.cn/n/2012/0904/c1002-18908664.html.

所做的贡献,主要包括治理不善、渔业管理体制薄弱、对自然资源的争夺、长期采用不当的渔业和水产养殖方式、生态环境恶化、小型渔业社区的优先重点和权利未得到足够重视、性别歧视和童工等不公正现象等,导致非洲无法像其他地区一样,从渔业和水产养殖对可持续粮食安全及收入做出的贡献中受益,因此,有效开发利用渔业资源以及建立新型的渔业合作模式是缓解非洲地区粮食短缺的重要途径。

三、非洲贫困、就业问题与渔业开发

撒哈拉以南非洲是世界上最贫困的地区,随着经济社会的发展,全世界的贫困人口数量呈下降趋势,1981 年全世界极度贫困人口达到 19 亿,而 2010 年减少到 12 亿,但这里却是世界上唯一贫困人数不断增加且增幅显著的地区。据世界银行发布的数据显示,如今该地区的极贫人口数(4.14 亿人)比 30 年前(2.05 亿人)增加了一倍以上,在 1981 年撒哈拉以南非洲仅占世界极贫人口总人数的 11%,而现在却占到世界极贫人口总人数的 1/3 以上[1]。导致非洲大陆贫困的原因有很多,如布隆迪、科特迪瓦、科摩罗等国连年冲突、政局不稳,是其贫困的主要原因,艾滋病肆虐,也是撒哈拉以南非洲国家贫困的重要原因。根据联合国非洲经济委员会 2005 年发布的一项报告指出,在全球 1400 万感染艾滋病或者肺结核(肺结核往往与艾滋病相伴而生)的病人中,70% 生活在非洲。在非洲,每 100 名成年人中就有 7 名是艾滋病毒携带者[1]。

除了上述因素的影响,过高的失业率也是非洲贫困的"帮凶",非洲约有 2 亿青年人(15~24 岁),占总人口数的 20%,5 个失业者中有 3 个是青年人,占失业人口的 60%。70% 的非洲青年生活在农村,72% 的人平均每天收入不足 2 美元。非洲青年大量失业,严重阻碍了经济的发展,联合国非洲经委会发布的 2005 年非洲经济和社会形势报告显示,尽管非洲的经济增长率有所增加,但非洲的失业率和贫困率却呈现上升趋势,其中撒哈拉以南非洲失业率高达 10.9%。加纳大学经济学家威廉指出,非洲国家青年失业率居高不下,影响各国政治稳定和经济发展,非洲国家政府应尽快制定相应对策,降低失业率,为年轻人提供稳定的工作机会,维护经济发展大局。联合国非洲经济委员会非盟首脑会议通过的"瓦加杜古声明",确定了一项解决就业问题以消除贫困的行动计划,旨在推动各国政府采取措施优先解决失业和贫困问题。

渔业经济的发展对于解决非洲各国失业和贫困问题起着重要作用,渔业部门可以为当地居民提供大量的就业机会,除直接从事捕捞和养殖的渔民外,渔业和水产养殖领域提供了大量辅助活动的工作,例如,加工、包装、销售和分销、制造水产品加

---

[1]　白朝阳:《全世界约有 12 亿人处于极度贫困　三分之一在印度》,载《中国经济周刊》,2013 年 5 月 21 日。

工设备、制作网和网具、制冰和供应、船舶建造和维修,其他人从事与渔业领域有关的研发和行政管理工作。据估计,直接从事渔业生产的一个人产生大约三到四个第二产业的相关工作,如果平均一个工作者养活着三个家属或家庭成员,那么非洲捕捞渔民、养殖渔民以及提供服务和商品的人将为大约 10％～12％的非洲人口提供稳定的生计。

据研究表明,小型渔业和水产养殖业在缓解就业压力、消除贫困方面起着重要作用。小型渔业在粮食安全、减轻及防止贫困等方面所起的重要作用往往是大规模的现代化渔业不可替代的,联合国粮农组织渔业委员会一直较为重视小型渔业的作用,曾敦促各国重视小型渔业社区的作用,建议制定国际准则以保障小型渔业,并实现粮食安全及减贫的目的(小型渔业的作用)。水产养殖业也是吸纳大量就业人口的重要行业,近几十年来水产部门吸纳的就业人数持续增加。据统计,全世界有大约超过 1 亿人以该行业谋生,包括从事生产活动及辅助性活动,或作为该行业就业人员供养的家属。2000～2010 年间非洲从事水产养殖的人数年均增长 5.9％,这一增长速率远远超过了其他大洲。此类就业机会能使年轻人得以留在当地社区,能加强偏远地区的经济可行性,世界上 80％以上水产养殖产量来自发展中国家,它还往往能提高这些地区女性的地位。除了在就业方面的有利影响外,也需要注意消除水产养殖业中的不公平现象,包括对当地劳动力的剥削、性别歧视和使用童工等,这些都会削弱各方对该行业的信任,威胁决策者的可信度,破坏养殖海产品市场。就业必须做到公平,应避免剥削,要确立严格的价值观来指导各项活动,以促使各方在合规的基础上自律[①]。

四、非洲资源与环境保护有极大的保护价值

人口、资源和环境是一个全球性的问题,但它们之间的矛盾在非洲大陆显得尤其尖锐,过量的人口需要向自然界攫取更多的资源来维持生存,这必然会引发资源危机和环境恶化,同时资源的大量消耗和环境的恶化又阻碍经济发展,从而威胁到人类的生存,形成恶性循环,导致非洲大陆难以摆脱粮食短缺、饥荒以及贫困等的困扰。保护生态环境,遵循可持续发展的原则,是非洲国家实现经济发展的根本途径。

目前,非洲各国已经认识到了资源环境问题的严重性,开始采取相应措施来缓解这一矛盾。以非洲的海洋渔业资源衰退为例,由于欧洲大型渔轮的疯狂捕捞,非洲各国的渔业资源濒临枯竭。联合国粮农组织统计,西非渔业自 20 世纪 70 年代以来产量呈下降趋势,多数中上层种群被完全开发或过度开发,如小沙丁鱼种群。底

---

① O Barbaroux, G. Bizzarri, M.R. Hasan, L. Miuccio, J. Saha, J. Sanders, J. Spaull and J. Van Acker:《世界渔业和水产养殖报告》,联合国粮农组织渔业及水产养殖部,2012 年。

层鱼类资源在很大程度上被过度开发,塞内加尔和毛里塔尼亚的白纹石斑鱼种群处于严峻状态,具有重要商业价值的章鱼和墨鱼种群被过度开发。总体上,中东部大西洋有43%的种群被评估为完全开发,53%为过度开发,4%是未完全开发。2003年联合国公布的报告显示,毛里塔尼亚海域的章鱼产量与高产渔获量时期相比,过去4年减少了一半。另据世界自然保护基金会宣称,在摩洛哥以南沿海6个国家的周边海域,小虾、墨鱼和无须鳕鱼类的低档鱼虾类自70年代后半期以来产量递减一半,1997年塞内加尔的渔获量达到45.3万吨,但到2000年则减少到33万吨。在非洲国家,鱼类资源是绝大多数人的蛋白质摄取源,鱼量不足,势必影响人们的饮食和健康,同时使很多渔业社区居民失去了生活来源,失业人口增多,阻碍当地经济发展。

越来越多的非洲国家开始意识到发展经济不能以牺牲环境为代价,唯有寻求可持续发展才能更充分地保护并利用现有资源。在撒哈拉以南非洲南部地区,人们为了保护鱼类资源,通过最小尺寸限制、人均捕获量限制、使用合适的渔具、设立禁渔期、禁止外来渔船捕鱼等制度来减少鱼类的捕获量和保护鱼类种群。这些措施带来的利益不仅是环境得以恢复和保护,更重要的是给当地带来经济利益。如从1991年以来一些团体和国际自然与自然资源保护联合会一起在毛里塔尼亚和塞内加尔致力于恢复三角洲的环境,当地的捕鱼量从1992年的不足1000千克上升到1998年的11.3万千克,鸟类从2000只增加到35000多只,这项工作每年为这个地区的经济增长大约贡献100万美元,而对喀麦隆漫滩所做的环境恢复工作每年给捕鱼业带来了大约310万美元的利益,并且对生产力提高、淡水供应、洪水治理以及植物资源十分有利,但是环境恢复的成本远高于环境保护成本。

其中南非、埃及和突尼斯三国在海洋环境保护、渔业资源管理方面有很多先进经验,值得其他非洲渔业国家借鉴。南非设立专门部门并颁布相应法律法规,采取逐级管理监测环境质量的方式。突出特点是设立国家级公园、省级公园,以公园的形式保护环境。如在国家层面设立了国家公园管理实体;对公园内的所有物种都进行保护,不只局限某单一物种;在海洋管理方面设立特别保护区域,有针对性地保护某些海洋品种,并在安排经费、采取保护措施方面获得优先;渔业资源管理实行配额许可制度,许可证实行动态管理。在埃及,农业部行使渔业管理职能,负责管理红海、地中海所辖水域及境内淡水湖泊渔业资源。埃及渔业资源环境保护特点有:政府主要通过立法管理来严格控制污染物排放,同时利用研究中心孵化鱼苗,指派专人去监测、监控渔场,开展宣传引导等。埃及也设立保护区,对区域内的所有种类进行保护,省、市、镇、村甚至部落都有专人看管。在特定时间、区域禁止捕捞,以此来保护渔业资源,同时政府对捕捞渔民给予生活补贴。突尼斯在海洋保护方面的突出特点是将湿地环境保护摆上突出位置。为了加强保护管理,政府划定湿地公园,设立专门机构去管理,保护效果也十分显著。政府还高度重视环保工作,突尼斯制定企业法规,从源头上减少污染物排放,大力开展环保知识培训和宣传,经常性开展排污口监测,检查企业是否排放超标,如超标则重罚,如果年度实现减排,则获得政府有关部门奖励。渔业仍以传统海洋捕捞为主,按照配额许可制度管理。突尼斯与周边国家签订了海洋捕捞多边协议,捕捞产品比较单一①。

五、FAO 框架下的与非洲有关系的国际区域性渔业组织

(1) 非洲内陆水域渔业委员会(CIFA)

该组织是在 1971 年根据联合国粮农组织章程 YI - 2 条款,并遵照其决议而建立的。总部所在地——罗马(意大利)。

参加国:贝宁、博茨瓦纳、布隆迪、喀麦隆、中非、乍得、刚果共和国、埃及、埃塞俄比亚、加蓬、冈比亚、加纳、象牙海岸(现为科特迪瓦)、肯尼亚、马达加斯加、马拉维、马里、毛里求斯、尼日尔、尼日利亚、卢旺达、塞内加尔、塞拉利昂、索马里、苏丹、斯威士兰、坦桑尼亚、多哥、乌干达、刚果民主共和国、赞比亚、津巴布韦等。

职能:促进研究非洲内陆水域渔业资源合理利用,为渔业管理制定科学依据,促进水产养殖业的发展,协助培训干部,实施教育。职能实施区域:非洲内陆水域。

(2) 地中海综合渔业委员会(GFCM)

该组织是在联合国粮农组织支持下,在 1949 年罗马签订的国际协议基础上成立的。1952 年 2 月 20 日开始实施其职能。总部所在地——罗马(意大利)。

参加国:阿尔及利亚、保加利亚、希腊、埃及、以色列、西班牙、意大利、塞浦路斯、黎巴嫩、利比亚、马耳他、摩洛哥、摩纳哥、罗马尼亚、叙利亚、突尼斯、土耳其、法国、南斯拉夫。

职能实施区域:地中海、黑海及其各海峡。

(3) 印度洋渔业委员会(IOFC)

该组织是根据联合国粮农组织章程 Yl - 2 条款,由理事会第 48 次常委会做出决议,并于 1967 年成立的。总部所在地——罗马(意大利)。

参加国:澳大利亚、巴林、孟加拉国、古巴、埃塞俄比亚、法国、希腊、印度、印度尼西亚、伊朗、伊拉克、以色列、日本、约旦、肯尼亚、韩国、科威特、马达加斯加、马来西亚、马尔代夫、毛里塔尼亚、莫桑比克、荷兰、挪威、阿曼、巴基斯坦、波兰、葡萄牙、卡塔尔、沙特阿拉伯、塞舌尔、索马里、西班牙、斯里兰卡、瑞典、坦桑尼亚、泰国、阿拉伯联合酋长国、英国、美国、越南、科摩罗。

职能:协助制定发展渔业及保护生物资源的规划,协调两者关系;发展科学研究

---

① 中国农产品加工网:《非洲三国海洋资源保护一瞥》,http://www.csh.gov.cn/article_340553.html [2010 - 7 - 9].

工作;研究与渔业管理有关的各项问题(重点为沿岸水域的渔业资源)。职能实施区域:印度洋及其毗连的海域(不包括南极水域)。

(4) 中东大西洋渔业委员会(CECAF)

该组织是根据联合国粮农组织章程 YI－2 条款,由理事会第 48 次常委会做出决议,于 1967 年 9 月 19 日成立的。总部所在地——罗马(意大利)。秘书处设在达喀尔(塞内加尔)。

参加国:贝宁、象牙海岸(现为科特迪瓦)、加蓬、冈比亚、加纳、几内亚、几内亚比绍、佛得角、利比里亚、毛里塔尼亚、摩洛哥、尼日利亚、塞内加尔、塞拉利昂、多哥、扎伊尔、刚果共和国、西班牙、挪威、波兰、日本、韩国、美国、希腊、古巴、意大利、罗马尼亚、法国、喀麦隆、赤道几内亚、圣多美和普林西比。

职能:实施合理利用渔业资源的发展规划,在制定管理措施基础方面予以援助;协助培养干部并进行训练。职能实施区域:中大西洋东部、斯巴达角和刚果河之间。

(5) 南极地带海洋生物资源保护委员会(CCAMLR)

该组织是根据 1980 年 5 月 20 日在堪培拉(澳大利亚首都)签署的关于南极地带海洋生物资源保护协定的基础上建立起来的。总部所在地——霍巴特(澳大利亚)。

参加国:阿根廷、澳大利亚、比利时、智利、法国、民主德国、联邦德国、日本、新西兰、挪威、波兰、南非、前苏联、美国、英国、西班牙、瑞典、巴西、欧洲共同体。

职能:对各种资料的研究、收集、分析和发表予以协助;提出、实施并修订有关保护资源的各项措施,保证检查制度的执行。实施区域:南纬 60°以南的南大洋。

(6) 国际大西洋金枪鱼资源保护委员会(ICCAT)

该组织是在 1966 年 3 月 14 日签署的有关保护大西洋金枪鱼国际公约的基础上建立起来的。1969 年 3 月 21 日开始履行职能。总部所在地——马德里(西班牙)。

参加国:安哥拉、巴西、贝宁、象牙海岸(现为科特迪瓦)、加蓬、加纳、西班牙、加拿大、古巴、摩洛哥、佛得角、葡萄牙、塞内加尔、美国、法国、南非、韩国、日本、前苏联、圣多美和普林西比、乌拉圭、委内瑞拉。

职能:促进各项调查工作的进行,提出各项建议,旨在保护金枪鱼及在大西洋和毗连海域捕金枪鱼时兼捕到的其他鱼类。职能实施区域:大西洋及其毗连海域。

(7) 东南大西洋国际渔业委员会(ICSEAF)

该组织是 1969 年 10 月 23 日在保护南大西洋生物资源公约的基础上建立起来的,1971 年开始实施其职能。总部所在地——马德里(西班牙)。

参加国:安哥拉、保加利亚、民主德国、以色列、伊拉克、西班牙、意大利、古巴、波兰、葡萄牙、罗马尼亚、前苏联、法国、联邦德国、南非、韩国、日本。

职能:实施科学研究与调查;通过设立禁渔区、禁渔期,限定可捕规格;调整捕捞工具,限定总渔获量;制定保护资源的其他各项措施等,提出有关协作建议。

(8) 国际捕鲸委员会(IWC)

该组织是 1946 年 12 月 2 日在国际管理猎捕鲸鱼协定的基础上建立起来的，1948 年 1 月 10 日开始执行职能，1956 年 1 月 19 日曾对协定进行过修订。总部所在地——克姆勃克(英国)。

参加国：安提瓜与巴布达、阿根廷、澳大利亚、伯利兹、巴西、美国、丹麦、埃及、印度、爱尔兰、冰岛、西班牙、肯尼亚、中国、哥斯达黎加、毛里求斯、墨西哥、摩纳哥、新西兰、荷兰、挪威、阿曼、秘鲁、塞舌尔、塞内加尔、美国、前苏联、圣文森特和格林纳丁斯、圣卢西亚、菲律宾、法国、芬兰、联邦德国、智利、瑞典、瑞士、南非、韩国、日本、乌拉圭。

职能：敦促实施各项科学研究调查，收集和分析统计资料；发表报告、提供有关鲸鱼资源的保护及其增长的情况，采取保护措施。职能实施区域：世界大洋(所有猎捕鲸鱼的海区及捕鲸海岸站)。

第二节　非洲渔业开发进程中的国际合作

一、合作内容及方式

为了缓解粮食危机，促进经济发展，非洲国家大力发展渔业，但由于缺乏现代化捕鱼船，捕捞技术落后，非洲本国渔业仍是手工渔业阶段，养殖技术水平也有待提高，这些都限制了非洲渔业经济的发展。非洲渔业国家开始寻求与西方发达国家的渔业合作，主要内容包括教育培训、捕捞及养殖技术、渔业现代化管理等，合作的方式主要是通过一些渔业和水产养殖项目的推进来完成。

埃及政府很重视渔业发展，积极开展渔业及水产养殖研究，培训专业人员，其中水产养殖研究中心实验室开发了一个为期五年加强养殖场和孵化场生产力的研究计划(2007/2008—2012/2013)，AFRD 大学的研究和培训部门实施的渔业研究计划预计于 2017 年结束。国际社会对埃及渔业发展给予了积极的帮助，美国国际开发署(USAID)扶持了两个研究项目，分别是关于淡水生态系统的食品生产和地中海东南部富营养化动态研究；日本国际协力事业团(JICA)帮助埃及建立现代化的渔港，并支持纳赛尔(Nasser)湖的渔业发展；联合国开发计划署(UNDP)资助埃及的一些环保项目；保护红海和亚丁湾区域环境组织(PERSGA)开展了红海海洋生物资源可持续利用项目。这些合作项目都在一定程度上促进了埃及渔业产量的增加。

加纳渔业部门获得的外部援助项目促进了本国渔业基础设施建设、提供了技术支撑，包括：世界银行资助的渔业部门的能力建设项目(FSCBP)；联合国发展计划署资助的手工渔业综合开发项目；欧盟已经资助的一些鱼类出口部门的项目；联合国粮农组织(FAO)通过其下属的渔业部门,促进和确保加纳渔业和水产养殖的长期可持续发展;中国政府也为加纳政府提供了价值 500 万美元的赠款,用于购买手工渔业部门的渔网和绳索;丹麦国际开发署(DANIDA)通过其私营部门赞助加纳政府发起的渔船重新装备发展项目。

尼日尔获得的渔业外部援助项目有建设孵化场和建立新的渔业管理制度(培训、储存、保护和恢复水生环境),可以提高渔业生产率,增加捕鱼相关者的收入利益。西非水产增殖 GIAAP/ IMIAW(非洲发展基金和美国资助)的主要目的是帮助控制水生植物生长,将植物残余影响降到最低,以实现自然资源的可持续管理,最大限度地发挥它们在社会、经济和环境方面的贡献。由世界银行资助的跨国公司和多部门支持的尼日尔河流域保护水资源和水生生态系统项目,主要目标是提高水域渔产品的产量,增加鱼类生物多样性,对当地经济和渔业做出贡献,促进渔业利益相关者的收入多元化。

佛得角渔业部门严重依赖外界援助,自 1978 年以来,该部门平均每年得到 750万美元的外部援助,用于购买船只和基础设施建设。渔业合作伙伴包括:日本(渔业部门基础设施建设)、西班牙(检测渔业资源)、荷兰(渔业环境保护和制度制定)等。

此外,几内亚比绍与欧洲经济共同体(欧盟)、塞内加尔、科特迪瓦和区域渔业委员会等签署了一系列渔业合作协定,为该国带来了一定的渔业收益,同时也提供了相关的渔业技术支持及渔业项目研究经费,用于发展本国渔业资源。塞拉利昂渔业发展获得的外部援助项目有 AFDEP 项目,主要目标是改进内陆的农村渔业社区可持续发展和个体渔民的生计。欧盟的渔业产品质量认证项目,用于加强/改善鱼类产品的质量。渔业管理项目由欧共体、渔业和海洋资源部及海洋与海洋生物研究所共同参与,其目标是加强渔业与海洋资源部管理,改善渔业管理。科特迪瓦的渔业和水产养殖主要的外援项目有联合国粮农组织/SLFP 项目、莱克兰区域(PADER-LACS)项目和支持渔产品的转型升级的 TCP/IVC/3101 项目,以及由西非开发银行(BOAD)、非洲开发银行(非洲开发银行)和科特迪瓦政府共同出资的科苏湖捕鱼项目。

摩洛哥在发展海洋渔业中也得到了世界上一些国家、地区和国际组织的巨大支持和资助。如法国对位于卡萨布兰卡的海洋渔业研究所的渔业研究活动提供了相当大的援助。20 世纪 70 年代初联合国开发计划署援助了摩洛哥一家生产鱼蛋白浓缩物和高级鱼粉的实验工厂。另外,摩洛哥也得到了日本援助的一艘训练船,帮助培训人员,以满足捕捞船队的需要。西班牙与摩洛哥签订有发展渔业的双边协议,因此,在建造渔船、基本设备和技术输入、港口和基本设施的建设、培训渔民及提供资金等方面,西班牙政府提供了极大的帮助,还专门派出西班牙专家公司负责承建。

布基纳法索在渔业发展过程中获得了亚洲开发银行提供的资助项目,包括 LDU
农业工程(DGGR)、水产养殖项目管理(MOZ)和农业发展计划项目(PDRDP/BK)
等,也支持了一些捕捞技术项目,如浮式网箱捕鱼试验项目等。目前联合国粮农组
织(FAO)、日本国际协力事业团和非洲开发银行等资助筹划的项目有沃尔特湖流域
改造水产品基因项目、水产养殖和农业灌溉项目、水产养殖和渔业资源可持续发展
项目。主要目标是提高捕捞渔业和水产养殖的渔业产品产量,促进渔业生产的可持
续发展。

喀麦隆最重要的渔业捕捞研究所——国家农业研究所(IRAD)通过如下进行渔
业研究:克里比渔业和海洋研究专业站分支机构负责进行海洋渔业和沿海环境研
究、水产养殖和内陆渔业研究、海洋生态系统研究。他们共进行了四个研究项目,分
别是海上捕鱼、淡水渔业、科技和海洋生态系统。主要目标是提高渔业潜在能力、改
进传统捕鱼方法、控制重要渔业品种的生命周期并合理利用资源。安哥拉的渔业部
门主要从欧盟、挪威和一些联合国机构,如联合国粮农组织、联合国开发计划署、非
洲开发银行和国际农业发展基金会等的渔业技术援助中受益。贝宁获得的外部援
助主要是欧盟、联合国粮农组织和亚洲开发银行的资助。一些非洲国家渔业合作的
项目见表 6-1 和表 6-2。

表 6-1　佛得角渔业外部援助项目表

项　　　目	目　　　标	预期结果	参与机构	时间
改进渔业基础设施建设和改进渔船装备	促进渔业社区基础设施管理,加强生产,渔港加强渔民参与	改进渔业社区的基础设施;增加渔产品产量;建立私人或协会形式的渔业基础设施管理	DG(渔业科);国家人权机构;非政府组织;渔业协会	2003~2008
佛得角专属经济区渔业监测	海陆监控渔船情况,建立渔船和渔民情况的数据库系统	更好地控制专属经济区,减少非法捕鱼;保持渔业资源的可持续发展;建立渔船登记册;纵向营销系统(VMS)的建立与功能	DG(渔业科);海岸警卫队	2002~2008
渔产品质量检验	建立水产品免检制度,渔船编制,认证渔产品用于出口,培训渔民	提高渔产品质量;进行运营商的培训和宣传;增加出口;设立卫生标准和改善船只	DG(渔业科);国家人权机构	2003~2008
渔业产品的官方认证	国际认证机构(LOPP)认可的渔业产品	LOPP 认证;保证捕鱼所得;增加出口	DGP(渔业总局)	2003~2008

项　目	目　标	预期结果	参与机构	时间
促进渔业社区的经济社会发展	更好地促进渔业社区的手工捕鱼业发展；促进渔业培训并推广新技术，加强渔业加工与收获；发展替代性活动，在渔业社区创收并发展小额信贷	增加渔民的收入；建立渔业协会；进行各类渔业的渔民培训；建立实用的小额信贷系统	DG（渔业科）；国家人权机构；非政府组织；渔民协会	2003～2008
实施渔业资源战略计划	制定渔业资源发展规划，并监督相关管理措施的实施；对渔业管理措施进行研究，更新立法；监测体制机制的执行情况	建立渔业资源可持续发展战略；更新立法；建立渔业监测系统；建立新的管理措施	DGP（渔业总局）；国家人权机构	2003～2008
佛得角专属经济区内的海洋资源研究	建立渔业系统的监测与评价；进行渔业研究的生物采样；与私营机构合作进行探测捕鱼	制定渔业管理建议；以可持续的方式开发资源；公布探测捕鱼结果	国家人权机构	2001～2008
建立海洋和大气研究的TENATSO天文台	建立海洋环境与东部大西洋的大气监测系统	培训当地渔民；建立对自然资源和环境影响的大气评估；进行气候变化的碳循环监测	国家人权机构	2005～2010
渔业统计制度	收集统计数据，改善当前渔业系统	为用户提供渔业统计信息；定期公布统计数据	国家人权机构	2001～2008
改善渔产品质量和价值	运营商推广新的水产品加工系统；促进新的渔业产品的消费；列车运营	设立新的海鲜市场；提高渔产品质量；提高运营商效率	国家人权机构；运营商协会	2001～2008
支持机构	促进管理者和运营商在该领域的培训和参与相关的渔业问题的国际会议；实施渔业社区监控	增加渔业部门技术人员数量；更好地监测渔业社区各部门的活动	DG（渔业科）；国家人权机构；渔民协会	2001～2008
支持FDP投资	促进渔业部门的私人投资	增加运营商的财务能力；改进部门生产力；引入新投资	FDP（渔业发展基金）	2001～2008
海洋生物多样性的保护与研究	加大包括甲壳类动物和鱼类等资源的勘探深度；加强对鲸目动物、海龟、海鸟等海洋无脊椎动物的战略研究，推动生态旅游；培训当地工作人员进行海水养殖、沿海资源、环境管理等的勘探	调查新资源；与其他机构交流经验；员工培训；进行环境对资源的影响研究，从而进行管理；发展海洋和沿海资源的联合行动；整合公、私部门对自然资源进行管理	国家人权机构	2007～2008

项　目	目　标	预期结果	参与机构	时间
培训运营商和高层管理者对渔业资源的管理能力	加强管理者和运营商在渔业领域的技能；开展在各个领域的渔业培训（信用额度、捕捞技术和加工质量、海上安全标准）	提高运营效率；在捕捞社区进行培训；在ISECMAR（海洋科学与工程高等学院）培训机构进行培训	国家人权机构；DGP（渔业总局）	2006～2008

表 6-2　贝宁政府 2006 年获得的渔业资助项目表

名　称	费　用	机构/融资
扩展支持机构：抗击贝宁艾滋病毒/艾滋病	3663500 法郎	PMEDP（渔业可持续发展计划）粮农组织
贝宁潟湖捕鱼普查项目	1060.605 万法郎	PMEDP（渔业可持续发展计划）粮农组织
提高捕捞能力的项目	1050.4 万法郎	PMEDP（渔业可持续发展计划）粮农组织
提高项目活动收入对抗渔业社区艾滋病毒/艾滋病发展	1006 万法郎	PMEDP（渔业可持续发展计划）粮农组织
多样的活动：园艺		PADPPA（手工渔业发展行动计划）：ADF/农业发展基金
Ahémé 湖泊和韦梅河流域造林142 亩，水产品放养在北部和中心的水坝	2200 万法郎	PADPPA（手工渔业发展行动计划）：ADF/农业发展基金
在一些渔船社区基线的设定（海洋和内陆渔业）	3750 万法郎	PADPPA（手工渔业发展行动计划）：ADF/农业发展基金
水产养殖的综合管理项目	15 亿法郎	区域性方案
中国银行实施的项目研究（向欧盟出口产品）		SFP（渔业可持续发展方案—渔业可持续发展计划）
家庭捕鱼	5 亿法郎	国家预算

二、西方国家对非洲渔业资源开发的模式和影响

（一）西方对非渔业资源开发模式

历史上非洲曾是西方国家的殖民地，在非洲国家独立后，殖民地经济的影响依然存在，其具体表现之一就是对外部援助（资金、人才和技术等）的强烈需求性。在发展渔业方面，非洲国家由于资金、技术等的限制，只能与西方国家进行渔业合作来开发其渔业资源。主要的合作方式有三种：

一是通过合资公司的形式，其合作模式为：渔业发达国家以卖方信贷方式向合资公司提供捕捞渔船，对方则以捕鱼许可证入股，通常双方各占 50% 的股份，由合资

公司在一定时间内分期向卖方偿还购船本息。如几内亚的科巴水产养殖公司就是一个合资公司,在该公司的全部股份中,几内亚政府占 49.7%,外国投资者占 39%,几内亚私营企业占 11.3%。通常西方发达国家的渔船价格昂贵,捕捞技术先进,对当地劳动力的需求较少,这种合资公司的主要雇员是西方的技术工人,大部分被西方国家掌控。在非洲渔业资源开发中,合资公司成为外国渔船非法捕捞的伪装形式,欧盟与西非国家的一些合资公司将那些不允许在欧盟水域捕鱼的大容量、超大容量渔船转移到西非海域捕捞(见表 6-3);合资企业对当地渔业社区就业和粮食问题贡献很小;一些外国渔船以合资公司的名义变相伪装,导致在西非等海域的实际外国渔船数量多于统计量。这不利于非洲海洋渔业的可持续发展,甚至会造成鱼类种群数量的减少和海洋生态系统的进一步恶化[①]。

表 6-3 欧盟在非洲捕鱼的拖网渔船[②]

船 名	国 旗	技术规格 长度/m	总吨位 /GT	发动机功率 /kWh
Willem van der Zwan	荷兰	142.5	9494	7920
Afrika	荷兰	126.22	7005	7210
Cornelis Vrolijk FZN	荷兰	113.97	5579	7117
Johanna Maria	爱尔兰	119.65	6534	6600
Balandis	立陶宛	117.45	5953	5296
Stende	拉脱维亚	104.5	4407	5152
Aras-Ⅰ	立陶宛	103.7	4378	5148
Marshal Krylov	拉脱维亚	103.7	4378	5148
Marshal Vasilevskiy	拉脱维亚	103.7	4378	5146
Frank Bonefaas	荷兰	119.65	6512	4853
Koralas	立陶宛	101.48	3879	2854
Tamula	拉脱维亚	101.84	3868	2854

二是通过签订渔业合作协定,获得入渔权。渔业合作协定的时间一到几年不等,在协定规定的时间范围内,可以在相应的海域捕捞作业,政府可获得一定的财政补偿。如 1996 年 12 月份毛里塔尼亚与欧盟签署为期 5 年的渔业议定书中规定,欧盟向毛里塔尼亚海域每年派遣约 130 艘渔船,渔船可以捕获某些甲壳类、头足类、金枪鱼、中上层鱼类(如鲭鱼)、黑鳕鱼和其他底层种类,欧盟给予毛里塔尼亚政府的财政补偿共 2.65 亿埃居。这种签订渔业合作协定的合作方式存在严重弊端,没有顾及

① Farah Obaidullah & Yvette Osinga, *How Africa is feeding Europe EU (over) fishing in West Africa*, The Netherlands:Greenpeace International,2010.

② 同①。

当地渔民的利益,大量的渔业资源被捕捞,使得当地渔民的生计遭受危机。根据绿色和平组织的调查,一些国家通常未完全按照协定规定进行作业,如在协议不被允许的海域进行偷捕或者使用的网具不符合规格,甚至还有一些未获得捕捞许可证的渔船悬挂可捕捞国国旗也混在其中从事非法捕捞活动①。

三是购买临时性捕鱼许可证,游击式捕捞。如在赤道几内亚,渔业部不向外国船籍工业船只发放长期捕鱼证,外国船籍工业船只通过每月或每半年购买临时捕鱼证作业。这种渔业合作方式虽然在一定程度上可以保护本国的手工渔业,但这种短期合作的弊端也是显而易见的,购买捕鱼证的外国船只,通常选择在渔业资源好时,派船只作业,在资源不好时离开,这种合作方式不利于海洋渔业的可持续发展②。

总体上看西方发达国家在非洲的渔业资源开发模式简单,为"鱼"而来,满载(鱼)而归,没有给当地的社会经济带来更多的好处,没有从根本上缓解非洲粮食危机问题,过度的捕捞使大量本地手工渔民面临失业的威胁,一定程度上加剧了当地渔业社区居民的贫困状况。

(二)西方对非渔业合作带来的影响

欧盟的大型拖船每艘都超过 100 米长,拖网达 700 多米长、50 米宽,一天作业能捕捞 250 吨鱼,几乎可将附近海域清空。非洲国家的捕鱼业虽有所发展,但传统捕鱼方式在渔业中仍占很大分量,在欧盟大型拖船面前,非洲渔民的小船根本不是对手。欧盟渔船的过度捕捞已经严重威胁到非洲沿海地区居民的生活,塞内加尔、毛里塔尼亚和加纳沿岸的居民生活因此越来越艰难。《东非人报》的报道认为,如果这种状况持续下去,西非沿岸靠海吃饭的数百万人的生计将面临绝境③。

非法过度捕捞已经数十年,欧盟在非洲国家沿岸海域的过度捕捞给非洲人民带来很大影响,激起非洲国家的强烈不满。一是造成非洲海域环境的恶化和渔业资源的衰退。许多欧盟渔船捕获能力超过维持其鱼类资源可持续发展的承载能力的 2~3 倍,这种过度捕获能力已导致欧洲海洋渔业资源濒临枯竭,欧盟一些国家开始寻求到其他国家海域从事捕捞作业,通过渔业合作协定或合资公司等形式在非洲海域从事捕捞活动的欧盟大型拖网船,每艘都超过 100 米长,拖网达 700 多米长、50 米宽,一天作业能捕捞 250 吨鱼,几乎可将附近海域清空。据统计,持有欧盟执照的渔船每年从毛里塔尼亚和摩洛哥水域中捕捞大约 23.5 万吨鱼,在塞拉利昂、加纳、几内亚比绍等水域的捕鱼量也在几十万吨以上,这些国家的鱼类资源大幅减少,面临渔业资

---

① MRAG, *Estimation of the Cost of Illegal Fishing in West Africa Final Report*, London: West Africa Regional Fisheries Project, 2010.

② 同①。

③ 苑基荣、吴乐珺:《欧盟大型渔船在非洲海域一天捕捞 250 吨,非洲渔民的小船根本不是对手 欧盟过度捕捞殃及非洲渔业》,载《人民日报》,2012 年 4 月 24 日,第 21 版。

源枯竭、海洋环境恶化的危险。

二是破坏了当地的粮食安全,加剧了饥饿、贫困和失业等问题。外国渔船在非洲海域的过度开发不仅会导致生态恶化,还会降低水产品产量,从而进一步造成负面的社会、经济后果,对沿海渔业社区的粮食安全、经济发展及人民福祉造成严重影响,有研究表明,渔业资源的衰退对塞内加尔 60 万渔民的生计造成了严重威胁,走投无路的渔民开始使用农药等化学试剂捕鱼[1]。喀麦隆拥有 1.5 万平方千米的大陆架及 400 万公顷的内水,由于过度捕捞,每年的渔业产量只有 15.7 万吨。为满足需求,2011 年,喀麦隆的渔业进口量达到 20 万吨,2010 年为 15 万吨[2]。鱼产品是非洲很多国家人们食物中蛋白质的主要来源,很多渔民主要以捕鱼来维持生计,过度捕捞破坏了当地的粮食安全,尤其在一些受气候变化影响较大的地区粮食问题更加严峻。

南非罗德斯大学鱼类学与渔业系教授彼得·布里茨指出,欧盟在非洲非法过度捕捞不仅影响到沿岸居民和当地经济发展,还成为诱发当地不稳定的因素。西非几内亚湾海盗和东非索马里海盗在一定程度上就与过度捕捞有关,过度捕捞造成当地民众生活窘迫,一些人被迫铤而走险当了海盗。英国皇家三军联合防务研究所的报告也指出,过度捕捞是造成索马里和东非地区海盗为患的重要原因[3]。

布里茨表示,要想解决欧盟在非洲的过度捕捞问题,非洲各国还有很长的路要走。首先是要建立能维护海洋安全的海军和海岸警卫队。其次,非洲国家还需要投资训练执法人员,建立相关调查程序和机构。南非安全研究所高级研究员斯但丁认为,为了保证渔业资源,非洲国家需要依据其渔业政策和国际条约制定各种规则。

第三节　中国与非洲国家渔业
领域的合作与开发

一、中国远洋渔业发展概况

(一)中国远洋渔业发展现状及其趋势

由于历史因素的影响,我国的远洋渔业起步晚,但发展速度较快。新中国成立后,我国大力发展远洋渔业,积极开展与其他渔业国家的渔业合作,在国家政策指引下,经过多方的共同努力,1985 年 3 月 10 日,我国组建了第一支远洋渔业船队,赴大

---

① 苑基荣,吴乐珺:《欧盟大型渔船在非洲海域一天捕捞 250 吨,非洲渔民的小船根本不是对手　欧盟过度捕捞殃及非洲渔业》,载《人民日报》,2012 年 4 月 24 日,第 21 版。

② 外经办:《过度捕捞致使西非渔业资源处于崩溃边缘》,http://www.jsof.gov.cn/art/2012/12/25/art_127_112981.html.

③ 同①。

西洋的西非海域从事远洋捕捞作业,这支船队是由当时新组建的中国水产联合总公司(后更名为中国水产总公司,简称"中水公司")从各地渔业公司抽调 223 名船员和 13 条渔船构成的,从此开启了我国远洋捕捞渔业的新篇章。但长期以来中国远洋捕捞船动力小,捕捞技术落后,捕获量远远低于西方发达国家。就在西非远洋捕捞的亚洲国家而言,20 世纪 50~60 年代日本在该海域的捕捞中占主导地位,70 年代韩国在西非海域的捕捞中占主导地位;而西非海域是欧洲和前苏联国家传统的重要捕捞区。尽管如此,中国远洋渔业公司仍然努力寻找发展远洋渔业的机会。如辽宁省大连远洋渔业公司在 1984 年濒临破产边缘,为寻求新的发展机遇,公司扩大业务范围,其中就包括远洋渔业。现在,公司的渔船遍及北太平洋、南太平洋、大西洋和印度洋。此后,应发展之需,其他一些远洋渔业公司相继成立,如上海水产集团下属的远洋捕捞子公司、中国水产舟山海洋渔业公司、烟台海洋渔业有限公司等,呈现出快速的发展形势。

经过 20 多年的发展,远洋捕捞公司蓬勃发展,我国的远洋渔业船队已经成为一支世界上重要的远洋捕捞队伍,尽管渔船数量、生产能力及规模等与发达国家仍存在一定差距。

其中,上海水产集团远洋捕捞子公司总资产达 36.44 亿元,公司现有大型远洋拖网加工船、金枪鱼围网船、金枪鱼延绳钓船、大型鱿鱼钓船和过洋作业渔轮等 80 余艘,年均产量逾 15 万吨,年综合销售额达 69.75 亿元,年进出口额 5500 万美元,获得了上海市政府颁发的"走出去"贡献奖和"走出去"企业领头羊等光荣称号;开创国际远洋捕捞公司的注册资本超过 2 亿元,公司共 15 艘远洋渔船,其中 5 艘拖网船总吨位 35400,10 艘金枪鱼船总吨位 13128,主要产品是竹荚鱼、金枪鱼等,在 2008 年公司捕捞的竹荚鱼达 9.3 万吨,金枪鱼 3.5 万吨,实现收入超过 10 亿,目前船队的规模名列国内第一、国际领先。

金优远洋渔业有限公司资产有 2.2 亿元,有 8 艘大型鱿鱼钓轮、6 艘冷海水及 8 艘超低温金枪鱼钓鱼轮,主要产品有阿根廷鱿鱼、秘鲁鱿鱼、金枪鱼等,年产量达到 16000 吨以上,年综合销售额 2000 万美元以上,年产鱿鱼、金枪鱼 1 万余吨,产值 1.6 亿元。

上海蒂尔远洋渔业有限公司注册资本 1.238 亿元,公司共有 65 艘渔轮,近千名船员。中国农业发展集团远洋捕捞子公司资产总额达 150 多亿元,有 3000 吨级大型拖网加工船、多种作业方式的金枪鱼船、专业鱿鱼钓船、冷藏运输船等各种远洋渔船 500 多艘,员工 8 万多人,海外员工 1 万多人,捕捞总量占全国远洋渔业产量的一半以上。

中国水产舟山海洋渔业公司,总资产达 17 亿元,有各类船舶 50 余艘,年产各类海水鱼 3 万余吨,年处理水产品原料 4 万余吨,年产值 13 亿元,出口创汇 2000 万美元,曾进入"中国的脊梁国有企业 500 强"行列,公司拥有自营进出口权。烟台海洋渔业有限公司注册资本 1.8 亿元,现有资产总值 4.7 亿元,公司有 26 艘远洋渔轮,主要海产品是鱿鱼类。年均产量 4 万吨,公司 2011 年度实现销售收入 3.5 亿元,利润 3000 万元,它是中农发展集团和中水总公司的"北方远洋渔业基地"。

中国水产总公司拥有各种作业方式的捕捞渔船近 300 艘,客户主要分布在欧洲、非洲、日本、美国、中国大陆及香港地区,年贸易额超过 2.7 亿美元,1985 年 3 月,公司第一支远洋捕捞船队首航大西洋,公司有中国最大规模的捕捞船队。其中下属的中水渔业总资产为 11.2 亿元,净资产 9.3 亿元,有各种类型的远洋渔轮和运输船舶 57 艘,主要的水产品有鳕鱼、鱿鱼、虾、金枪鱼等,2011 年的营业总收入 3.52 亿元。

国家大力推进我国远洋渔业发展,并制定相应扶持政策及发展战略,远洋捕捞业有了更大的发展。2011 年的中国渔业年鉴报告显示,2010 年有 111 家远洋渔业企业的 1989 艘渔船分布在全世界 35 个国家和地区,总产量和总产值分别为 11.6 万吨和 119.2 亿元,分别比上年增加 14.2% 和 32%。中国旨在第十二个五年计划(2015)年底扩大远洋渔业船队规模,届时将拥有 2300 艘输出功率为 170 万吨的渔船,预计总价值 18 亿元。

中国同许多渔业国家开展了渔业合作,西非渔场是我国国际渔业合作的传统渔场。西非塞内加尔渔场是我国在 1985 年远洋渔业起步之时的第一站,以此为起点,在非洲其他国家设立了我国重要的渔业生产场地。虽然进入 21 世纪,中国在非洲的渔业捕捞规模和捕获量有明显的增加,农业部渔业局统计,2012 年远洋渔业捕获总量为 122.3 万吨,市值 2.7 亿美元[1]。而西方学者估算的中国在西非地区捕捞量高达 290 万吨,总额为 71.5 亿美元[2],与事实不符。此外,中国与西非地区(如毛里塔尼亚、几内亚比绍、塞拉利昂等)的渔业合作不同于欧盟地区的渔业协议(欧盟国家提供一定的资金,与西非国家签订具有捕捞年限的协议来获取捕捞许可),中非新型渔业合作模式重视非洲国家的渔业基础设施投资建设。在与非合作中,我国积极帮助非洲提高自身能力,包括加强本地渔业从业人员的技术培训,加强和非洲国家渔业领域的协作科研工作以及科研机构之间的合作等,从而帮助非洲国家解决粮食安全问题。20 多年来,我国先后与非洲地区十几个发展中国家发展平等互利、灵活多样的国际渔业合作关系,建立起互利互补的合作格局。不仅帮助这些国家开发利用渔业资源,还为他们提供了大量劳动就业机会,深受当地国家和人民的称赞。由于远洋渔业投资大、生产周期长,我国企业大多采取与外商合资、合作或补偿贸易的方式,就地捕捞、加工和销售,保持了较高的生产效益。

(二)中国远洋渔业发展面临的制约因素及发展对策

我国远洋渔业在发展过程中面临着一系列问题,特别是"开普敦协定"和"国际

---

① 农业部渔业局:《中国渔业统计年鉴:2013》,北京:中国农业出版社,2013 年。
② Pala C,"Detective work uncovers under-reported overfishing," in *Nature*,2013,496(7443),p.18.

渔业劳工公约"等国际性渔业和渔船有关规范与标准给我国远洋渔业以及渔业装备制造业的发展提出新的挑战。

首先,我国渔业船舶的安全技术状况需要改善。根据农业部渔业船舶检验局发布的《全国海洋渔船安全技术状况报告》,我国近海渔船总体安全技术状况指标符合《国际渔船安全公约》要求的仅占抽样总数的 9.15%,基础较好、经过整改可以符合该《公约》要求的占 42.46%;符合该《公约》要求的远洋渔船仅占抽样总数的 7.98%,经过整改可符合要求的占 40.38%,不符合要求的占 51.64%。

其次,远洋渔业经营模式落后,人员素质低下。我国的远洋渔业起步较晚,国外远洋渔业经过长期的发展,已经形成了全球化格局,几个国际化大型渔业集团已经将全球水域瓜分,控制着主要市场。而我国的远洋渔业企业多数是跨洋作业,需要与他国争近海资源,再加上船舶和捕捞装备落后、从业人员技术素质低下、经营受制于他人,发展较为缓慢。部分国有远洋渔业企业和股份制远洋渔业企业也受行业政策和管理传统化的制约,扩张乏力,不少企业为了生存,也向跨洋捕捞模式发展,导致大型大洋渔业船舶更新速度放缓。在多种体制的市场经济中,我国渔业生产主要是以家庭个体、私人组合、个人承包等多种方式进行,虽然也不乏中国水产集团和天津、上海、广州远洋渔业有限公司以及山东中鲁远洋等大型远洋渔业单位,但是就其船舶的技术状况而言,也仍是老旧船舶和二手船舶为主,且经营管理模式也仍未摆脱传统渔业捕捞经营模式的制约。

远洋渔业从业人员素质水平亟待提高。由于社会对渔业用工疏于管理,没有形成社会化的培训考核网络,大多数渔民缺少有效的组织、领导、教育、培训,其专业和海上安全知识贫乏。从部分专业岗位来看,譬如渔船的船长,一种是年龄较大,凭着多年的经验从事捕捞作业,对新的科学知识和法规等知之甚少;一种是年轻人,凭着考取的适任证书得以获准指挥渔船,这部分人对有关国际海事公约、法规知之较少,缺乏远洋渔业海上安全管理经验,不乏凭着想象和感觉管理渔船的因素。总体上,我国渔民掌握先进的捕捞技术偏少,操作现代化船舶的能力欠缺,甚至不乏购买日本等国的二手渔船的船主,对船舶性能缺乏了解,不得不进行二次改造,继续走老路,采取粗放式的捕捞方式。

再次,渔业装备技术研发力量薄弱。从国家层面上看,缺乏专门从事渔业装备研发的科研院所。中国水产科学研究院对渔业装备的研究偏向于水产养殖,从技术进步层面上看,金枪鱼超低温技术研发和产业化仍是日本、德国人的"天下"。即便是大型鱿鱼钓船的冷冻保鲜技术,在国内也仅有大连、烟台等几家专业厂能够掌握。钓鱼机、集鱼灯、垂直鱼探仪等关键技术仍需进口。国内仅少数几家船企还保留较完整的技术设计力量和系统的建造管理队伍,具备了大型远洋加工船、鱿鱼钓船、秋刀鱼捕捞船、超低温金枪鱼钓船、围网船和桁拖网捕虾船等大洋渔业船舶的设计建造能力。

目前,我国加快渔船标准化建设的步伐,在探索促进渔业装备技术进步的道路,强化渔业装备品牌建设和质量建设方面,取得可喜业绩。

远洋作业船队和设备老化严重,不能满足开发公海渔业高投入的需求,这成为我国远洋渔业的重要困境之一。船只老化既增加了维修成本,又带来了安全生产的隐患。还有些地区的远洋捕捞船只,大多数是由过去近海作业的船只转移或改造的,总体上装备水平比较低,且技术储备不足,生产方式落后,与美国、日本等发达国家之间存在很大的差距。

中国远洋渔业的兴起繁盛与国家发展战略相符合,为提高我国远洋渔业的综合竞争力,我国每年不断增加远洋渔业的科技投入。特别是十五计划以来,我国每年投入上千万经费进行公海渔业资源的专项调查研究。同时,国家制定了"远洋渔业企业所得税减免政策;远洋渔业企业自捕产品进口关税、增值税减免政策;远洋渔业重要关键设备进口减免税政策;远洋渔船更新改造给予补贴政策;进口二手超低温金枪鱼、大型拖网、金枪鱼围网渔船关税、增值税减免政策;公海新渔场开发、探捕补贴政策;远洋渔船燃油价格补贴政策"等一系列扶持远洋渔业发展的长效机制。

二、中国与非洲国家的渔业合作

（一）中非渔业合作背景及条件

我国远洋渔业从 1985 年起步以来,经过 27 年的发展,目前我国远洋渔业海洋的作业面积包括 37 个国家专属的经济区,太平洋、大西洋、印度洋以及南极公海现在每年总产量约 115 万吨,先后和 14 个政府有双边渔业合作协定,和 7 个部门之间有渔业的协作协议,加入了 6 个区域渔业工作组织,参与了 12 个多边组织,包括中美渔业协定、中俄渔业协定、中俄两江渔业资源管理议定书、中国-巴布亚新几内亚渔业协定、中国-毛里塔尼亚渔业协定、中国-几内亚渔业协定、中国-也门渔业协定、中日渔业协定和中韩渔业协定。我国在渔业国际合作方面主要涉及近距离周边国家的国际渔业合作和远洋渔业合作两个方面。西非塞内加尔渔场是我国远洋渔业起步之时的第一站,以此为起点,已在非洲别的国家建立了我国其他重要的渔业生产场地。我国还先后与非洲地区十几个发展中国家发展平等互利、灵活多样的国际渔业合作关系,建立起互利互补的合作格局。

渔业是非洲很多国家主要的经济产业,也是国家政策中优先发展的产业,比如摩洛哥、乍得、刚果、安哥拉、南非等等,他们的捕鱼量都超过 50 万吨;坦桑尼亚、乌干达、喀麦隆的捕鱼量也超过数十万吨;加纳、莫桑比克等,渔业部门在国内生产总值的比例超过 5%,成为支柱产业;莫桑比克的鱼类出口占国家外贸出口 40%。但目前非洲的渔业资源开发面临着一系列问题,非洲的科技水平极其落后,由于长期的殖民统治阻碍了非洲工业制造业的发展,当地渔民主要采用独木舟、皮划艇等传统形式从事渔业捕捞活动。因此,需要与其他国家合作来开发渔业资源。一些西方大国在与非洲国家进行渔业合作的同时,采用现代化装备的渔船及不符合标准的网具,使得鱼群数量大大减少,有些物种甚至濒临绝灭。根据 2005 年英国海洋资源评估组保守估算,由于非法和无节制捕捞,非洲每年鱼类捕捞价值超过 10 亿美元。据估算,在索马里,每年金枪鱼和虾的非法捕捞价值超过 9400 万美元。在安哥拉,沙丁鱼和鲭鱼年非法捕捞量达 4900 万美元,占安哥拉鱼出口总量的 20%。在莫桑比克,沙丁鱼和虾的年非法捕捞价值接近 3800 万美元[①]。当地渔民常常面临着出海打不到鱼的窘境,而且这些现代化的捕捞队雇佣的劳动力较少,不但没有增加人口就业率,还迫使原来的渔民面临失业。

随着中国市场经济和全球化的飞速发展,越来越多的中国企业走进非洲,参与非洲当地的经济建设,尤其是在资源开发和基础设施建设领域,中非交流日益活跃。2000 年,中非贸易额首次突破 100 亿美元大关,此后连续 8 年保持 30% 以上的增长速度。2009 年以来,中国一直是非洲最大的贸易伙伴。2012 年,中非贸易额达 1985 亿美元,其中出口总额 853 亿美元,进口总额 1132 亿美元[②]。中非渔业合作是中非合作大环境下发展起来的。目前,非洲渔业投资经济环境良好,进入 21 世纪以来,非洲经济发展较快,超过了以往,非洲大陆的平均经济年增长率近 5%。撒哈拉以南非洲经济增长率达到近 6%,高于世界平均经济发展速度,成为全球经济增长最快的区域之一。安哥拉曾是世界上经济增长率最快的国家,经济增长率高达 27%,根据世界银行非洲地区首席经济学家估计,凭借农业和基础设施建设两大领域强劲的增长,以及海外资金持续流入非洲,非洲经济有望迎来长达 20 年的经济增长。国内方面,国家对非洲政策的大力重视、中非关系的良好发展态势也是我们到非洲去投资渔业的最强有力的保证。据商务部国际贸易经济合作研究院近日发布的《2011 中国与非洲经贸关系报告》显示:2010 年,中国对非洲农业直接投资 3379 万美元,占中国对非直接投资的 1.6%。中国企业结合自身优势和非洲国家的农业资源,在非洲开展农产品生产加工等活动。其中在毛里塔尼亚,中国企业新签渔业加工基地项目,建设集捕捞、加工、冷藏、船舶修理等为一体的渔业基地,受到毛里塔尼亚政府的高度关注和支持。

目前中国同一些非洲国家开展渔业合作的情况良好,中国是西非的重要渔业捕捞国,渔业和航运业是中国对外直接投资的最主要的方式。在利比里亚沿海水域,中国的捕捞队是规模最大的外国捕捞队。在塞内加尔,海洋产品构成了出口到中国

---

① 国际商报网·中非经贸合作特刊,http://www.shangbao.net.cn/plus/view.php? aid=118717.
② 中国统计局:《中国统计年鉴(2013)》,北京:中国统计出版社,2014 年。

产品中的 63%,塞内加尔佩谢附属于中国水产总公司,是中国在塞内加尔的最大商业渔业公司。2011 年的中国渔业报告显示,2010 年中国的远洋渔业公司有 394 艘渔船分布在 11 个非洲国家,在毛里塔尼亚、几内亚、摩洛哥,渔船进行了大范围作业。在非洲西部,中国远洋渔业公司的总渔获量达到 166 万吨,价值人民币 1.71 亿元[1]。非洲尚有很多渔业国家未与中国进行渔业合作,未来中国远洋渔业在非洲仍然有很大的发展空间。

（二）中非新型渔业合作模式

中非渔业合作是中非合作的重要组成部分,几十年来西方大国对非洲各国渔业开发模式为非洲各国带来的收益很少,没有从根本上有效缓解粮食危机,而且由于过度捕捞等问题的存在,使各渔业社区的饥荒、贫困、失业等社会问题更加严重。中非新型渔业合作模式符合双赢原则,更注重非洲国家自身发展能力的提高,主要靠渔业基础设施投资、增加劳动力就业和扩大贸易的方式,与援助相结合,带动非洲本土渔业经济增长。中非远洋渔业合作项目可由中方国内企业提供船只、人才、技术和资金、市场,非洲国家提供渔场手续、劳动力和安全性。在水产养殖合作方面的项目,也可由中方提供资金、设备、苗种及市场,非方提供土地、养殖水域和养殖渔业劳力及有关安全的保证。中非的新型渔业合作具体体现在以下几个方面:

一是重视非洲国家的渔业基础设施投资建设。基础设施的投资是社会变革、生产力发展、经济成长的前提条件[2]。中国在与基础设施落后的非洲国家进行渔业合作时,根据非洲国家的实际需要,通过援助、工程承包等方式,发挥技术成熟和人力资本相对低廉的优势,积极支持非洲国家建设渔业基础设施。如大连国际合作远洋渔业合作有限公司在西非加蓬投资 2500 万元建设了一座 1000 吨冷库及办公楼、仓库等设施,在利比里亚投资 800 万元建造了一座年制冰能力 1 万余吨的制冰厂,并投资 1000 万元建造了一座日冷冻能力 50 吨、仓储能力 800 吨的冷库;大连连蓬远洋渔业有限公司在西非加蓬投资 2000 万元建设了一座 1600 吨冷库及办公楼、仓库等基地设施[3]。

二是注重渔业先进技术、管理经验的传导。授人以鱼,不如授人以渔,在与非合作中,我国积极帮助非洲提高自身能力建设。包括加强本地渔业从业人员的技术培训,加强和非洲国家渔业领域的协作科研工作以及科研机构之间的合作等。如中国水产科学研究院淡水渔业研究中心作为中国向非洲提供技术支持的重要平台,已经连续 33 年开设水产养殖技术培训班,为 100 多个发展中国家培训了 1600 多名渔业

---

[1] 农业部渔业局:《中国渔业统计年鉴:2012》,北京:中国农业出版社,2012 年。

[2] W. W. Rostow, *The Stages of Economic Growth*, London: Cambridge University Press, 1962.

[3] 中国水产养殖网:《海外基地缺乏远洋渔业"桥头堡"亟待建设》, http://www.shuichan.cc/[2013-05-06].

技术和管理人才,其中绝大多数学员都是来自非洲①。培训班促进了中国与非洲国家在渔业领域的学术交流、科技项目合作、资源共享和经贸合作,搭建了一个重要的交流和合作平台,为非洲国家渔业发展提供更多的技术支持和帮助。

三是合作促进非洲渔业结构调整。中非渔业合作过程中,中方致力于发展多元化的渔业合作,2013年10月,中国水产科学研究院淡水渔业研究中心选派专家组,从无锡出发赴纳米比亚、莫桑比克两国执行"纳米比亚水产养殖技术合作和指导"和"纳米比亚和莫桑比克可持续水产养殖技术推广和应用"项目,主要是帮助两国发展水产养殖,开展针对水产技术推广官员、研究所技术人员、养殖场主和养殖户等当地水产从业人员的培训,指导水产研究所、鱼类苗种场、成鱼养殖场建设等②。

四是注重非洲粮食安全问题。非洲的粮食安全问题是其大力发展渔业的重要因素之一,随着渔业的全球化,非洲地区的海洋渔业资源面临严重的过度捕捞问题,当地渔业社区居民的贫穷和饥荒问题也十分严峻。中国关注非洲的粮食安全问题,帮助非洲国家发展渔业经济,解决当地就业等问题。因此,非洲国家也积极倡导推进中非渔业合作。

(三)中非渔业合作取得的成效

中非渔业合作为非洲国家的渔业部门发展带来了新的生机,提升了非洲渔业部门在各经济部门中的地位,加大了渔业产值在国民生产总值中所占的比重,在推动非洲国家经济发展、出口创汇、缓解粮食危机等方面做出了重大贡献,同时也促进了中国远洋渔业的发展,满足了我国市场对鱼产品多样化的需求。如中国与摩洛哥的渔业合作为两国带来了良好的经济和社会效益。有资料显示,2000年初合资公司年均创汇额达8000多万美元,累计向摩政府上缴税收3500多万美元,同时,为当地创造了大量的就业机会,船上常年雇佣摩洛哥2000多名船员,为摩方培养了一大批工业捕鱼专业人才,还带动了摩洛哥仓储、运输、进出口、服务等第三产业的发展,促进了当地的经济发展③。

国内政策的支持和引导也为投资非洲渔业提供了重要保障。2012年在中非工业论坛下成立了中非渔业联盟,它是一个以开发中非海洋渔业资源、发展中非渔业贸易往来、促进中非海洋渔业合作交流为主旨的国际商贸平台,将带动中非海洋鱼类产业贸易的交易合作,提高非洲国家海洋渔业捕捞、加工及运输技术水平,为中非渔业贸易往来创建专门的通道。2013年举办的中非渔业联盟投资研讨会探讨了合

---

① 中国水产科学研究院淡水渔业研究中心:《无锡助力中非合作 连续33年培训上千名非洲渔业人才》,http://www.ffrc.cn/home/index.asp[2013-03-25].

② 中国水产科学研究院:《淡水渔业研究中心专家组赴非洲执行水产养殖技术援助项目》,http://www.cafs.ac.cn/index.asp[2013-10-11].

③ 伊佳:《中非渔业合作能否如鱼得水》,http://www.shangbao.net.cn/[2012-01-30].

理开发非洲海洋渔业资源,促进中非海洋渔业贸易往来合作和发展。会后,很多国内大型远洋渔业公司及专家赴非洲进行实地调研,以便进一步投资非洲渔业。

目前,中国对非洲渔业投资整体还处于初始阶段,渔业作为中国对非农业投资的组成部分,目前占总投资的比重很小,根据商务部国际贸易经济合作研究院发布的《2011 中国与非洲经贸关系报告》显示:2010 年,中国对非洲农业直接投资 3379 万美元,占中国对非直接投资的 1.6%[①],其中渔业投资所占比例更少,未来中非渔业合作仍有很大的发展空间。

第四节　中国与非洲国家渔业合作与开发中应关注的问题

一、渔业资源开发与可持续发展相协调

随着工业捕捞能力的提升,全球渔业资源持续减少,从 1974 年联合国粮农组织完成渔业资源的首次评估起,未完全开发的种群所占比重一直在逐渐下降,已过度开发的种群所占比重在上升,2009 年已完全开发的种群的渔获量所占比重为 57%,约有 29.9% 的种群已遭过度开发,其产量已低于其生物生态潜力。联合国粮农组织各统计区的总体形势显示出渔获量的三大主要趋势,其中东南大西洋区属于产量达到峰值后开始呈下降趋势的区域,其过去五年的平均渔获量占世界总海洋渔获量的20%。据非洲安全研究机构(ISS)报告,近年来一些西方大国在与非洲国家进行渔业合作的过程中,由于非法和过度捕捞,这些国家的鱼类资源大幅减少,面临渔业资源枯竭、海洋环境恶化的危险。在与欧盟的渔业合作中,欧盟的大型拖船每艘都超过100 米长,拖网达 700 多米长、50 米宽,一天作业能捕捞 250 吨鱼,几乎可将附近海域清空。据统计,持有欧盟执照的渔船每年从毛里塔尼亚和摩洛哥水域中捕捞大约23.5 万吨鱼,在塞拉利昂、加纳、几内亚比绍等水域的捕鱼量也在几十万吨以上。这将对非洲一些依靠渔业资源发展的国家带来巨大影响,过度开发不仅会导致负面生态后果,还会降低水产品产量,从而进一步造成负面的社会、经济后果,对沿海社区的粮食安全、经济发展及人民福祉造成严重影响,必须制定有效的管理计划来恢复已遭过度开发的种群。

要将渔业资源开发与可持续性进行更好的协调,让投资者与当地居民之间利益得到更好的平衡与协调,资源得到保护,利益得到分配,中非渔业投资合作要走"海

---

①　商务部国际贸易经济合作研究院:《中国与非洲经贸关系报告(2011)》,http://www.caitec.org.cn/cn/index.html [2011-01-01].

洋牧产"方式,即通过有序可持续发展手段对海洋进行开采,同时通过经营手段使海洋休养生息。远洋捕捞、海水养殖都是将来中非渔业发展的重要产业,不但要使企业获得利益,更要使非洲国家建立起可持续发展的现代化产业。中国渔业企业要通过先进的技术帮助非洲国家发展海洋经济,解决当地就业等问题;绝不能以破坏环境为代价,一味攫取。不但要使合作的企业获得利益,更要使非洲国家建立起一个可持续发展的现代化渔业产业①。

二、双盈和互利是中非渔业合作的基础

中国政府一直倡导中非合作要遵循"政治上平等互信,经济上合作共赢,文化上交流互鉴"的原则,同时帮助非洲脱贫也是中非合作目标中的重要内容。中国企业在非洲的渔业投资也要把主张互利、利益分享以及合作共赢的思想推广到合作中。中国国务院总理温家宝早在2003年12月15日中非合作论坛第二届部长级会议开幕式上发表重要讲话,就提出中非合作应以有利于非洲国家实现经济社会发展、改善人民生活为出发点和落脚点。此外,中非合作的重要历史文件也对非洲的贫困和脱贫问题给予极大关注。基于中非合作的大背景,中国远洋渔业公司到非洲捕鱼,在遵守当地法律的同时,使用的渔船和拖网要符合当地的规定。为了保障非洲渔业资源,建立合作共赢的形象,所有国家要遵守国际条约制订的各项规程②。

三、做好市场调查,拓宽渔业经营范围

针对出现的诸多限制规定,我国远洋渔业企业在投资前应做好深度市场调研,摸清行业具体准入规定。例如,一些国家渔业资源过度开发问题严重,当地政府严格控制捕鱼权、配额及新渔业企业的审批,不再向外国或合资企业发放捕鱼权和配额。许多西方国家的渔业公司多年前已在此开展经营业务,先入为主且有资金技术实力,并形成传统势力,造成其经济利益互相渗透,抵制新的投资者等。对于一些渔业产品深加工水平不够高的国家,中资企业可寻求在渔产品深加工方面与当地企业开展合作。如在加纳淡水资源丰富,罗非鱼等淡水鱼类在加纳拥有庞大的消费群体,国内参与渔业投资的企业可考察淡水养殖行业。由于中国目前是全球罗非鱼养殖数量最大的国家,产量约占全球的49%。中资企业可将技术带到加纳去,开拓渔业经营范围。对于一些渔业基础设施落后的国家或地区,中国可加强对这些国家渔业基础设施的投入。如莫桑比克政府出台了包括渔业在内的外国投资法,根据其规

---

① 颜菊阳:《中非远洋渔业合作扬帆待行》,载《中国商报》,2013年8月20日,第2版。
② 中国经济导报记者潘晓娟:《中非渔业合作:发挥"合力"才能"如鱼得水"》,载《中国经济导报》,2013年8月22日,第B02版。

定,鼓励外资投资渔业基础设施,如冷库、港口码头和渔产品加工厂等,其项目建设所需进口机械设备及物资可享受减免税赋的优惠政策,对从事渔业生产经营活动的公司继续减征 10％的公司所得税。

四、建立风险预警及风险应对机制

首先,非洲许多沿海国家和外国签署渔业合作有效期越来越短,平均仅为 1～2年。这些国家在新旧合同之间出现的"中断期"内总结经验,交换行情信息,计算得失结果,以便在签订新合同时提高筹码。非洲许多沿海国家,对外国渔船限制越来越严格,对渔船的吨位、捕捞量都有规定,总的意图是减少外国渔船渔获量,增加本国渔获量。因此,我国远洋企业要认真研究国际惯例、我国参加的国际条约和与部分国家的渔业合作协定,积极维护企业的应有权益,并继续坚持探捕,开辟新的作业区域。

其次,远洋渔业的作业在很大程度上会受到海洋风浪等一些自然条件的影响,而且还受鱼类资源的数量和种类的影响。因此,渔场的环境变化和渔场资源状况可能影响我国远洋渔业公司的经营收入。另外,各国对非洲海域远洋渔业资源的争夺也存在竞争。针对以上行业风险,需加强渔业资源勘探及海洋环境研究。如 2005年,企业受农业部委托,从事公海底层鱼延绳钓渔业资源探捕,取得理想效果,企业对搜寻目标鱼群、鱼道、渔场富有经验,知道鱼汛出现的时间和地点。

再次,远洋企业在生产过程中,渔用物资的市场价格和水产品售价的波动造成企业收入的不确定性,远洋渔业企业向市场投放水产品的过程中,对市场信息变化的反应缓慢、估计错误和市场信息发生变化也会带来损失。为了规避可能产生的市场风险,要坚持以国际市场需求为导向,一方面,坚持稳定老客户,巩固原有销售渠道;另一方面,积极开发新的销售地区,力求市场多样化,以避免受某一国家及地区的限制,并将产品推向更多更广泛的市场。

最后,西非海域海盗活动猖獗,捕鱼成本较高。2008 年以来,索马里海盗南下入侵到塞舌尔海域,塞渔船被扣情况时有发生。2010 年 12 月,两艘捕捞海参渔船被袭,2011 年 11 月,两名塞舌尔渔民被劫持,这极大影响了我国远洋渔业在西非海域的捕捞活动。针对此类意外风险,应加强对远洋渔船的保驾护航,防止意外风险的发生。

索引

附录一

非洲渔业参考数据

1950～2011 年非洲渔业总产量 （单位：吨）

年份	捕捞业	水产养殖业		渔业贸易		
		内陆水域	海洋区域	出口	进口	再出口
1950	1129400	2393 F	···	—	—	—
1955	1798595	4766 F	···	—	—	—
1960	2270318	6985 F	···	—	—	—
1965	3156895	9503 F	···	—	—	—
1970	3742892	10143 F	128	—	—	—
1975	4106047	14158 F	252 F	—	—	—
1980	3668849.1	25652 F	550 F	539326	878604	1195 F
1985	4158675.88	52608	853	766958	641918	4829 F
1990	5104287.3	77309	12786	1482710	896293 F	3308 F
1995	5919221.42	104509	45980	2649438	969398	12
2000	6812043.84	397121	54197	2736688	967397	564
2001	7167779.56	403011	86302	2849365	1269837	1
2002	7043721.8	449103	120856	3118541	1239472	68224
2003	7330238.97	514844	109512	3368535	1465592	35741
2004	7543188.83	554396	83924	3295207	1675168	37944
2005	7609419.11	640619	86975	3714519	2015488	65853
2006	7055861.44	749777	93513.5	3909118	2407509	151844
2007	7212392.32	815540	101452.5	4497580	2886846	73294
2008	7332252.38	938306.13	124552.38	4784875	3114457	70286
2009	7460716.61	984288.93	120683.95	4556815	3422072	2501
2010	7696386.91	1279710.59F	146034.88	—	—	—
2011	7618739.39	1387826.23F	152080.84	—	—	—

注：F=估计值。

1950～2011 年非洲各捕捞区的渔业总产量　　　　（单位：吨）

年份	中东大西洋	东南大西洋	西印度洋	地中海-黑海	内陆水域
1950	240000	461500	39800	62313	325787
1955	261500	912400	63200	63611	497884
1960	407200	1137900	72000	72613	580605
1965	606338	1615559	96900	79122	758976
1970	818510	1664651	112520	71021	1076190
1975	1052559	1618641	139911	108647	1186289
1980	1130097	958485	148315	160463.1	1271489
1985	1408543	903814	187714	222736.88	1435868
1990	1755862.14	935936	278475.2	273362.96	1860651
1995	2068287.6	1268344	285526.74	306195.08	1990868
2000	2464514	1482761	374470.91	346763.93	2134034
2001	2696449.6	1574054	410767.57	365485.4	2109813
2002	2453772.8	1660903	416836.83	365013.17	2146259
2003	2591654.6	1674607	492173.25	355464.12	2214773
2004	2647356	1707040	500942.25	351449.57	2332948
2005	2746985.1	1566881	488928.5	374284.51	2431397
2006	2454607.5	1348804	473966.5	413684.44	2362428
2007	2460405.3	1397558	454293.5	407927.52	2490673
2008	2672537.9	1322826	459402.5	407984.98	2466768
2009	2897923.5	1152870	499494	395685.11	2512325
2010	2946624.6	1269228	523609	351558.31	2603272
2011	2856109.6	1201168	518172	338148.79	2703654

1950～2011 年非洲各水产养殖区的渔业总产量　　　（单位：吨）

年份	中东大西洋	东南大西洋	西印度洋	地中海-黑海	内陆水域
1950	…	…	…	…	2393 F
1955	…	…	…	…	4766 F
1960	…	…	…	…	6985 F
1965	…	…	…	…	9503 F
1970	128	0 0	…	…	10143 F
1975	241 F	9	…	2 F	14158 F
1980	481 F	13	…	56 F	25652 F
1985	420 F	214	58	161	52608
1990	519	1777	9365	1125	77309
1995	1290 F	2678	40239	1773	104509
2000	282	820	51632	1463	397121
2001	251	860	83597	1594	403011
2002	342	1826 F	116720	1968	449103
2003	306	3843	103257	2106	514844
2004	195	3884	77535	2310	554396
2005	278	3900	79786	3011	640619
2006	340	4080.5 F	87027	2066	749777
2007	412	3964.5 F	94225	2851	815540
2008	217	3386.6 F	118232	2716.78	938306.13
2009	240	3472.6 F	112916.75	4054.6	984288.93
2010	342.57	3636 F	137378.4	4677.91	1279710.59 F
2011	353.2	4205.23	139781	7741.4	1387826.23 F

注：…＝未获得数据；F＝估计值。

附录二

2013 年度农业部批准的具备远洋渔业资质的企业简介

一、中国农业发展集团有限公司及其下属企业(5 家)

1. 中国农业发展集团有限公司

● 公司简介

中国农业发展集团有限公司(简称"中农发集团")系国务院国有资产监督管理委员会直接管理的中央农业企业,在原中国水产(集团)总公司与中国牧工商(集团)总公司重组的基础上,于2004 年 10 月更名成立。集团资产总额 150 多亿元,员工 8 万多人,其中海外员工 1 万多人。集团拥有全资及控股子公司 19 家,境内外上市公司 4 家,业务遍及全国各省(自治区、直辖市),在世界40 多个国家(地区)建立了分支机构或基地,与 80 多个国家(地区)保持经贸往来。中农发集团经过多年发展,逐步形成了以远洋捕捞及农业资源开发、生物疫苗和兽药及饲料添加剂研发生产销售、农牧渔业相关配套服务为核心的三大主业。

1985 年 3 月,集团下属的中国水产总公司派出我国第一支远洋渔业船队,实现了中国远洋渔业"零"的突破。经过多年的发展,目前拥有包括 3000 吨级大型拖网加工船、多种作业方式的金枪鱼船、专业鱿鱼钓船、冷藏运输船在内的各种远洋渔船 500 多艘,作业海域遍及世界 30 多个国家,集团在海内外拥有 20 多座现代化的水产品加工厂,有 40 多条符合欧盟和美国商检标准的加工生产线,加工能力位居全国前列。

● 通信地址和联系方式

地址:北京市西城区西单民丰胡同 31 号中水大厦　邮编:100032

电话:010 - 88067008　传真:010 - 88067017

网址:www.cnadc.com.cn

2. 中国水产总公司

● 公司简介

中国水产总公司是我国目前最大的一家国有渔业综合企业,隶属于农业部,在国内外均有法人资格。中国水产总公司原名中国水产联合总公司,成立于 1984 年 10 月 24 日,系由原中国海洋渔业总公司、中国水产供销总公司和中国水产养殖公司合并而成。1991 年,经农业部批准改名为中国水产总公司。中国水产总公司在国内建有 14 家直属企业和近 200 处联营企业;在国外的 13个国家和地区拥有独资和合资企业,从业人员 4 万余人。在国内外共有生产、加工、运输船 400 余艘,年营业额 20 多亿元。其经营范围包括:水产捕捞、养殖、加工生产,渔船及各种渔用机械仪器,绳网制造,各种鱼虾产品及工业品的储运贸易,渔港建筑,劳务输出,兴办多种形式的国际渔业合作企业等。

● 通信地址和联系方式

地址:北京市丰台区南四环西路 188 号 18 区 19 号楼　邮编:100160

电话:(010)83959988　传真:(010)83959999

网址:http://www.cnfc.com.cn/index.html

3. 中水集团远洋股份有限公司

● 公司简介

中水集团远洋股份有限公司是主要从事大洋性远洋渔业及相关产业的生产经营和国际经济技术合作开发的股份制上市公司。由中国规模最大、实力最强的综合性渔业企业中国水产(集团)总公司为主发起,经中国证券监督管理委员会批准,于 1998 年初注册成立,注册资本 2.52 亿元。公司 A 股股票于 1998 年 2 月 12 日在深圳证券交易所挂牌上市(股票名称:"中水渔业",股票代码000798)。1999 年底,公司总资产为 11.2 亿元,净资产 9.3 亿元。目前,公司在国内有分公司 3 家,全资公司 1 家,参股公司 1 家;在海外有独资、合资公司和办事处 11 家,主要分布在东南亚、大洋洲、西南非洲、拉丁美洲和美国等国家和地区。

中水集团远洋股份有限公司的主要业务有远洋渔业捕捞、产品加工、储运,水产品贸易,渔船、渔机等渔需物资的进出口,对外经济技术和劳务合作等。拥有各种类型的远洋渔轮和运输船舶 57艘,主要分布在北太平洋、南大西洋、印度洋和西南太平洋,常年进行大洋性远洋捕捞生产和经营。目前的主要产品有鳕鱼、鱿鱼、虾、金枪鱼等产品及加工制品。

● 通信地址和联系方式

地址:北京西单民丰胡同 31 号中水大厦六层　邮编: 100032

电话:010 - 88067469　传真:010 - 88067086

网址:http://www.cofc.com.cn/index.aspx

4. 中国水产舟山海洋渔业公司

● 公司简介

中国水产舟山海洋渔业公司隶属于中国农业发展集团总公司,创建于 1962 年,坐落在东海之滨的世界著名渔港——沈家门渔港,与海天佛国——普陀山隔海相望。公司占地面积 140 万平方米,拥有各类船舶 50 余艘、码头 17 座、泊位 21 个、1.4 万立方米油库和 3.5 万吨冷库,总资产 17 亿元。公司年产各类海水鱼 3 万余吨,年处理水产品原料 4 万余吨,年产值 13 亿元,出口创汇 2000万美元,是一家以远洋渔业、海洋食品加工贸易业、渔业服务业以及房地产开发四大板块为主的多种经营的综合性多元化大型企业。

公司拥有多个现代化水产品精深加工车间和鱼粉生产线。"明珠"产品已发展成休闲类、膳食类、礼品类、冻品类四大系列上百种产品,形成了以沿海城市为重点,辐射全国的销售网络,产品远销日本、欧美、俄罗斯以及东南亚国家和地区。

● 通信地址和联系方式

地址:浙江省舟山市普陀区平阳浦　邮编:316101

电话:0580 - 8139222　传真:0580 - 8139000

网址:http://www.cnmingzhu.com/ http://www.chinamingzhu.cn/

5. 烟台海洋渔业有限公司

● 公司简介

烟台海洋渔业有限公司成立于 2010 年 1 月,是由中国农业发展集团有限公司远洋渔业龙头企业——中国水产总公司控股的股份制远洋渔业企业。公司注册资金 1.8 亿元,现资产总值4.7亿元,员工总数 2100 余人。主要从事远洋捕捞、水产品加工出口、修造船、远洋渔业人才培养等业务,是中农发集团和中水总公司的"北方远洋渔业基地"。

公司所在地港城烟台,是我国首批 14 个沿海开放城市之一,渔业产业发达。由 26 艘远洋渔轮组成的公司远洋捕捞船队,长年在太平洋的秘鲁、智利、厄瓜多尔和大西洋的阿根廷渔场作业,年均产量 4 万吨。

● 通信地址和联系方式

地址:山东省烟台市北马路 179 号　邮编:264008

电话:0535 - 6222350　传真:0535 - 6216912

网址:http://www.cnfc-yanyu.com

二、北京市远洋渔业企业(1 家)

6. 烟台北京远洋渔业公司

● 公司简介

烟台北京远洋渔业公司系北京市水产总公司在蓬莱投资成立的大型远洋渔业公司,公司 1992 年成立于烟台,1999 年 8 月迁址蓬莱。在各级部门的大力支持下,公司历经多年的发展历程,顺利完成了远洋渔业项目由过洋性向大洋性的过渡,现已发展成为一个捕捞远洋性化、经营国际化、机制市场化、科学市场化、科学管理现代化的远洋渔业企业。

公司拥有远洋渔船十余艘,其中拖网渔船 8 艘、大型鱿鱼钓船 3 艘、超低温金枪鱼钓船 2 艘,先后开发了印度尼西亚渔场、西南大西洋渔场和南北太平洋渔场,主要从事远洋拖网、鱿鱼钓、金枪鱼钓等渔业项目,年捕获各种水产品 1.2 万余吨,创产值 8000 余万元。其中拖网渔船年产带鱼、鲳鱼、黄鱼等十余种杂鱼 8000 吨;鱿鱼钓船年产大西洋鱿鱼、北太平洋鱿鱼 4000 吨;金枪鱼钓船年产大目鱼、黄鳍鱼、剑鱼等高品质鱼种 600 余吨。公司拥有装备现代化的远洋作业船舶、专业化的远洋捕捞队伍以及完善的后勤保障体系、灵活的市场运作机制,企业效益正在稳步增长,在我国渔业界享有较高的声誉。

● 通信地址和联系方式

地址:山东省蓬莱市登州路 35 号　邮编:265600

电话:0535 - 5654388　传真:0535 - 5654998

网址:http://113102.shandong.8671.net/

三、天津市远洋渔业企业(3 家)

7. 天津市远洋渔业公司

● 公司简介

天津市远洋渔业公司于 1993 年正式成立,主营海洋捕捞与加工。目前公司已发展成为业内一家较具实力的生产型企业。

● 通信地址和联系方式

地址:天津市塘沽区三槐路培新里 3 号　邮编:300450

电话:022 - 25714532

网址:http://ccn.mofcom.gov.cn/64508

8. 天津天祥渔业股份有限公司

● 公司简介

无

● 通信地址和联系方式

地址:天津市塘沽区三槐路街道三槐路培新里 3 号　邮编:300450

电话:022 - 25714532　传真:022 - 25715366

网址:http://917830.atobo.com.cn

9. 天津海发远洋渔业有限公司

● 公司简介

天津海发远洋渔业有限公司是经国家批准的远洋渔业民营独资股份制企业。公司市场部坐落于南开区王顶堤附近,交通便利,有可储存数千吨海产品的冷库,主营鲳鱼、黄花鱼、白姑鱼、带鱼、鳎鱼、鳓鱼、海鳗等,是集海洋渔业生产,水产品加工、贮存、运输、经营为一体的水产综合性公司。目前公司在仰光设有常驻项目部,船队在安达曼海及孟加拉湾海域执行远洋渔业捕捞项目。

● 通信地址和联系方式

地址:天津市华苑产业区桂苑路 13 号 5 - 2 - 703　邮编:300384

电话:022 - 83693083

邮箱:Haifajiurun@126.com

四、辽宁省远洋渔业企业(19 家)

10. 辽宁远洋渔业有限公司

● 公司简介

辽宁远洋渔业有限公司设办公室、财务部、生产技术部、劳资部、业务部、机务部、驻摩洛哥阿加迪尔办事处。员工 296 人,其中管理人员 17 人,船员 254 人,其他 25 人。船员中船长、大副、轮机长、大管轮、电机员、冷冻技师等各类人员共有 228 人。固定资产原值 4222 万元、净值 271 万元。船舶 2 艘,租用大型拖网船 1 艘,计 10635 总吨 、3217 净吨,主机功率 9118 千瓦。另有境外与摩洛哥合资经营的 8154 和 8174 型渔轮 8 艘。全年捕捞总量 25316 吨,加工产品 25316 吨,实现产值 8989 万元。

● 通信地址和联系方式

地址:辽宁省大连市甘井子区大连湾 8 号　邮编:116113

电话:0411 - 7125493　传真:0411 - 7600329

网址:http://dalian09089.11467.com

11. 辽宁省大连海洋渔业集团公司

● 公司简介

辽宁省大连海洋渔业集团公司坐落于辽东半岛大连湾畔,是省属国有资产授权经营的特大型渔业联合企业。企业资产总值达 63.5 亿元,员工近万人,设有分公司、全资子公司和控股、参股中外合资公司 30 余家。公司目前已形成海洋捕捞、港口航运、水产品交易、水产品加工、冷藏、国内外营销、船舶修造、地产开发、物资供应等多产业多元化的经营格局,成为国内同行业最具综合规模优势、产业链条最为完整的现代化渔业基地。

● 通信地址和联系方式

地址:辽宁省大连市甘井子区大连湾　邮编:116113

电话:0411 - 87128999

网址:http://jsygjy.foodqs.cn

12. 辽宁金轮远洋渔业有限责任公司

● 公司简介

辽宁金轮远洋渔业有限责任公司成立于 1999 年,专业从事金枪鱼的捕捞、加工和销售,是我国少数拥有农业部远洋渔业资格的金枪鱼捕捞企业之一。公司现有下属金枪鱼延绳钓船 10 艘,经过几年发展已经成为辽宁省金枪鱼延绳钓重点企业。

公司产品主要销往日本、新加坡等国际市场,并和行业相关伙伴建立了密切的合作关系,现在正扩大发展规模,并致力于国内金枪鱼市场的开发。

● 通信地址和联系方式

地址:辽宁省大连市中山区明泽街 16 号　邮编:116001

电话:0411 - 2819890　传真:0411 - 82810338

网站:http://ny.qincai.net/corp-520778.html

13. 东港市吉富渔业有限公司

● 公司简介

东港市吉富渔业有限公司于 2002 年 7 月 29 日注册成立,注册资金为 50 万元,所属经济行业为海洋捕捞业。

● 通信地址和联系方式

地址:东港市水产码头　邮编:118300

电话:0415 - 7124270

网址:http://950370.71ab.com/

14. 辽宁大平渔业集团有限公司

● 公司简介

辽宁大平渔业集团位于中国辽宁鸭绿江出海口,与朝鲜临江相望。公司始建于2001年,集团总资产5亿人民币,下设五个分公司,分别为:东港市大平渔业集团有限公司、东港大平水产食品有限公司、东港市大平饲料有限公司、东港市大平贸易有限公司和丹东新兴造纸机械有限公司。上述五个企业总注册资金9800万人民币,主要经营项目有远洋捕捞、近海捕捞、水产养殖、水产加工、远洋运输、机械加工及易货贸易等,是丹东地区唯一一家经国家农业部批准、具有远洋捕捞资格的渔业集团有限公司。

公司现有钢制渔船40余艘,3000吨远洋运输船一艘,渔港码头一座,集团渔船长期在朝鲜东海、印度尼西亚等海域进行远洋捕捞作业。目前企业集团已经形成从近海捕捞到远洋捕捞加工、销售一条龙的经营格局,产品种类齐全,销往日本、韩国、新加坡、美国及欧盟各地。

● 通信地址和联系方式

地址:辽宁东港市新城区 邮编:118300

电话:0415－7195988 0415－7195333 传真:0415－7195688

网址:http://www.chinadaping.com/

15. 辽宁金星远洋渔业有限公司

● 公司简介

辽宁金星远洋渔业有限公司是经农业部2011年获批的第二批远洋渔业企业,公司的主要经营范围是远洋捕捞(凭许可证经营);鲜活水产品销售;货物进出口、技术进出口;国内一般贸易(法律、法规禁止的项目除外;法律、法规限制的项目取得许可证后方可经营)。

● 通信地址和联系方式

地址:大连市中山区世纪街26号1单元16层3号 邮编:116001

16. 大连远洋渔业金枪鱼钓有限公司

● 公司简介

大连远洋渔业金枪鱼钓有限公司是一家集远洋捕捞、加工、销售为一体的渔业企业。公司总部位于大连。公司拥有先进的机器设备及一支高效率、高素质的远洋捕捞团队。

● 通信地址和联系方式

地址:辽宁省大连市沙河口区星云街1号 邮编:116001

网址:http://1220170.01p.com/

17. 大连国际合作远洋渔业有限公司

● 公司简介

中国大连国际合作(集团)股份有限公司1993年4月由中国大连国际经济技术合作集团有限公司发起成立,并于1998年9月在深圳证券交易所上市。

公司拥有现代化渔船11艘,年捕捞量在1万吨以上,常年于西南大西洋、东南太平洋、西北太平洋及西非海域从事水产品捕捞,形成了集捕捞、冷藏、加工、销售和服务于一体的经营体系。公司下属子公司大连国际合作远洋渔业有限公司成立于1996年10月,在加蓬、利比里亚等国设立了分支机构,是专业从事水产品捕捞、冷藏、加工、销售和服务的企业。经过多年的发展,业务实力迅速增强,在同行业中具有较强的综合竞争力。

● 通信地址和联系方式

地址:大连市中山区同兴街

电话:0411－2580059

网址:http://www.foodqs.cn

18. 大连华丰水产有限公司

● 公司简介

大连华丰水产有限公司位于辽宁省大连市,主要经营水产品、冷冻加工产品等。

● 通信地址和联系方式

地址:辽宁省庄河市延安路二段 125 号　邮编:116400

电话:0411－89702688　传真:0411－8613307

网址:http://5991180.czvv.com

19. 大连长海远洋渔业有限公司

● 公司简介

大连长海远洋渔业有限公司成立于 2004 年,现主要从事远洋钓,并出售金枪鱼,代理印尼、朝鲜东海岸出国远洋捕捞项目。

● 通信地址和联系方式

地址:大连市中山区华乐街 56 号　邮编:116001

电话:0411－82787887　传真:0411－82787886

邮箱:changhaiguangang@sina.com　网址:http://www.soyuli.com/com/dlchyy/

20. 大连大洋远洋渔业有限公司

● 公司简介

公司成立于 1985 年 8 月,注册资金 1200 万人民币,年营业额 5000 万人民币,在职员工 180 余人。下属公司有:大连英鸿境外就业服务有限公司、大连大洋水产食品有限公司、大连雄杰食品有限公司。公司主要以金枪鱼捕捞、加工、销售、贸易为一体,拥有 500 吨容量的超低温冷库(－60℃),年产量达 3000 吨。产品在国内同类产品中拥有极高的市场占有率,此外还远销欧美及日、韩等国家和地区。

● 通信地址和联系方式

地址:辽宁省大连市中山区五惠路 29 号　邮编:116001

电话:0411－86791250　传真:0411－82801628

网址:http://shengli727dl.ce.c-c.com/

21. 大连旅顺北海远洋渔业有限公司

● 公司简介

大连旅顺北海远洋渔业有限公司,位于辽宁省大连市旅顺口区北海镇李家沟,成立于 1999 年,注册资金 510 万元人民币,年营业额人民币 700 万元～1000 万元,职工人数 61 人。主要经营范围:远洋捕捞及技术服务、渔需物资、船舶备品备件销售。

● 通信地址和联系方式

地址:辽宁省大连市旅顺口区北海镇李家沟村　邮编:116048

电话:13898611292

网址:http://www.163yp.com/com/yp142084/

22. 大连巨戎远洋渔业有限公司

● 公司简介

大连巨戎远洋渔业有限公司经营范围是远洋渔业捕捞(凭许可证经营);国内一般贸易(法律、法规禁止的项目除外;法律、法规限制的项目取得许可证后方可经营)。公司在印尼投资 3000 多万美元建立 3 个基地,包括渔船码头、制冰厂、水产品加工厂、修船厂、冷库等设施。

● 通信地址和联系方式

地址:辽宁省大连市中山区港湾街 5 号银河花园 322 室　邮编:116001

电话:0411 - 82723686

邮箱:djryyyy@163.com

23. 大连孟鑫远洋渔业有限公司

● 公司简介

大连孟鑫远洋渔业有限公司于 2009 年成立,是一家综合性远洋捕捞渔业公司。公司主要生产海域为西非,生产方式为拖网。现有职工 400 多人,自有生产船只 20 艘。业务涵盖远洋捕捞,渔需物资、水产品购销,国内商业,物资供销业以及进出口业务。

● 通信地址和联系方式

地址:辽宁省大连市中山区杏林街 2 号中山九号西塔 2107F

电话:13842653872　0411 - 82556833　传真:0411 - 82556659

网址:http://www.dlshunyue.com/mengxin/

24. 大连连润远洋渔业有限公司

● 公司简介

大连连润远洋渔业有限公司是在几内亚海域捕捞的渔业企业,经销章鱼、墨鱼、老板鱼、虾仁、鲱鲤、西非海螺等水产品。

● 通信地址和联系方式

地址:辽宁省大连市中山区鲁迅路 58 号　邮编:116001

电话:0411 - 82716166　传真:0411 - 82706939

网址:lianrun.foods1.com

25. 大连金广渔业有限公司

● 公司简介

无

● 通信地址和联系方式

地址:辽宁省大连市甘井子区金南路 13 小区 16 号楼 3 - 5 - 2 号　邮编:116031

电话:0411-3679261

网址:http://1005673.71ab.com/

26. 长海县獐子岛益丰水产有限公司

● 公司简介

无

● 通信地址和联系方式

地址:辽宁省大连市长海县獐子岛镇沙包村　邮编:116503

电话:0411-81927480

网址:http://4268055.71ab.com/

27. 大连三阳远洋渔业有限公司

● 公司简介

大连三阳渔业有限公司成立于2003年12月,是由原大连水产集团远洋渔业有限公司改制而成的股份有限公司。公司主要在大西洋、印度洋、太平洋从事捕捞作业,在南太平洋、北太平洋进行鱿鱼、金枪鱼捕捞作业,与阿根廷、毛里塔尼亚、摩洛哥建立了长期渔业合作关系。

● 通信地址和联系方式

地址:辽宁省大连市七一街11号银洲国际大厦　邮编:116001

电话:0411-82518656转8068　传真:0411-82545773

网址:http://c00340.1scw.com/

28. 大连格利特渔业有限公司

● 公司简介

无

● 通信地址和联系方式

地址:大连市中山区七一街11号13层3号

五、上海市远洋渔业企业(5家)

29. 上海远洋渔业有限公司

● 公司简介

上海水产(集团)总公司的前身为上海市水产局,1992年撤局改组为企业集团,目前由上海市国资委全资控股。上海水产(集团)总公司是一家利用国际渔业资源,以远洋渔业及水产品精深加工为主营业务的国有集团公司,下属有30多家全资、控股和参股企业,总资产36.44亿元,年综合销售额69.75亿元,年进出口额5500万美元。集团现拥有80余艘大型远洋拖网加工船、金枪鱼围网船、金枪鱼延绳钓船、大型鱿钓船和过洋作业渔轮等,年均产量逾15万吨,在海外10个国家和地区投资建立了18家合资合作企业或代表处,形成了外向型经济格局,是上海市跨国经营20强企业之一。

● 通信地址和联系方式

地址,上海市共青路448号　邮编:200090

电话:021-65686677(总机)　传真:021-65692500

邮箱:sgfc@sgfc.com.cn

30. 上海开创远洋渔业有限公司

● 公司简介

上海开创远洋渔业有限公司是上海水产(集团)总公司下属的全资子公司,成立于 2007 年 12 月,主营业务为远洋渔业捕捞,兼营自捕水产品进出口、渔需物资设备进出口及技术进出口业务。公司注册资本 4.1 亿元人民币。公司现拥有一支大型拖网加工船队和一支金枪鱼围网船队,船队规模名列国内第一,在国际上也处于领先地位;在马绍尔国已成立全资驻外企业——泛太食品(马绍尔群岛)有限公司。

公司大型拖网生产船队共有 5 艘船舶,分别为开顺轮、开利轮、开富号轮、开裕轮和开欣轮,船队总吨位 35400 吨,总功率 27600 千瓦。目前主要集中在东南太平洋智利外海,专业从事竹荚鱼资源开发,年总捕捞能力约 10 万吨,产品在非洲、南美、欧洲等国家占有较高的市场份额并赢得很好的声誉。

公司金枪鱼围网船队共有 7 艘船舶,分别是金汇 1 号、金汇 2 号、金汇 3 号、金汇 6 号、金汇 7 号和波拿佩 1 号以及 1 艘冷藏运输船开源轮。船队总吨位 6990 吨,总功率 12940 千瓦。金枪鱼围网船队涉渔中西太平洋海域,包括马绍尔群岛、密克罗尼西亚、基里巴斯、瑙鲁等国家经济区及国际公海海域,专业从事金枪鱼资源围网捕捞生产作业,年产量约 4.5 万吨,产品畅销东南亚、欧洲等国家并赢得良好的信誉。

● 通信地址和联系方式

地址:上海市共青路 448 号　邮编:200090

电话:021-65686677　传真:021-65692500

网址:http://www.skmic.sh.cn/

31. 上海金优远洋渔业有限公司

● 公司简介

上海金优远洋渔业有限公司是集远洋捕捞、水产品销售于一体的国有控股企业,资产规模 2.2 亿元人民币,年综合销售额 2000 万美元以上,拥有 7 艘大型鱿鱼钓渔轮、6 艘冷冻海水及 5 艘超低温金枪鱼钓渔轮,在阿根廷、斐济、日本设立了境外公司(代表处)。公司所属捕捞船队分别在大西洋、太平洋和印度洋从事阿根廷鱿鱼、秘鲁鱿鱼、金枪鱼的捕捞生产,年产量 1.6 万吨以上,水产品主要销往南美、欧洲、日本和国内市场。

● 通信地址和联系方式

地址:上海市共青路 430 号 5 楼　邮编:200082

电话:021-65686853　传真:021-65686853

邮箱:dingpeizheng2800@126.com

32. 上海蒂尔远洋渔业有限公司

● 公司简介

上海蒂尔远洋渔业有限公司成立于 1996 年 12 月,系上海水产(集团)总公司的全资子公司,是集远洋捕捞和相关鱼货加工、销售以及物料供应于一体的外向型企业,注册资本达 1.238 亿元人民币。

上海蒂尔远洋渔业有限公司自成立以来,大力推进远洋渔业跨国经营,实现了由近海渔业大规模向远洋渔业转移的战略目标,并以世界三大洋为发展平台,以远洋捕捞为主力业态,分别在毛里塔尼亚、摩洛哥、巴基斯坦和乌拉圭等国合作成立了十多个境外远洋渔业项目,也以拥有 65 艘渔轮和近千名船员的规模而成为国内一流的过洋性作业船队。

目前,公司海外船队所捕捞品种有章鱼、墨鱼、鱿鱼、带鱼、鲍鱼及其他杂鱼等,其中章鱼、墨鱼和鱿鱼主要销往日本市场和欧洲市场,产销率达 100%。而带鱼、鲍鱼等其他杂鱼主要运回国内,在保障和丰富国内水产品市场供应的同时,也取得了一定的经济效益和社会效益。

● 通信地址和联系方式

地址:上海市共青路 486 号　邮编:200090

电话:021－65899906　传真:012－65689025

网址:http://shyangpu012315.11467.com/

33. 上海和顺渔业有限公司

● 公司简介

和顺渔业有限公司是一家经营渔网生产、加工、修理,渔具、渔需物品批发零售的私营有限责任公司。

● 通信地址和联系方式

地址:上海市金山区漕泾镇中一西路 86 号(现 350 号)　邮编:201507

电话:021－57250717　传真:021－57250217

邮箱:heshun168@163.com

六、江苏省远洋渔业企业(2 家)

34. 南通远洋渔业有限公司

● 公司简介

南通远洋渔业有限公司是国家农业部批准的国内第一批具备远洋捕捞资质的企业,经国家外经贸部批准,取得对外渔业工程经营权,先后在摩洛哥、毛里塔尼亚、几内亚、西班牙、冈比亚和塞内加尔等国家开展远洋渔业的独资、合资和合作项目,并在西班牙、摩洛哥、毛里塔尼亚、几内亚设有代表处。

● 通信地址和联系方式

地址:江苏省南通市南园路 13 号　邮编:226001

电话:0513－85527360　传真:0513－85537197

网址:http://385866.atobo.com.cn/

35. 苏州海兴远洋渔业有限公司

● 公司简介

苏州海兴远洋渔业有限公司是太仓励苏远洋渔业有限公司的全资子公司,是集远洋捕捞、水产品加工、国际贸易为一体的省级农业产业化重点龙头企业。公司固定资产近 2000 万,有 8 艘远洋渔船在缅甸从事合作捕鱼,海兴公司的缅甸项目每年捕捞各类海产品 6000 多吨,运回国内的自捕水产品达 5000 多吨。目前在境外逐步设立远洋渔业合作基地,并带动水产品储藏、加工、保鲜、运输、水产品贸易等相关产业的发展。

● 通信地址和联系方式

地址:江苏省太仓市浏河镇渔港路 86 号　邮编:215431

电话:0512 - 55777898

七、浙江省远洋渔业企业(29 家)

36. 浙江省远洋渔业集团股份有限公司

● 公司简介

浙江省远洋渔业集团股份有限公司于 1999 年 4 月正式成立,注册资金 9100 万元人民币。公司的经营范围涉及远洋捕捞,水产品收购、加工、销售和进出口,水产养殖,农业投资开发,渔需物资、船用设备仪器的生产和销售等。

2000 年公司开展了西南大西洋鱿钓、北太平洋鱿钓、大西洋金枪鱼钓和印尼渔业合作等四个远洋渔业项目,经营远洋渔船达 110 余艘,远洋渔业产量 53900 吨,产值 4.06 亿元。目前,集团公司在西南大西洋投产大型鱿钓船 17 艘,占全国西南大西洋鱿钓投产数的 18%;在大西洋、印度洋投产超低温金枪鱼船 7 艘,占全国超低温金枪鱼船投产数的 12%;在印尼海域有 46 艘拖网船作业。近期,还将组织 50 多艘群众股份制渔船赴北太平洋海域从事鱿鱼钓生产。2000 年年底,集团公司成员已有紧密型企业 6 家、半紧密型企业 5 家、松散型企业若干。集团公司成员企业范围内,总产值近 10 亿元人民币,进出口额 7000 万美元,利润 5600 万元。其中,集团公司本部总资产逾 4 亿元,所有者权益 1 亿多元,固定资产净值 3700 多万元,经营额近 3 亿元,进出口额 2600 万美元,利税 2800 多万元。

公司建立以来,先后在舟山、石浦、温岭等地建立了水产品出口加工基地。2000 年又投资 2500 多万元,在宁波新建国内一流的现代化水产品加工厂,已加工出口各类水产品 6000 余吨,创汇 1500 万美元。水产品出口加工基地的建成投产不但可提高水产品出口的档次和规模,还可解决远洋渔船的渔货销售问题,为远洋渔业产品增加附加值。

● 通信地址和联系方式

地址:杭州市庆春路 11 号凯旋门商业中心 27 层　邮编:310009

电话:0571 - 87230058　传真:0571 - 87227956

邮箱:yyyy@zheyu.cn　网址:http://www.zhejiangoceanfamily.cn

37. 浙江新时代国际渔业有限公司

● 公司简介

浙江新时代国际渔业有限公司于 2000 年 8 月 18 日注册成立,公司主要经营远洋外海水产品的捕捞、加工、销售,注册员工人数为 10 人,注册资本 150 万元人民币。

● 通信地址和联系方式

地址:浙江杭州市上城区庆春路 11 号 27 层 F 座　邮编:310009

电话:0571 - 87230059 传真:0571 - 87227956

38. 浙江丰汇远洋渔业有限公司

● 公司简介

浙江丰汇远洋渔业有限公司是经工商局批准成立的专门从事海洋渔业开发和利用的企业,以海产品捕捞、加工与销售为核心业务,并从事相关产品的贸易。

目前,公司有12艘远洋拖网渔船正在和印尼相关企业合作,在该国的阿拉弗拉海从事拖网作业,另有3艘大型专业鱿钓船在智利外海水域从事茎柔鱼渔业生产。现公司正计划新增两条超低温金枪鱼延绳钓渔船赴南太平洋海域进行生产。

● 通信地址和联系方式

地址:浙江省杭州市西湖区古墩路387号 邮编:310012

电话:0571 - 87757016

39. 浙江兴业集团有限公司

● 公司简介

浙江兴业集团有限公司创建于1994年12月,是中国大陆最早成功利用外资的大型企业,由国有舟山第二海洋渔业公司和日本著名水产企业玛鲁哈株式会社合资成立。公司投资总额35亿日元,注册资金14.88亿日元,中方占51%股份,日方占49%股份。公司坐落在美丽的东海之滨——著名的舟山群岛,占地面积36万平方米,建筑面积20万平方米。公司现有职工近3000人,拥有2.5万吨冷库和各类现代化水产加工设备及配套设施,是一家集渔、工、商、内、外贸于一体的综合性企业。

公司的经营范围:外海、远洋捕捞,水产养殖,食品及农副产品加工销售,海上运输,船舶修造及与本公司有关的加工业;从事非配额许可证管理、非专营商品的收购出口业务,绳网、渔具、珍珠的加工和销售。水产品精深加工是企业的主导产业,目前已开发研制的产品超过数百种,公司产品销往美、日、韩、欧、港澳等三十多个国家和地区,并已进入国内2000多家超市连锁店及商场。

● 通信地址和联系方式

地址:浙江省舟山市普陀区大干 邮编:316101

电话:0580 - 3695888 传真:0580 - 3695596

邮箱:xingye@mail.zsptt.zj.cn 网址:http://www.xingye-seafood.com.cn

40. 浙江平太荣远洋渔业集团有限公司

● 公司简介

平太荣远洋渔业集团有限公司是一家民营远洋渔业企业,创建于2007年12月27日,坐落于美丽的舟山群岛。主要经营范围为远洋捕捞、销售,货物进出口。

● 通信地址和联系方式

地址:浙江省舟山市普陀区沈家门东河路139号国亚写字楼15楼

电话:0580 - 6382883 传真:0580 - 6368893

41. 浙江大洋世家股份有限公司

● 公司简介

浙江大洋世家股份有限公司位于美丽的杭州西子湖畔,是著名的万向集团投资控股的农业产业化国家重点龙头企业。公司注册资本 1.8 亿元,主营:远洋捕捞、水产品加工和进出口贸易。公司拥有三大船队:大型超低温金枪鱼延绳钓船 18 艘,是我国目前最大的一支超低温金枪鱼船队;大型金枪鱼围网船 2 组;大型鱿鱼钓船 7 艘。它们分别在太平洋、印度洋、大西洋海域作业。同时,大洋世家还拥有三个大型水产加工基地,即位于宁波北仑保税区的超低温金枪鱼和鱿鱼冷藏加工基地、位于宁波奉化溪口的金枪鱼罐头和鱼柳加工基地以及位于杭州萧山的白虾加工和国内贸易物流基地。

大洋世家实施"捕加贸并举,内外贸结合"的模式,发展品牌建设,大力开拓国内市场。自 2010 年年底着手拓展国内市场以来,公司在全国大中城市建立了海鲜专柜、品牌专卖店、专营批发店、大型餐饮连锁及商超采购集团直供和电子商务等五种销售模式,营销布局稳步推进,品牌效应日益显现,消费认知度不断提升。2012 年实现销售总额 16.04 亿元,出口额 1.88 亿美元,净利润 1.5 亿元,综合效益在国内同行业中名列前茅。

● 通信地址和联系方式

地址:浙江省杭州市庆春路 11 号凯旋门商业中心 27 层　邮编:310009

电话:0571 - 87230057　传真:0571 - 87227956

网址:http://www.zhejiangoceanfamily.cn

42. 舟山新吉利远洋渔业有限公司

● 公司简介

舟山新吉利远洋渔业有限公司成立于 2001 年,注册资本 500 万元人民币,员工 70 人,主要进行远洋渔业捕捞,销售机械设备、仪表仪器及配件、船用设备、渔需物资、灯具、五金交电、水产品。

● 通信地址与联系方式

地址:浙江省舟山市定海区香园新村 40 栋 101 室　邮编:316000

电话:0580 - 2600288

43. 舟山市海利远洋渔业有限公司

● 公司简介

舟山市海利远洋渔业有限公司创建于 2001 年 9 月 26 日,注册资金人民币 1180 万元。公司现位于著名的舟山渔港——沈家门港,目前拥有 4 艘远洋渔业鱿钓生产船。主要从事远洋鱿钓生产捕捞、海上加工及销售,公司远洋渔业船队常年在西南大西洋和东南太平洋进行鱿鱼钓捕作业。年总产量约为 1 万吨鱿鱼,秘鲁鱿鱼熟片(达努玛 DARUMA)年产量 5000 多吨,秘鲁鱿鱼(鲞)干制品年产量 1000 多吨,由于在海上直接加工,充分保持了原料质量的新鲜度,从而保证了鱿鱼加工产品的质量,公司生产的鱿鱼制成品质量已达国外同类进口产品的标准。

● 通信地址和联系方式

地址:浙江省舟山市普陀区沈家门平阳工业区　邮编:316000

电话:0580 - 6362338　传真:0580 - 6362338

44. 舟山市华鹰远洋渔业有限公司

● 公司简介

舟山市华鹰远洋渔业有限公司经舟山市工商行政管理局普陀分局核准于 2002 年 4 月成立，注册资本 588 万元，属民营股份制企业。目前，拥有总资产达 6100 多万元，公司自有及代理鱿钓渔船 15 艘，有远洋渔业船员 525 名（包括季节临时招聘渔工），专业技术、管理人员 12 人，有一支具有丰富经验的远洋渔业管理化队伍，具备一定的远洋捕捞能力和跨国经营管理能力。公司以远洋捕捞为主体，主要进行远洋捕捞、水产品贸易、船用设备及渔需物资经销、劳务技术协作及与远洋渔业有关的其他业务。

公司拥有北太平洋、东南太平洋 600 马力以上大型钢质捕捞渔船 13 艘，其中东南太平洋捕捞渔船 2 艘，渔业辅助船 1 艘，正在新建即将竣工的有 2 艘，已审核符合船网工程指标的 5 艘渔船即将投入建造，工程投入 5500 万元左右。2009 年全年鱿钓生产总产量 4623.35 吨，产值 3872.12 万元，企业规模不断壮大，效益良好。

● 通信地址和联系方式

地址：浙江省舟山市普陀区沈家门东河路 139 号 904 室　邮编：316100

传真：0580 - 6366555

邮箱：zshy689@126.com

45. 舟山华利远洋渔业有限公司

● 公司简介

舟山华利远洋渔业有限公司是一家大型的国有股份制远洋渔业企业，成立于 2007 年，注册资本 380 万元人民币。公司经营范围包括远洋渔业捕捞（凭许可证经营）、销售（限自产产品）；渔需物资（涉及前置审批的商品除外）、机械设备、仪器仪表、电子产品、船舶销售；远洋渔业信息咨询（不含涉及前置审批的项目）；货物及技术的进出口贸易（除国家法律法规禁止或限制的项目外）。

● 通信地址和联系方式

地址：浙江省舟山市定海区临城街道金枫花园枫照台 27 号　邮编：316021

电话：0580 - 2996737

46. 舟山海望远洋渔业有限公司

● 公司简介

舟山海望远洋渔业有限公司是一家生产型的国有企业，是舟山市市级龙头企业，主要经营远洋渔业、运输，渔需物资、船用设备、仪器的生产与销售，水产养殖，农业开发，劳务及技术使用，远洋渔业项目的咨询、服务、管理。公司成立于 2001 年，注册资本 18000 万元人民币，公司职工人数15 人。

● 通信地址和联系方式

地址：浙江省舟山市环城南村（路）556 号　邮编：316000

电话：0580 - 2828187

47. 舟山市普陀远洋渔业总公司

● 公司简介

舟山市普陀远洋渔业总公司成立于 1995 年 7 月,坐落于著名的沈家门渔港,是普陀区政府直属国有独资、具有法人资格的远洋渔业企业,公司注册资金 600 万元人民币,资产总额 2200 万元,主要经营远洋渔业捕捞,水产养殖、加工,劳务技术协作,水产品贸易,渔需物资经销等业务。

公司成立后,先后开拓了印尼、西非、东非、朝鲜远洋合作项目,北太平洋、东南太平洋、西南大西洋鱿钓项目以及摩洛哥等国的劳务协作项目。近年来,公司致力于远洋渔船的更新和改造工作,新建专业鱿钓渔船 39 艘,同时在江西、湖南、江浙等内陆地区举办北太鱿鱼推介活动,大力拓展鱿鱼国内市场的销售渠道。目前,公司远洋渔船总规模达到 59 艘,从业渔民 2500 余人,2012 年公司远洋渔业总产量 41671 吨,总产值 29565 万元。

● 通信地址与联系方式

地址:浙江省舟山市普陀区沈家门鲁家峙交通海运大楼 4 楼

电话:0580 - 3014972　传真:0580 - 3019587

邮箱:ptyyyyzgs@163.com　网址:http://www.ptyyyy.com/

48. 舟山国鸿远洋渔业有限公司

● 公司简介

舟山国鸿远洋渔业有限公司经营范围是远洋渔业捕捞、销售(限自产产品),渔需物资(涉及前置审批的商品除外)、机械设备、仪器仪表、电子产品、船舶销售,远洋渔业信息咨询,货物及技术的进出口贸易。

● 通信地址与联系方式

地址:浙江省舟山市定海区兴丰路 86 - 1 号东侧二楼　邮编:316000

电话:0580 - 2382176

49. 舟山海兴远洋渔业有限公司

● 公司简介

舟山海兴远洋渔业有限公司是一家中外合作经营企业,主要经营远洋渔业,渔需物资、船用设备及仪器、船舶销售,船舶租赁,远洋渔业技术的咨询服务,注册资本 108 万元。

● 通信地址与联系方式

地址:浙江省舟山市人民中路 88 号 4 楼　邮编:316000

电话:0580 - 8260078

50. 舟山汉益远洋渔业有限公司

● 公司简介

舟山汉益远洋渔业有限公司创建于 2007 年 10 月 19 日,注册资金人民币 1018 万元,员工人数 101～200 人。公司现位于著名的舟山渔港——沈家门港。目前拥有 24 艘远洋渔业鱿钓生产船。

主要从事远洋鱿钓生产捕捞、加工及销售,公司远洋渔业船队常年在北太平洋、西南大西洋和东南太平洋进行鱿鱼钓捕作业。年总产量约为 18000 吨鱿鱼,秘鲁鱿鱼(鲞)干制品年产量 1000 多吨。公司常年向市场供应各种规格和品种的秘鲁鱿鱼、秘鲁鱿鱼(鲞)干制品。主要销售区域是中国、日本、北美和西欧等地;主要从事鱿鱼批发,海产品加工,水产加工、进出口等。

● 通信地址与联系方式

地址:浙江省舟山市普陀区沈家门菜市路 185 号 902 室　邮编:316100

电话:0580 - 3017291

邮箱:467713025@qq.com

51. 舟山宁泰远洋渔业有限公司

● 公司简介

舟山宁泰远洋渔业有限公司成立于 2009 年 8 月,注册资金为 1000 万元。公司位于著名的舟山渔港——沈家门渔港。公司主要从事远洋鱿钓捕捞,目前拥有 33 艘远洋渔业鱿钓生产船。其中北太平洋鱿钓渔船 12 艘,1 艘冷藏运输船,年产量 6000 吨,总产值 7200 万元;东南太平洋鱿钓渔船 20 艘,年产量 4 万吨,总产值 28000 万元。

● 通信地址与联系方式

地址:浙江省舟山市普陀区东港街道昌正街 82 号昌正大厦 1708、1709 室　邮编:316100

电话:0580 - 3809177　传真:0580 - 3809077

邮箱:ningtai.office@gmail.com　网址:www.zsningtai.com

52. 舟山市宏润远洋渔业有限公司

● 公司简介

舟山市宏润远洋渔业有限公司成立于 2008 年,是一家民营企业,公司员工 20～99 人,具有农业部远洋渔业资格,主要从事远洋捕捞,年捕捞鱿鱼 20000 万吨。

● 通信地址与联系方式

地址:浙江省舟山市普陀区沈家门滨港路 216 号 2 楼　邮编:316100

电话:0580 - 6372980

53. 舟山润达远洋渔业有限公司

● 公司简介

舟山润达远洋渔业有限公司成立于 2005 年,注册资本 518 万元人民币,公司主要经营范围是远洋渔业捕捞(凭许可证经营),自捕鱼、渔具、渔业机械设备销售,渔业科技项目开发,货物及技术进出口(国家法律法规有规定的除外),远洋船只代理服务。

● 通信地址与联系方式

地址:浙江省舟山市普陀区沈家门东河路 139 号佛国商城 804 室　邮编:316100

电话:0580 - 3021938

54. 舟山市明翔远洋渔业有限公司

● 公司简介

舟山市明翔远洋渔业有限公司经营项目:远洋渔业捕捞;自捕鱼销售;渔业科技项目开发;货物及技术的进出口贸易;船舶配件销售。

● 通信地址与联系方式

地址:浙江省舟山市定海海景花园 6 幢 301 室　邮编:316000

电话:0580 - 2037208

邮箱:qianhongfei2007@163.com

55. 舟山市嘉德远洋渔业有限公司

● 公司简介

舟山市嘉德远洋渔业有限公司的主营产品是秘鲁鱿鱼、阿根廷鱿鱼等,主要客户群体是水产品加工厂,公司与多家零售商和代理商建立了长期稳定的合作关系。

● 通信地址与联系方式

地址:浙江省舟山市黄土岭十六门 24 号　邮编:316000

电话:0580 - 2682127　传真:0580 - 2682125

56. 舟山明州远洋渔业有限公司

● 公司简介

舟山明州远洋渔业有限公司成立于 2010 年,注册资金 1000 万元,公司主要从事远洋渔业捕捞,鱼产品、渔具、渔业机械设备销售,渔业科技项目开发等。

● 通信地址与联系方式

地址:浙江省舟山市普陀区东港街道华昌公寓一期 6 号网点　邮编:316000

电话:0580 - 3807016

57. 舟山顺行远洋渔业有限公司

● 公司简介

舟山顺行远洋渔业有限公司主要从事远洋渔业捕捞,自捕鱼销售,船用安全设备销售,货物及技术进出口等,注册资金 500 万元。

● 通信地址与联系方式

地址:浙江省舟山市普陀区勾山街道东海西路 2121 号科技置业大厦 2502 室

邮编:316102

58. 台州远洋渔业有限公司

● 公司简介

台州远洋渔业有限公司位于浙江省台州市,成立于 1995 年 5 月,公司经营范围为海洋渔业捕捞,水产品养殖加工和销售,种苗、建筑材料、化工原料、五金交电、渔需物资销售;合作经营渔船,渔机和网具的制造及渔业工程设计、施工、捕捞、养殖、加工和技术培训服务。

● 通信地址和联系方式

地址:浙江省台州市中山东路 269 - 1 号　邮编:318000

电话:0576 - 81667172　传真:0576 - 81667530

网址:http://247676.zhejiang.8671.net/

59. 浙江鑫隆远洋渔业有限公司

● 公司简介

无

● 通信地址和联系方式

地址:浙江省绍兴市越城区绍兴生态产业园

电话:13706757636

60. 宁波千联远洋渔业有限公司

● 公司简介

宁波千联远洋渔业有限公司位于浙江省宁波市。经营范围主要为远洋捕捞(凭证经营);渔业机械、鲜活水产品的批发、零售、代购代销;经营本企业自产产品及技术的出口业务和本企业所需的机械设备、零配件、原辅材料及技术的进口业务,但国家限定公司经营或禁止进出口的商品及技术除外。

● 通信地址和联系方式

地址:浙江省宁波市江东彩虹南路 293 号 7 - 8　邮编:315000

电话:0574 - 87198052　0574 - 87198665

网址:http://b8p9x8.cn.joingoo.com/

61. 宁波海之星远洋渔业有限公司

● 公司简介

宁波海之星远洋渔业有限公司创建于 2006 年 3 月,公司总部位于舟山市中浪国际大厦。公司经营范围为远洋渔业捕捞,水产品收购、加工、冷藏、销售、运输、船舶修造。远洋鱿钓生产为公司的主导产业。公司现有职工近 400 人,拥有 2 万吨冷库和各类现代化水产加工设备及配套设施,是一家集多种功能于一体的综合性企业。

公司现拥有 11 艘渔捞生产船,常年作业于大西洋和太平洋。年产阿根廷鱿鱼 3000～6000 吨,秘鲁鱿鱼 10000～13000 吨。产品远销国内外市场并具有良好的信誉,渔捞年产值 1.5 亿元。

● 通信地址和联系方式

地址:浙江省舟山市中浪国际大厦 B 座 7 层

电话:0580 - 2261821　传真:0580 - 2261823

网址:http://www.nbhzx.cn/

62. 宁波太平洋远洋渔业有限公司

● 公司简介

宁波太平洋远洋渔业有限公司位于浙江省象山石浦,石浦渔港是中国著名的四大渔港之一,一年一度的中国开渔节在此举行。公司成立于 2004 年 12 月,注册资金为 1000 万元,职工 170 名,远洋鱿钓船 7 艘,主要从事远洋渔业捕捞以及海产品的加工和海产品的进出口贸易。

公司将努力打造以捕捞为基础,以自捕的鱿鱼加工为核心的产业链,逐步向产、供、销一体化方向发展。公司自有船队有 7 艘生产船,主要作业渔场在东南太平洋和西南太平洋,自捕生产的鱿鱼经过加工向国内外客户销售,并逐步创出自己的企业品牌。

● 通信地址和联系方式

地址:浙江省宁波市象山石浦建业路 101 号 7 楼

电话:0574 - 65763353　传真:0574 - 65763353

网址:http://yushenliang.lzx365.com/

63. 宁波联合远洋渔业有限公司

● 公司简介

宁波联合远洋渔业有限公司位于浙江省宁波市,主要经营远洋渔业捕捞;渔具、渔业机械设备、水产品的批发、零售、代购代销;国际经济技术合作及渔业劳务合作的咨询服务;自营和代理各类商品和技术的进出口,但国家限定公司经营或禁止进出口的商品和技术除外。

● 通信地址和联系方式

地址:浙江省宁波市江北区人民路105号(B1905室) 邮编:315000

电话:13567946005

64. 舟山市金海远洋渔业有限公司

● 公司简介

无

● 通信地址和联系方式

地址:浙江省舟山市普陀区沈家门宫下路7幢3单元306室 邮编:316100

电话:0580-3012005

网址:http://3377162.71ab.com/

八、福建省远洋渔业企业(7家)

65. 福州宏东远洋渔业有限公司

● 公司简介

福州宏东远洋渔业有限公司成立于1999年,位于海峡西岸福州市马尾保税区内,占地面积16000平方米,建有9000多平方米的现代化水产品加工厂和万吨大型冷库各一座。公司员工530多人,现有远洋捕捞船40艘,分布于太平洋、印度洋公海,从事大洋性捕捞生产,另外还分布于毛里塔尼亚、印度尼西亚专属经济区,从事过洋性捕捞生产,是一家集远洋渔业生产、冷冻冷藏、水产加工、进出口贸易为一体的具有完整产业链的大型远洋渔业企业。旗下有福州宏东实业有限公司、福州宏东食品有限公司、宏东国际(毛塔)渔业发展有限公司和福州宏东远洋渔业有限公司印尼代表处等子公司及派出机构。

近年来,公司努力实施"走出去"的发展战略,依托太平洋和印度洋公海,积极拓展非洲和东南亚沿海国家近海渔场,先后与毛里塔尼亚、印度尼西亚等国签署渔业合作项目,大力发展远洋渔业,获取渔业资源。目前,福州宏东远洋渔业有限公司是国内远洋渔业行业捕捞方式最全、产业链最完整的公司之一,在船队规模、捕捞产量、经济效益、加工贸易以及产品质量等各方面,都处于国内同行业领先地位。

● 通信地址和联系方式

地址:福建省福州市马尾保税区8-1

电话:0591-83989999 传真:0591-83681111

网址:http://www.fzhongdong.com/

66. 福建省连江县远洋渔业有限公司

● 公司简介

福建省连江县远洋渔业有限公司成立于 1995 年,是一家集远洋捕捞、运输为一体的综合性企业,经营范围包括海洋捕捞、货物及技术进出口业务。2003 年起至今均获得"农业部远洋渔业企业资格",注册资本 3.9 亿人民币。目前公司拥有 40 艘(2012 年初新建造完成 8 艘鱿鱼钓船)常年在太平洋作业的远洋捕捞船,是世界公海的常温底层延绳钓和底层延绳钓行业巨头。

福建省连江县远洋渔业有限公司作业方式以纯公海作业生产为主,主要作业区域为太平洋。公司采用世界领先的常温底层延绳钓和底层延绳钓技术捕捞包括鲨鱼、鲷鱼、丝尾红钻鱼、旗剑鱼类等具有较高经济价值的深海鱼类产品。公司自有船舶 40 艘,其中:大型运输补给船 3 艘、捕捞作业船 37 艘。目前,公司拥有员工 500 多名,年捕捞量超过 2 万吨。

随着远洋渔业基地的建成,公司发展水产品加工业,将为市场提供更加多元化的、具备高附加值的高级深海鱼产品。

● 通信地址和联系方式

地址:福建省福州市五四路 109 号东煌大厦 17 层

电话:0591 - 87850386　传真:0591 - 87859583

邮箱:admin@ljfarsea.com　网址:http://www.ljfarsea.com/

67. 福州宏龙海洋水产有限公司

● 公司简介

福州宏龙海洋水产有限公司成立于 1995 年,有农业部颁发的远洋渔业企业资格证书。公司始终坚持"走出去"发展远洋渔业的战略方针,先后组建或兼并了六家远洋渔业企业,并与印尼财源帝集团合作建立了"印尼金马安渔业基地",形成了以福州宏龙海洋水产有限公司为龙头的远洋渔业企业群体。

远洋渔业企业群体公司注册总资本超过三亿元,在亚太地区拥有占地 7500 亩的两家境外大型渔业基地。公司现拥有(经国家农业部核准)总吨位 200～700 吨的过洋性和大洋性渔船 74 多艘,总吨位 100 多吨的印尼捕虾、捕鱼船 100 多艘,6 艘千吨级的配套远洋冷冻运输船,组成公司庞大的远洋捕捞船队。船队分别在印尼、印度、北太平洋、东南太平洋、大西洋和印度洋等海域作业。

目前,公司正整合优势资源,拓宽融资渠道,开辟大型灯光围网、漂网、流刺网、拖网、手钓、延绳钓、鱿鱼钓、海上原生态养殖等多种符合和有利于海洋资源保护的作业方式,建立现代化的海洋蛋白食品精深加工基地、数字化指挥中心、人才培训学校、研发机构等,调整生产结构和完善产业链,创新增长方式,加速扩张企业规模,实现跨越式发展,成就缔造"蓝色王国"的愿景。

● 通信地址和联系方式

地址:福建省福州市湖东路 154 号中山大厦 A 座 18 - 19 层

电话:0591 - 87276591　0591 - 87802253　传真:0591 - 87276590

邮箱:cnhl@cnhlof.com　网址:http://www.cnhlof.com/index.asp

68. 福建省平潭县远洋渔业集团有限公司

● 公司简介

福建省平潭县远洋渔业集团有限公司主要经营海洋捕捞,水产品加工、销售,渔需物资购销,渔工劳务输出,于 1998 年 2 月 27 日在福州注册成立,注册资本 1000 万元。

● **通信地址和联系方式**

地址:福建省城关东大街 3 号 邮编:350400

电话:0591 - 7614620

网址:http://www.11467.com/fuzhou/co/54019.htm

69. 福建省平潭县安达远洋渔业有限公司

● **公司简介**

福建省平潭县安达远洋渔业有限公司主要经营远洋捕捞,注册资本 98 万元。

● **通信地址和联系方式**

地址:福建省平潭县澳前镇龙北村昌裕楼 25 号 邮编:350400

电话:0591 - 4334563

网址:http://www.11467.com/fuzhou/co/54033.htm

70. 福建省长福渔业有限公司

● **公司简介**

福建省长福渔业有限公司主要经营海洋捕捞,最初的员工人数为 30 人,注册资本 500 万元人民币。

● **通信地址和联系方式**

地址:福建省城关中埔庄 227 号 邮编:350400

电话:0591 - 437262

网址:http://fuzhou054084.11467.com

71. 福建省平潭县恒利渔业有限公司

● **公司简介**

无

● **通信地址和联系方式**

地址:福建省平潭县潭城镇燕山庄 139 号 邮编:350400

电话:0591 - 4317266

网址:http://1801326.atobo.com.cn

九、山东省远洋渔业企业(16 家)

72. 山东省中鲁远洋渔业股份有限公司

● **公司简介**

山东省中鲁远洋渔业股份有限公司是经山东省人民政府批准,于 1999 年 7 月组建的外向综合型远洋渔业企业,注册资本 2.66 亿元。

公司主营业务为远洋捕捞、海洋运输、水产品精深加工及进出口贸易等,产业链条相对完备,为山东省农业产业化龙头企业。公司下设 3 家分公司,拥有 5 家子公司。拥有大型专业化渔业及冷藏运输船舶 25 艘,在山东烟台经济开发区建有集冷藏、加工、贸易为一体的大型冷藏与加工基地,拥有 1 万吨超低温冷库(-60℃)及 1 万吨常温冷库(-30℃),2009 年 6 月,国内最大最早的中国金枪鱼交易中心在此挂牌,公司主要的捕捞产品为生鱼片用金枪鱼、罐头用金枪鱼及其他优质鱼类。主要加工产品为金枪鱼生食鱼片及各类进料来料精加工水产品。

● 通信地址与联系方式

地址:山东省济南市和平路 43 号

电话:0531 - 86553236   传真:0531 - 86982906

邮箱:zlyyglb@163.com 网址:http://www.zofco.cn/

73. 山东中鲁海延远洋渔业有限公司

● 公司简介

山东省中鲁远洋渔业股份有限公司青岛海延分公司于 1999 年 8 月设立,专业从事远洋超低温金枪鱼延绳钓生产,是国内起步较早且规模较大的超低温金枪鱼延绳钓远洋渔业企业,现有大型超低温金枪鱼延绳钓船 6 艘、常温金枪鱼延绳钓船 8 艘,常年在印度洋和太平洋渔区作业。

公司主要产品:大目金枪鱼、黄鳍金枪鱼、剑鱼、旗鱼、长鳍金枪鱼、鲣鱼等,主要作为制作生鱼片的原料,年产量 1700 余吨,年销售收入 8000 多万元,是中鲁公司的支柱产业之一。

● 通信地址与联系方式

地址:山东省青岛市市南区延安三路 105 号

电话:0532 - 55572087   传真:0532 - 55572080

邮箱:zlqdhy@163.com 网址:http://23a1682015.atobo.com.cn

74. 山东省远洋渔业公司

● 公司简介

公司坐落于荣成市石岛开发区,成立于 1996 年 8 月,经过十年的快速发展,现已形成集海上捕捞、水产品加工、食品精细加工、码头综合服务、水产品养殖、禽类养殖、蔬菜种植等多种门类于一体的综合性集团化企业。

公司总资产达 5.2 亿元,目前拥有员工 2282 人,年产各种精加工水产品 3 万吨,产品 40％外销,主要出口到美、日、韩及东南亚等国家和地区,2008 年实现利润 1663 万元,上缴税金 1293 万元。

● 通信地址与联系方式

地址:山东省荣成市历山路 57 号   邮编:250013

75. 蓬莱京鲁渔业有限公司

● 公司简介

蓬莱京鲁渔业有限公司成立于 1990 年 6 月,注册资本为人民币 2000 万元,2006 年发展为山东汇洋集团,下设五个分公司,分别为蓬莱京鲁渔业有限公司、蓬莱汇洋食品有限公司、蓬莱京鲁食品有限公司、蓬莱京鲁食品有限公司、蓬莱京鲁船业有限公司。现已成长为集远洋捕捞、水产品加工出口、调理食品的精深加工销售、海水养殖育苗、造船为一体的综合性股份制企业。

集团现拥有鱿鱼钓船 6 艘、超低温金枪鱼延绳钓船 6 艘,常年在北太平洋、印度洋、阿根廷、秘鲁等地作业,捕捞原料产量逐年提高,为水产加工提供了充足保障。集团同步发展了育苗养殖业,现有 2 处规模较大的养殖场,育苗养成水体 15000 立方米,养殖场主要养殖海参、鲍鱼、舌鳎、夏夷贝、大菱鲆等苗种,取得了良好的经济效益。

集团拥有现代化的水产品加工厂 18 个,职工 4500 余人,专业技术研发人员 100 多人,年加工成品能力 6 万多吨,冷库 8 个,冷藏能力 68000 吨,其中公用型保税仓库 1 个,并拥有现代化的制冷机房 5 个。主要从事鱿鱼、鲐鱼、鲅鱼、马哈鱼、金枪鱼、虾蟹类、贝类等水产品以及调理食品的精深加工,加工品种 2000 多个,产品重点出口日本、美国、欧盟等国家和地区。与明和产业、伊藤忠、农水、神港、双日、MAR、新东京、西部渔业等众多大客户建立了良好的合作伙伴关系。

● 通信地址与联系方式

地址:山东省烟台市蓬莱开发区哈尔滨路 8 号　邮编:265609

电话:0535 - 5605609　传真:0535 - 5605656

网址:www.jinglu.cn

76. 荣成市远洋渔业有限公司

● 公司简介

荣成市远洋渔业有限公司注册资金 10 万元,于 1996 年正式成立,拥有员工 10 人。荣成市远洋渔业有限公司主营水产品、渔业机械及仪器、仪表、网具的零售业务。

● 通信地址和联系方式

地址:山东省威海市荣成市石岛镇黄海南路 68 号　邮编:264309

网址:http://161128.shandong.8671.net

77. 荣成马山远洋渔业有限公司

● 公司简介

无

● 通信地址和联系方式

地址:山东省威海市荣成市成山镇马山　邮编:264319

电话:0631 - 7821185

网址:http://1107200.71ab.com/

78. 山东俚岛海洋科技股份有限公司

● 公司简介

山东俚岛海洋科技股份有限公司以养加捕并举、渔工贸同步,辖设远洋捕捞、大洋金枪钓、海水养殖、育苗、海带食品加工、外贸冷藏加工、工程建筑、渔船修造、进出口业务等项目。

捕捞业是公司的传统支柱产业,规模实力雄厚,拥有 600 马力钢壳拖网渔船 18 艘,年捕捞能力 7 万吨,产值 4000 万元,利润 2000 万元,渔船平均产值列荣成市同行业之首。斐济金枪鱼延绳钓船队自 2002 年投入生产以来,现已拥有 220 千瓦冷海水渔船 4 艘、330 千瓦冷海水渔船 2 艘,每年可创收 1200 万元,实现利润 600 万元。

养殖业一直是公司的龙头基础产业,拥有海上牧场 10000 亩,滩涂海域面积 1000 亩。主要养殖品种有海带、扇贝、牡蛎、海胆、海参、鲍鱼等,其中海带养殖面积 6000 亩,年产量 12000 吨,鲍鱼养殖规模 200 万头,底播海参 500 万头。养殖年收入 3200 万元,实现利润 1800 万元。

工厂化育苗发达,拥有海带育苗场一处,年育苗能力 8 亿株;拥有 4000 立方米水体综合育苗厂一处,年育鲍鱼苗 200 万粒,海参苗 1000 万头,并人工养殖大鲮鲆、牙鲆、石鲽等鱼类。海带食品加工规模庞大,总库存容量 4 万吨,拥有盐渍海带流水线 13 条、熟干海带生产线 4 套,海带面条、海带酱菜生产线各 1 条,年消化海带鲜菜 5 万吨,是全国最大的海带食品加工城。主要产品有盐渍海带、熟干海带、海带面条、海带鱼卷、海带酱菜、海带水饺、海带软糖、膨化海带、虾酱等上百个品种。冷藏加工起步较早,2004 年通过厂区改造,新建 5000 吨冷库一座、1000 吨冷库一座,年生产能力达 10000 多吨。

公司下设的荣成伟业建筑工程有限公司具有民建三级企业资质,现有职工 500 人,各类技术人员 60 人,拥有机械设备 60 多台,固定资产 600 万元,是一个集土建、装修、安装于一体的施工企业。

● 通信地址和联系方式

地址:山东省荣成市俚岛镇

电话:0631 - 7669999 传真:0631 - 7661121

网站:http://sp.qincai.net/corp - 24940.html

79. 山东鑫发渔业集团

● 公司简介

山东鑫发渔业集团有限公司地处中国胶东半岛东南端的荣成石岛湾经济开发区。集团公司始创于 1996 年,注册资金 5000 万元,现有固定资产 5 亿元,员工 2000 余人,是荣成市首家获得自营进出口权的民营企业。

● 通信地址和联系方式

地址:山东省荣成市石岛管理区黄海北路 888 号

电话:0631 - 7394777 传真:0631 - 7398977

网址:http://dawdling.cn.globalimporter.net http://www.sd-xinfa.com

80. 荣成市连海渔业有限公司

● 公司简介

荣成市连海渔业有限公司是 2003 年 12 月成立的个人独资企业,注册资本 1000 万元,其中全部为法定代表人以货币形式出资。该公司现有职工 300 人。公司主营业务为海洋捕捞和水产品冷冻加工批发业务,拥有一座库容量 1 万吨左右的冷藏库,设计日速冻生产能力 150 吨,年加工水产品 3 万吨。2012 年 9 月公司新建成一座库容量 2.5 万吨的冷藏库,设计日速冻生产能力 370 吨,年加工水产品 6 万吨。公司拥有 5 艘捕捞船,并且有远洋捕捞资质。

● 通信地址和联系方式

地址:山东省荣成市石岛工业园龙跃北路

电话:0631 - 7330877 传真:0631 - 7330389

网址:http://www.lianhaiyuye.com

81. 荣成市华海渔业有限公司

● 公司简介

荣成市华海渔业有限公司于 1995 年 5 月 23 日在石岛镇斥山村注册成立,成立之初主要经营海洋捕捞、加工、销售,汽车(不含小轿车)及配件,家用电器,钢材,注册员工人数为 100 人,注册资本 100 万元人民币。

● 通信地址和联系方式

地址:山东省荣成市石岛镇斥山村 邮编:264308

电话:0631 - 7321098

网址:http://240697.shandong.8671.net/

82. 荣成市王岛大洋水产有限公司

● 公司简介

荣成市王岛大洋水产有限公司是山东蚧口渔业集团有限公司下属的专业远洋渔业子公司,拥有自营进出口权,拥有农业部远洋渔业企业资格。企业职工 380 人,固定资产 5370 万元,2010 年完成渔业总收入 6423 万元,出口创汇 316 万美元。自 1993 年起,公司就组织 600 马力拖网船赴印度尼西亚开展远洋作业,2000 年开始赴北太平洋开展鱿鱼钓生产。目前拥有 450～540 马力远洋鱿钓船 6 艘,1650 马力鱿鱼钓兼冷藏运输船 1 艘,总量达 4710 马力,总吨位 2500 余吨。2010 年全年鱿钓产量 6000 吨,产值 4390 万元。

● 通信地址和联系方式

地址:山东省荣成市石岛镇蚧口村 邮编:264309

电话:0631 - 7387591

网址:http://370342.shandong.8671.net/

83. 荣成好当家远洋渔业有限公司

● 公司简介

无

● 通信地址和联系方式

地址:无

电话:0631 - 400600600 传真:0631 - 5963657

84. 荣成市永进水产有限公司

● 公司简介

荣成市永进水产有限公司成立于 2004 年,坐落于中国北方最大的群众性渔港——石岛渔港,注册资本 1200 万元,是具有农业部远洋渔业资质的企业。公司现拥有大马力渔业船舶 10 艘、2 万吨冷冻仓储中心一座、5000 平方米水产品精深加工厂一个。公司下辖远洋捕捞公司、仓储中心、荣成市元泰隆水产有限公司,固定资产达到 1.5 亿元,年实现销售收入逾 4 亿元。

● 通信地址和联系方式

地址:山东省荣成市石岛开发区凤舞路 18 号(凤凰湖路东首) 邮编:264309

电话:0631 - 7379299 传真:0631 - 7363708

网址:http://www.rcyjsc.com 邮箱:http://www.rcyjsc.com

85. 威海昌和渔业有限公司

● 公司简介

无

● 通信地址和联系方式

地址:山东省威海市东山路 28 号

电话:15163118998

网址:http://3879189.czvv.com

86. 青岛福瑞渔业有限公司

● 公司简介

青岛福瑞渔业有限公司主要经营远洋捕捞、销售,船舶配件供应,自营和代理各类商品和技术的进出口,但国家限定公司经营或出口的商品和技术除外,注册资本 100 万元人民币。

● 通信地址和联系方式

地址:山东省青岛市市南区东海西路 41 号 2 号楼 602　邮编:266071

电话:0532 - 6027052

网址:http://1145060.71ab.com

87. 荣成市荣远渔业有限公司

● 公司简介

荣成市荣远渔业有限公司主要经营远洋捕捞加工销售,于 2002 年 1 月 16 日注册成立,注册资本 4000 万元,在职员工 150 名。

● 通信地址和联系方式

地址:山东省荣成市人和镇沙窝岛　邮编:264307

电话:0631 - 7461082

网址:http://www.11467.com/rongcheng/co/4966.htm

十、广东省远洋渔业企业（11 家）

88. 广东广远渔业集团有限公司

● 公司简介

广东广远渔业集团有限公司于 2003 年 7 月经广东省人民政府批准成立,是在广东省远洋渔业总公司和广东省南洋渔业公司的基础上组建的,注册资本 1 亿元。公司主要经营远洋渔业捕捞,水产养殖,水产品收购、加工、储运、销售;拖轮、渔轮、仪器仪表、渔业机械、渔具、副食品、电子产品及通信设备(不含广播电视发射设备、接收设施)、建筑材料、化工产品;渔业船舶设计、维修及咨询服务;对外渔业经济技术合作、进出口贸易以及组织协调渔船从事远洋渔业生产等。分别在西南太平洋、印度洋、东南亚、南美等地区设立了十多个远洋渔业基地。

● 通信地址与联系方式

地址:广东省广州市乌当区南明路口菲律宾太阳城一楼　邮编:510222

电话:020 - 4648965

邮箱：248962315@qq.com　网址：http://www.gyfishery.com

89. 广东广远渔业捕捞有限公司

● 公司简介

广东广远渔业集团有限公司于 2003 年 7 月 28 日经广东省人民政府批准，由原广东省远洋渔业总公司和广东省南洋渔业公司组建成立，是广东省海洋与渔业局下属的唯一一家国有企业。集团公司注册资本 1 亿元人民币，集团公司下设八个职能部门，五家子公司和五家船队公司。

广远渔业集团主要从事海洋捕捞、水产养殖、水产品收购与销售，渔轮仪器仪表、渔业机械、渔具、电子产品及通讯设备、渔业船舶设计、维修和咨询服务，对外渔业经济技术合作等。目前集团公司在西南太平洋、印度洋、东南亚等地区有 6 个远洋渔业生产基地，自有和联营渔船共 56 艘，其中现代的玻璃钢冷海水金枪鱼延绳钓渔船 10 艘。

● 通信地址与联系方式

地址：广东省从化市同福东南村路 20 号办公室 408　邮编：510222

电话：020 - 84401337　传真：020 - 84401337

90. 广州远洋渔业公司

● 公司简介

广东省远洋渔业总公司于 1987 年成立。主要经营水产品、食品、渔业用具，海洋捕捞，水产品养殖加工，船舶修造，注册资本 843 万元。

● 通信地址与联系方式

地址：广东省广州市南华东路 547 号　邮编：510223

电话：020 - 84484474

网址：http://guangzhou023182.11467.com

91. 广州市华宇远洋渔业有限公司

● 公司简介

广州市华宇远洋渔业有限公司成立于 2011 年，注册资金 1000 万，公司性质为私营有限责任公司，获得了 2012 年农业部远洋渔业企业资格，主要经营远洋渔业捕捞以及海产品的加工和进出口贸易。

● 通信地址与联系方式

地址：广州市荔湾区花蕾路红棉大厦 709 号

电话：无

92. 湛江市粤水渔业有限公司

● 公司简介

湛江市粤水渔业有限公司位于广东省湛江市，是一家集海洋（远洋）捕捞，水产品养殖、加工、销售、收购、技术培训为一体的综合性水产骨干民营企业。公司下辖船队、水产品冷冻加工厂、海水种苗养殖场、对虾生态养殖基地、罗非鱼养殖基地及技术培训基地等。

捕捞船队现有远海、远洋大型钢质渔轮 25 艘，每艘船马力 600 匹，3 艘钢丝水泥远洋渔船，装配有现代的通讯导航及急冻冷藏加工设备，渔轮常年在南海及国外远洋海域渔区生产作业。另外又与广州远洋渔业公司合资建造 6 艘玻璃钢金枪鱼钓船,远赴印度洋的马尔代夫和南太平洋的斐济等国家的海域进行金枪鱼钓作业。船队拥有一批经验丰富的优秀技术人才,为远洋渔业提供了重要保障。水产品冷冻加工厂已投资 500 万美元,按美国 FDA 欧盟出口认证标准进行建设,已建成投产,并通过了美国 FDA 的 HACCP 质量体系认证,主要加工对虾、海水鱼类、淡水罗非鱼、贝类等水产品,日加工能力 100 吨以上,还有日冷藏能力 3000 吨的冷库一座。产品以出口日本、美国、韩国等国家和地区为主,内销为辅。

海水种苗养殖场主要生产海洋名贵鱼种及对虾种苗,场内建有规范的厂房及鱼(虾)培养、幼体孵化、鱼(虾)苗培养车间等设施,年培育名贵鱼类种苗 2000 万尾,对虾种苗 15000 万尾。罗非鱼养殖基地 5000 多亩(部分工程还在建设中),养殖的罗非鱼主要供应出口型水产品加工厂。对虾生态养殖基地占地 1500 亩,是以广东海洋大学及南海水产研究所等科研机构的技术为依托,以养殖"无公害对虾"为目标,向市场提供优质的对虾。

● 通信地址和联系方式

地址:广东省湛江市开发区乐怡路 1 号　邮编:524000

电话:0759 - 3392111　传真:0759 - 3389186

网址:http://zhanjiangys.cn.gtobal.com

93. 湛江昊海远洋渔业有限公司

● 公司简介

中国水产湛江海洋渔业公司成立于 1960 年 10 月 18 日,前身由广东省西南沙中国水产湛江海洋渔业公司调查队和湛江专区海洋渔业公司合并而成,隶属于广东省水产厅。1984 年 3 月国家为发展南海远洋渔业,将其划归到国家农业部所属中国水产联合总公司。

● 通信地址和联系方式

地址:广东省湛江市霞山区　邮编:524005

电话:0759 - 2328893

邮箱:wu@yahoo.com.cn　网址:http://www.cnboat.com/noshinecompany/2328893.html

94. 深圳市联成远洋渔业有限公司

● 公司简介

深圳市联成远洋渔业有限公司于 2002 年 9 月 16 日经深圳市工商行政管理局核准注册,注册资本人民币 1000 万元。公司下设福州分公司、厦门办事处、上海办事处、东山办事处,现有员工 400 多人。成立 3 年多来,公司业务取得稳步发展,在较短时间内已经发展成为一家综合实力较强、规模较大及拥有一系列企业资质的综合性远洋渔业企业。

公司现经营远洋渔业捕捞,渔需物资、水产品购销,国内商业、物资供销业,进出口业务。目前拥有自有渔船、代理渔船、合作经营渔船共 40 艘,其中:自有渔船 26 艘(其中钢质船 22 艘,钢丝网水泥船 3 艘,玻璃钢冷海水保鲜船 1 艘),代理国内远洋渔船 8 艘,合作经营外籍渔船 6 艘。

深圳市联成远洋渔业有限公司在中西太平洋海域从事冰鲜金枪鱼延绳钓业务,以马绍尔群岛、密克罗尼西亚联邦、帕劳共和国等三国经济区域和周边公海等中西南太平洋海域为主要捕捞渔场。主要捕捞品种有:大目金枪鱼、黄鳍金枪鱼;副产品有:剑鱼、旗鱼、鲨鱼、鬼头刀、马鲛鱼及其他杂鱼。

目前产品主要销往日本及美国市场,公司积极开拓国内市场,已逐步将自捕水产品运回国内销售,以丰富国内的水产品市场。贸易产品包括冰鲜金枪鱼原条及半加工产品,冻剑鱼、旗鱼、金枪鱼块、鱼翅、鲨鱼肉等。

● 通信地址和联系方式

地址:深圳市福田区金田路 4028 号荣超经贸中心 42 楼 4203 室

电话:0755 - 21513700 传真:0755 - 21513677

邮箱:szlc@iszlc.com 网址:http://www.iszlc.com/

95. 深圳市深水远洋渔业有限公司

● 公司简介

无

● 通信地址和联系方式

地址:广东省深圳市人民北路 3131 号水塔大厦 7 楼 邮编:518001

电话:0755 - 82351549 0755 - 82287950

96. 深圳市深港远洋实业有限公司

● 公司简介

深圳市深港远洋实业有限公司于 2005 年开始远洋渔业项目,是一家集捕捞生产、冷藏加工、市场销售于一体的外向型远洋渔业企业,有国家农业部批准的远洋渔业企业资格,并有较广泛的国内外经营销售网络,是"中国金枪鱼市场开拓企业协作联盟"成员单位。

目前,公司有带国际配额的大型超低温金枪鱼延绳钓船在中西太平洋海域作业,主要生产品种为大目、黄鳍、马苏等高价值金枪鱼,另有数艘钢质渔船在东南亚海域作业,主要捕捞品种为带鱼、墨鱼、鲳鱼、马鲛、黄姑鱼、鱿鱼等经济鱼类。为完善产业链,2010 年公司与台湾隆顺渔业集团合作投资,开发超低温金枪鱼冷藏、加工、销售一体化生产经营项目,并成立深港顺亿超低温冷冻食品(深圳)有限公司,以完善产业链,促进公司更好地发展。

● 通信地址和联系方式

地址:广东省深圳市龙岗区葵涌街道奔康工业区 B12 栋 101 邮编:518001

电话:0755 - 82323290 传真:755 - 82821020

邮箱:mengqingjie198@hotmail.com

97. 深圳市华南渔业有限公司

● 公司简介

深圳市华南渔业有限公司以远洋深海金枪鱼为主,其他杂鱼为辅,冰鲜超低温冷冻产品产供销一体化作业,对外出口的同时自营加工厂。

● 通信地址和联系方式

地址:深圳市福田区金田路 4028 号荣超经贸中心 42 楼 邮编:212300

电话:0755 - 86955059

网址:http://cn.esunny.com/15189376

98. 深圳市水湾远洋渔业有限公司

● 公司简介

深圳市水湾远洋渔业有限公司是在 2002 年 5 月由原"深圳市海昌顺远洋渔业有限公司"经重组后更名,2002 年 7 月经工商变更登记后确认的集体企业。公司注册资本 1000 万元人民币,公司现有管理人员 20 人,船员 60 人。

深圳市水湾远洋渔业有限公司由深圳市水湾源华实业股份有限公司投入经营。经营范围主要是远洋渔业捕捞,水产养殖,冷藏,渔需物资供销,水产品加工,国内商业,物资供销业,经营进出口业务。公司现拥有 884 匹马力的大型拖网渔船 2 艘,335 匹马力的远洋底钓渔船 2 艘,1128 匹马力的远洋渔业冷冻辅助船一艘,年加工能力 500 吨的水产品加工厂一个。公司现已实施了马来西亚、文莱两个远洋渔业项目,收益情况良好。公司已获农业部远洋渔业企业资格证书,获深圳市外经贸局批准,经营进出口业务,获出国海员证的办证资格。

● 通信地址和联系方式

地址:深圳市南山区蛇口招商路西水湾大厦十三楼

电话:0755 - 26696902　传真:0755 - 26675027

网址:http://szskou.net114.com

十一、广西壮族自治区远洋渔业企业(2 家)

99. 北海龙达渔业捕捞有限责任公司

● 公司简介

无

● 通信地址和联系方式

地址:广西壮族自治区钦州市文峰北路 147 号　邮编:535000

电话:无

100. 北海国发远洋渔业有限公司

● 公司简介

北海国发远洋渔业有限公司,主要从事海洋捕捞、技术咨询服务,于 2004 年 3 月 31 日在北海工商注册,注册资本 500 万元,在职员工 10 名。

● 通信地址和联系方式

地址:广西壮族自治区北海市四川路金湾大厦 17 楼

电话:0779 - 3078215

附录三

附图目录

附录四

附表目录